U0329264

INTERNATIONAL MATHEMATICAL OLYMPIADS

● 主　编　佩　捷

● 副主编　冯贝叶

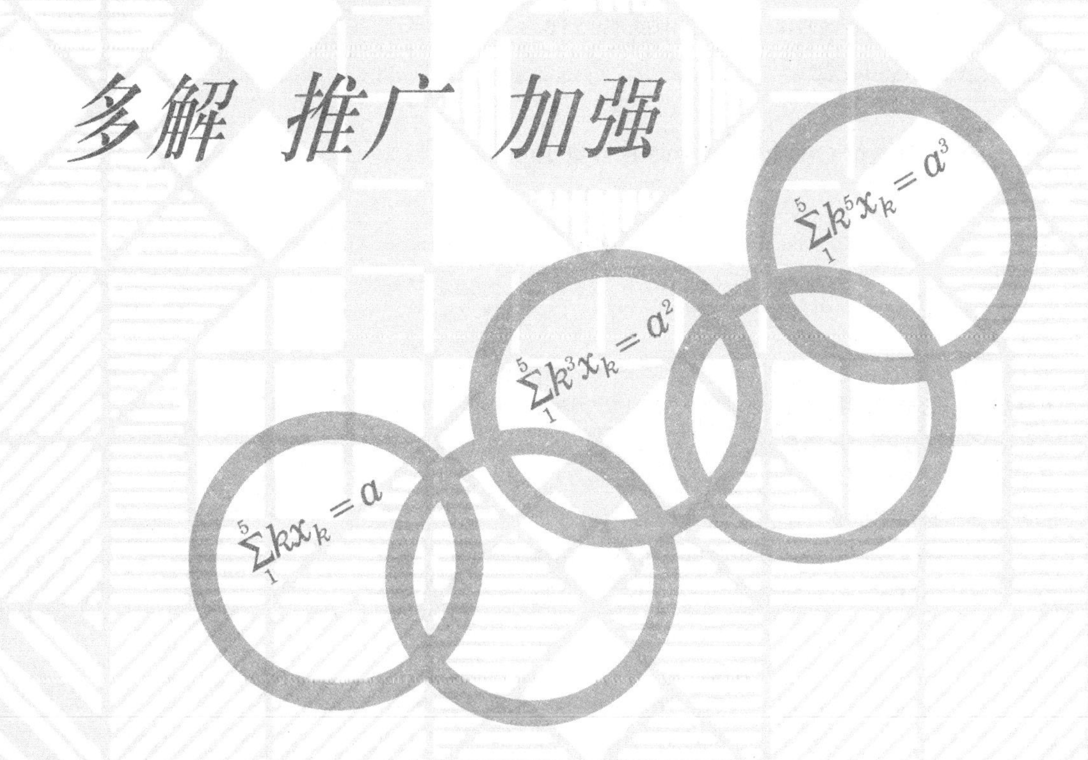

内 容 简 介

本书汇集了第11届至第15届国际数学奥林匹克竞赛试题及解答。本书广泛搜集了每道试题的多种解法，且注重了初等数学与高等数学的联系，更有出自数学名家之手的推广与加强。本书可归结出以下四个特点，即收集全、解法多、观点高、结论强。

本书适合于数学奥林匹克竞赛选手和教练员、高等院校相关专业研究人员及数学爱好者使用。

图书在版编目(CIP)数据

IMO 50年.第3卷，1969～1973/佩捷主编.—哈尔滨：哈尔滨工业大学出版社，2014.9

ISBN 978－7－5603－4886－5

Ⅰ.①I… Ⅱ.①刘… Ⅲ.①中学数学课－竞赛题－题解 Ⅳ.①G634.605

中国版本图书馆CIP数据核字(2014)第196783号

策划编辑 刘培杰 张永芹

责任编辑 张永芹 聂兆慈

封面设计 孙茵艾

出版发行 哈尔滨工业大学出版社

社 址 哈尔滨市南岗区复华四道街10号 邮编150006

传 真 0451－86414749

网 址 http://hitpress.hit.edu.cn

印 刷 哈尔滨市石桥印务有限公司

开 本 787mm×1092mm 1/16 印张12.75 字数237千字

版 次 2014年9月第1版 2014年9月第1次印刷

书 号 ISBN 978－7－5603－4886－5

定 价 28.00元

前言 | Foreword

法国教师于盖特·昂雅勒朗·普拉内斯在与法国科学家、教育家阿尔贝·雅卡尔的交谈中表明了这样一种观点："若一个人不'精通数学'，他就比别人笨吗"？

"数学是最容易理解的.除非有严重的精神疾病，不然的话，大家都应该是'精通数学'的.可是，由于大概只有心理学家才可能解释清楚的原因，某些年轻人认定自己数学不行.我认为其中主要的责任在于教授数学的方式".

"我们自然不可能对任何东西都感兴趣，但数学更是一种思维的锻炼，不进行这项锻炼是很可惜的.不过，对诗歌或哲学，我们似乎也可以说同样的话".

"不管怎样，根据学生数学上的能力来选拔'优等生'的不当做法对数学这门学科的教授是非常有害的."(阿尔贝·雅卡尔，于盖特·昂雅勒朗·普拉内斯.《献给非哲学家的小哲学》.周冉，译.广西师范大学出版社，2001，96)

这本题集不是为老师选拔"优等生"而准备的，而是为那些对IMO感兴趣，对近年来中国数学工作者在IMO研究中所取得的成果感兴趣的读者准备的资料库.展示原味真题，提供海量解法(最多一题提供20余种不同解法，如第3届IMO第2题)，给出加强形式，尽显推广空间.是我国建国以来有关IMO试题方面规模最大、收集最全的一本题集，从现在看以"观止"称之并不为过.

前中国国家射击队的总教练张恒是用"系统论"研究射击训练的专家,他曾说:"世界上的很多新东西,其实不是'全新'的,就像美国的航天飞机,总共用了2万个已有的专利技术,真正的创造是它在总体设计上的新意."(胡廷楣.《境界——关于围棋文化的思考》.上海人民出版社,1999,463)本书的编写又何尝不是如此呢,将近100位专家学者给出的多种不同解答放到一起也是一种创造.

如果说这部题集可比作一条美丽的珍珠项链的话,那么编者所做的不过是将那些藏于深海的珍珠打捞起来并穿附在一条红线之上,形式归于红线,价值归于珍珠.

首先要感谢江仁俊先生,他可能是国内最早编写国际数学奥林匹克题解的先行者(1979年笔者初中毕业,同学姜三勇(现为哈工大教授)作为临别纪念送给笔者的一本书就是江仁俊先生编的《国际中学生数学竞赛题解》(定价仅0.29元),并用当时叶剑英元帅的诗词做赠言:"科学有险阻,苦战能过关."27年过去仍记忆犹新).所以特引用了江先生的一些解法.江苏师范学院(华东师范大学的肖刚教授曾在该校外语专业读过)是我国最早介入IMO的高校之一,毛振璇、唐起汉、唐复苏三位老先生亲自主持从德文及俄文翻译1~20届题解.令人惊奇的是,我们发现当时的插图绘制居然是我国的微分动力学专家"文化大革命"后北大的第一位博士张筑生教授,可惜天妒英才,张筑生教授英年早逝,令人扼腕(山东大学的杜锡录教授同样令人惋惜,他也是当年数学奥林匹克研究的主力之一).本书的插图中有几幅就是出自张筑生教授之手[22].另外中国科技大学是那时数学奥林匹克研究的重镇,可以说上世纪80年代初中国科技大学之于现代数学竞赛的研究就像哥廷根20世纪初之于现代数学的研究.常庚哲教授、单墫教授、苏淳教授、李尚志教授、余红兵教授、严镇军教授当年都是数学奥林匹克研究领域的旗帜性人物.本书中许多好的解法均出自他们[4],[13],[19],[20],[50].目前许多题解中给出的解法中规中矩,语言四平八稳,大有八股遗风,仿佛出自机器一般,而这几位专家的解答各有特色,颇具个性.记得早些年笔者看过一篇报道说常庚哲先生当年去南京特招单墫与李克正去中国科技大学读研究生,考试时由于单墫基础扎实,毕业后一直在南京女子中学任教,所以按部就班,从前往后答,而李克正当时是南京市的一名工人,自学成才,答题是从后往前答,先答最难的一题,风格迥然不同,所给出的奥数题解也是个性化十足.另外,现在流行的IMO题解,历经多人之手已变成了雕刻后的最佳形式,用于展示很好,但用于教学或自学却不适合,有许多学生问这么巧妙的技巧是怎么想到的,我怎么想不到,容易产生挫败感,就像数学史家评价高斯一样,说他每次都是将脚手架拆去之后再将他建筑的宏伟大厦展示给其他人.使人觉得突兀,景仰之后,倍受挫折.高斯这种追求完美的做法大大延误了数学的发展,使人们很难跟上他的脚步这一点从潘承彪教授,沈永欢教授合译的《算术探讨》中可见一斑.所以我们提倡,讲思路,讲想法,表现思考过程,甚至绕点弯子,都是好的,因为它自然,贴近读者.

中国数学竞赛活动的开展与普及与中国革命的农村包围城市,星星之火可以燎原的方式迥然不同,是先在中心城市取得成功后再向全国蔓延,而这种方式全赖强势人物推进,从华罗庚先生到王寿仁先生再到裘宗沪先生,以他们的威望与影响振臂一呼,应者云集,数学奥林匹克在中国终成燎原之势,他们主持编写的参考书在业内被奉为圭臬,我们必须以此为标准,所以引用会时有发生,在此表示感谢.

中国数学奥林匹克能在世界上有今天的地位,各大学的名家们起了重要的理论支持作用.北京大学王杰教授、复旦大学舒五昌教授、首都师范大学梅向明教授、华东师范大学熊斌教授、中国科学院许以超研究员、合肥工业大学的苏化明教授、杭州师范学院的赵小云教授、陕西师范大学的罗增儒教授等,他们的文章所表现的高瞻周览、探赜索隐的识力,已达到炉火纯青的地步,堪称为中国 IMO 研究的标志.如果说多样性是生物赖以生存的法则,那么百花齐放,则是数学竞赛赖以发展的基础.我们既希望看到像格罗登迪克那样为解决一批具体问题而建造大型联合机械式的宏大构思型解法,也盼望有像爱尔特希那样运用最少的工具以娴熟的技能做庖丁解牛式剖析型解法出现.为此本书广为引证,也向各位提供原创解法的专家学者致以谢意.

编者为图"文无遗珠"的效果,大量参考了多家书刊杂志中发表的解法,也向他们表示谢意.

特别要感谢湖南理工大学的周持中教授、长沙铁道学院的肖果能教授、广州大学的吴伟朝先生以及顾可敬先生.他们四位的长篇推广文章读之,使我不能不三叹而三致意,收入本书使之增色不少.

最后要说的是由于编者先天不备,后天不足,斗胆尝试,徒见笑于方家.

哲学家休谟在写自传的时候,曾有一句话讲得颇好:"一个人写自己的生平时,如果说得太多,总是免不了虚荣的."这句话同样也适合于一本书的前言,写多了难免自夸,就此打住是明智之举.

刘培杰
2014 年 9 月

目录 Contest

第一编　第 11 届国际数学奥林匹克　1

第 11 届国际数学奥林匹克题解 …… 3
第 11 届国际数学奥林匹克英文原题 …… 14
第 11 届国际数学奥林匹克各国成绩表 …… 16
第 11 届国际数学奥林匹克预选题 …… 17

第二编　第 12 届国际数学奥林匹克　25

第 12 届国际数学奥林匹克题解 …… 27
第 12 届国际数学奥林匹克英文原题 …… 39
第 12 届国际数学奥林匹克各国成绩表 …… 41
第 12 届国际数学奥林匹克预选题 …… 42

第三编　第 13 届国际数学奥林匹克　59

第 13 届国际数学奥林匹克题解 …… 61
第 13 届国际数学奥林匹克英文原题 …… 74
第 13 届国际数学奥林匹克各国成绩表 …… 76
第 13 届国际数学奥林匹克预选题 …… 77

第四编　第 14 届国际数学奥林匹克　95

第 14 届国际数学奥林匹克题解 …… 97
第 14 届国际数学奥林匹克英文原题 …… 104
第 14 届国际数学奥林匹克各国成绩表 …… 106
第 14 届国际数学奥林匹克预选题 …… 107

第五编　第 15 届国际数学奥林匹克　119

第 15 届国际数学奥林匹克题解 …… 121
第 15 届国际数学奥林匹克英文原题 …… 136
第 15 届国际数学奥林匹克各国成绩表 …… 138
第 15 届国际数学奥林匹克预选题 …… 139

附录 IMO 背景介绍

149

第 1 章 引言…… 151
第 1 节 国际数学奥林匹克…… 151
第 2 节 IMO 竞赛 …… 152
第 2 章 基本概念和事实…… 153
第 1 节 代数…… 153
第 2 节 分析…… 157
第 3 节 几何…… 158
第 4 节 数论…… 164
第 5 节 组合…… 167

参考文献

170

后记

178

第一编
第 11 届国际数学奥林匹克

第 11 届国际数学奥林匹克题解

罗马尼亚,1969

1 证明:具有如下性质的自然数 a 有无穷多个,即对于任意的自然数 n,$z=n^4+a$ 都不是素数.

民主德国命题

证明 设 $a=4k^4$,其中 k 是大于 1 的自然数,则有

$$z=n^4+a=n^4+4k^4=(n^2+2k^2)^2-4n^2k^2=$$
$$(n^2+2k^2+2nk)(n^2+2k^2-2nk)=$$
$$((n+k)^2+k^2)((n-k)^2+k^2) \quad ①$$

今由 $k>1$,对所有自然数 n,有

$$(n+k)^2+k^2>1,(n-k)^2+k^2>1$$

这样,① 右边的两个因子都大于 1,故当 $k>1$ 时,z 是合数.今有无穷多个大于 1 的自然数 k,故有无穷多个自然数 $a=4k^4$ 使得对于所有的自然数 n,$z=n^4+a$ 都不是素数.

2 设 $a_1,a_2,\cdots,a_n$ 是实常数,x 是实变数而且

$$f(x)=\cos(a_1+x)+\frac{1}{2}\cos(a_2+x)+\frac{1}{4}\cos(a_3+x)+\cdots+\frac{1}{2^{n-1}}\cos(a_n+x)$$

已知 $f(x_1)=f(x_2)=0$,求证:$x_2-x_1=m\pi$,其中 m 是整数.

匈牙利命题

证明 首先我们证明 $f(x)$ 不恒等于零.

由于对所有实数 x,$\cos(a_i+x)\geqslant -1$,故有

$$f(-a_1)=1+\frac{1}{2}\cos(a_2-a_1)+\frac{1}{4}\cos(a_3-a_1)+\cdots+\frac{1}{2^{n-1}}\cos(a_n-a_1)\geqslant 1-\frac{1}{2}-\frac{1}{4}-\cdots-\frac{1}{2^{n-1}}=\frac{1}{2^{n-1}}>0$$

这样就证明了至少存在一个实数 $x=-a_1$ 使 $f(x)\neq 0$.

其次,我们利用加法定理得到

$$f(x)=\sum_{k=1}^{n}\frac{1}{2^{k-1}}(\cos a_k\cdot\cos x-\sin a_k\cdot\sin x)=$$
$$\left(\sum_{k=1}^{n}\frac{1}{2^{k-1}}\cos a_k\right)\cos x-\left(\sum_{k=1}^{n}\frac{1}{2^{k-1}}\sin a_k\right)\sin x=$$
$$A\cdot\cos x-B\cdot\sin x$$

其中
$$A=\sum_{k=1}^{n}\frac{1}{2^{k-1}}\cos a_k, B=\sum_{k=1}^{n}\frac{1}{2^{k-1}}\sin a_k$$
它们不可能同时为零.否则 $f(x)$ 将会恒等于零,这和上面所证的结论矛盾.

若 $A\neq 0$,则从
$$f(x_1)=A\cdot\cos x_1-B\cdot\sin x_1=0$$
$$f(x_2)=A\cdot\cos x_2-B\cdot\sin x_2=0$$
得
$$\cot x_1=\cot x_2=\frac{B}{A}$$

若 $A=0$,则 $B\neq 0$,仍从 $f(x_1)=f(x_2)=0$ 得
$$\sin x_1=\sin x_2=0$$

上面任一种情形,都有 $x_2-x_1=m\pi$,m 是整数.证毕.

3 求证:存在具有如下性质的四面体的充要条件,即对于每一个 k 值,$k=1,2,3,4,5$,四面体中有 k 条棱其长度为 $a(a>0)$,其余 $6-k$ 条棱其长度为 1.

波兰命题

证明 我们依照 $k=1,k=5,k=2,k=4$ 和 $k=3$ 的次序来处理.

(1)$k=1$.

设 $ABCD$ 是具有题述性质的四面体.不失一般性,我们可以假定 $AB=a,AC=BC=AD=BD=CD=1$.若 M 是棱 AB 的中点,则有
$$CM=DM=\sqrt{1-\frac{a^2}{4}}$$
另外,在 $\triangle CMD$ 中,有不等式
$$CM+DM>CD$$
这样,就有
$$2\sqrt{1-\frac{a^2}{4}}>1, a^2<3$$
故得必要条件
$$a<\sqrt{3}$$

今设这一条件满足,则还有
$$CM+CD>DM, DM+CD>CM$$

即存在一个 $\triangle CMD$ 具有上面给出的边长. 由此推出在由 A,B,C 确定的平面之外有一点 D,使得

$$AD=BD=CD=1$$

所以,$a<\sqrt{3}$ 也是存在四面体 $ABCD$ 的充分条件.

(2)$k=5$.

这一情形可以由 $k=1$ 推出,只要把棱长 a 和棱长 1 交换一下就行,我们得到的充要条件是 $a>\frac{1}{3}\sqrt{3}$.

(3)$k=2$.

ⅰ 设 $AC=BC=a$,C 是这两棱的公共顶点,则因 $AB=1$,由三角形不等关系得到必要条件 $2a>1$,即 $a>\frac{1}{2}$. 今仍设 M 是 AB 的中点,则有

$$CD+DM>CM$$

故
$$1+\frac{1}{2}\sqrt{3}>\sqrt{a^2-\frac{1}{4}},a^2<2+\sqrt{3}$$

所以
$$a<\sqrt{2+\sqrt{3}}$$

另一方面还有 $DM+CM>CD$. 这样

$$\frac{1}{2}\sqrt{3}+\sqrt{a^2-\frac{1}{4}}>1,a^2>2-\sqrt{3}$$

所以
$$a>\sqrt{2-\sqrt{3}}$$

由此,我们得到必要条件

$$\sqrt{2-\sqrt{3}}<a<\sqrt{2+\sqrt{3}}$$

再则,若这一条件满足,则 $\triangle DMC$ 存在,于是四面体 $ABCD$ 也存在. 因此,这一条件也是充分的.

ⅱ 设 $AB=CD=a$,这两棱没有公共顶点. 由 $CM=DM=\sqrt{1-\frac{a^2}{4}}$ 及 $\triangle DMC$ 中的不等关系,得

$$2\sqrt{1-\frac{a^2}{4}}>a,2a^2<4$$

所以
$$a<\sqrt{2}$$

因为具有所述性质的四面体总能够作出,所以这一条件也是充分的.

由 ⅰ 和 ⅱ 可知,在 $k=2$ 时,存在具有题述性质的四面体的充要条件是 $a<\sqrt{2+\sqrt{3}}$.

(4)$k=4$.

这一情形也可归结为 $k=2$ 的情形,只要把棱长 a 和棱长 1 交换一下即可,我们得到充要条件

$$\frac{1}{a}<\sqrt{2+\sqrt{3}}$$

即
$$a>\sqrt{2-\sqrt{3}}$$

(5)$k=3$.

ⅰ 设 $a>\frac{1}{3}\sqrt{3}$，则存在一个四面体 $ABCD$，使 $AB=BC=CA=1$ 和 $DA=DB=DC=a$；若 S 是等边 $\triangle ABC$ 的重心，则由 $a>\frac{1}{3}\sqrt{3}$ 可知，我们总可以作出这个三角形所在平面的垂线 SD，且

$$SD=\sqrt{a^2-\left(\frac{1}{3}\sqrt{3}\right)^2}$$

ⅱ 设 $a<\sqrt{3}$，则存在一个四面体，有 $AB=BC=CA=a$，$DA=DB=DC=1$；类似于上面 ⅰ 的情形，由 $a<\sqrt{3}$，我们总可以选择一点 D，使

$$SD=\sqrt{1-(\frac{a}{3}\sqrt{3})^2}$$

因为由 ⅰ 与 ⅱ 所确定的两个区间是互相交错的，故证明了当 $k=3$ 时，对于所有正实数 a，都存在具有题述性质的四面体.

综上得到，存在具有题述性质的四面体的充要条件如下：

k	1	2	3	4	5
a	$0<a<\sqrt{3}$	$0<a<\sqrt{2+\sqrt{3}}$	$a>0$	$a>\sqrt{2-\sqrt{3}}$	$a>\frac{1}{3}\sqrt{3}$

4 在以 AB 为直径的半圆周 Γ 上，C 是异于 A，B 的任一点，D 是自 C 至 AB 的垂线足，今有三圆各和 AB 相切. Γ_1 是 $\triangle ABC$ 的内切圆，Γ_2 和 Γ_3 切 CD 于两侧并与 Γ 相切. 求证：Γ_1，Γ_2，Γ_3 另有一条公切线.

荷兰命题

证法 1 设 O_i 和 r_i 是圆 $\Gamma_i(i=1,2,3)$ 的圆心和半径. 我们只要证明 O_1，O_2，O_3 三点共线即可，因为若这三点在同一直线上，则 AB 关于这直线的对称线显然是三圆的另一条公切线.

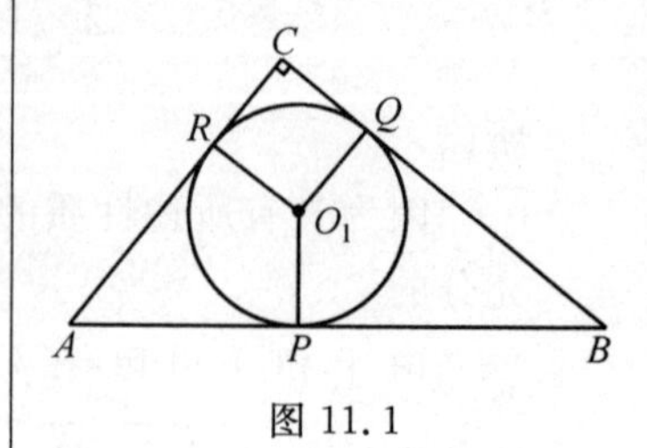

图 11.1

如图 11.1 所示，设 $\triangle ABC$ 的内切圆 Γ_1 和三边 AB，BC，CA 的切点分别为 P，Q，R，则

$$AR=AP,BQ=BP,CR=CQ$$

以 a，b，c 及 s 分别表示 $\triangle ABC$ 三边 BC，CA，AB 的长度及其半周长，则

$$s-a=AP+BQ+CQ-(BQ+CQ)=AP$$

同理 $s-b=BP, s-c=CQ=CR$

由于 $\angle ACB=90°$，CQO_1R 是一个边长为 $s-c$ 的正方形，故

$$r_1=s-c \quad ①$$

设 O 是半圆 Γ 的圆心，H_2,H_3 是自 O_2,O_3 至 AB 的垂线足，如图 11.2 所示.

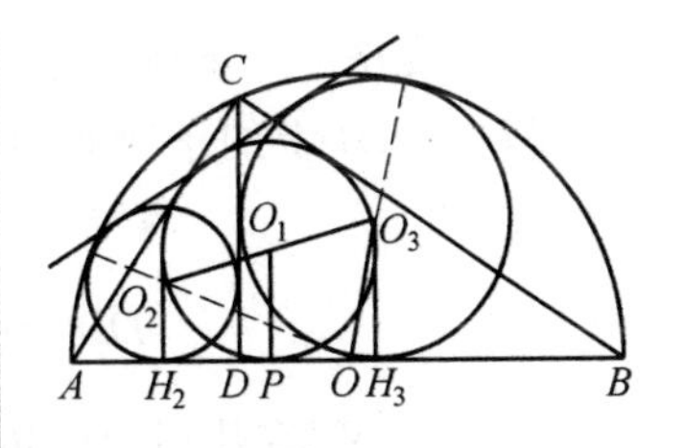

图 11.2

由于 $\triangle ABC \backsim \triangle CBD \backsim \triangle ACD$，故有

$$AC^2=AB\cdot AD, BC^2=AB\cdot BD$$

所以

$$AD=\frac{b^2}{c}, BD=\frac{a^2}{c} \quad ②$$

在 $\mathrm{Rt}\triangle O_2H_2O$ 中，有

$$H_2O=r_2+DO, O_2O=r-r_2$$

于是由勾股定理得

$$r_2^2+(r_2+DO)^2=(r-r_2)^2$$

即 $$r_2^2+2r_2(r+DO)=r^2-DO^2=(r+DO)(r-DO)$$

或 $$r_2^2+2r_2\cdot BD=BD\cdot AD$$

将 ② 代入得

$$r_2^2+2r_2\cdot\frac{a^2}{c}=\frac{a^3}{c}\cdot\frac{b^2}{c}\Rightarrow\left(r_2+\frac{a^2}{c}\right)^2=\frac{a^4}{c^2}+\frac{a^2b^2}{c^2}-a^2\Rightarrow$$

$$r_2+\frac{a^2}{c}=H_2B=a \quad ③$$

同样可得

$$r_3+\frac{b^2}{c}=AH_3=b \quad ④$$

③ + ④ 得

$$r_2+r_3+\frac{a^2+b^2}{c}=a+b$$

即

$$r_2+r_3=a+b-c=2(s-c) \quad ⑤$$

设 P 是自 O_1 至 AB 的垂线足，则

$$H_2P=H_2B-PB=a-(s-b)=a+b-s=s-c$$
$$H_3P=H_3A-AP=b-(s-a)=a+b-s=s-c$$

所以

$$H_2P=H_3P=s-c=r_1=\frac{1}{2}(r_2+r_3) \quad ⑥$$

由此可知，O_1P 是梯形 $H_2H_3O_3O_2$ 的中位线，从而可知 O_1 是 O_2O_3 的中点. 这就证明了 O_1,O_2,O_3 三点共线. 由此可得公切线 H_2H_3 关于连心线 O_2O_3 的对称线也为三圆的公切线. 因此本题得证.

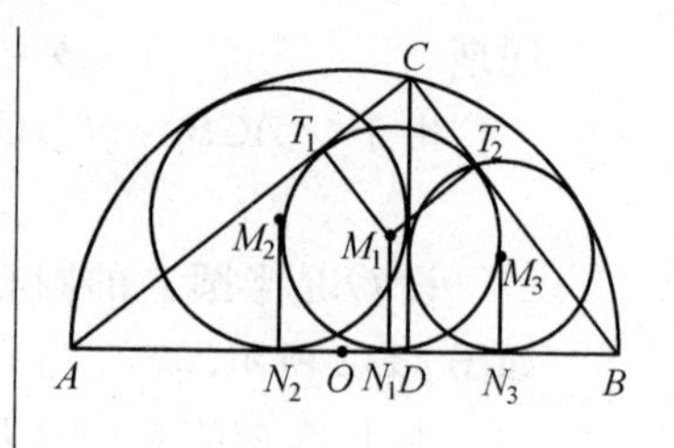

图 11.3

证法 2 如图 11.3 所示，设圆 y_i 的圆心为 M_i，半径为 r_i，点 M_i 在 AB 上的正射影为 N_i，$i=1,2,3$，圆 y 的圆心为 O，并记

$$BC=a, CA=b, AB=c, AD=p$$

$$DB=q=c-p, \frac{a+b+c}{2}=s$$

又设点 N_2 在线段 AD 内，点 N_3 在线段 BD 内.

首先计算半径 r_2，r_3 和 r_1.

因为 N_2 是圆 y_2 在 AB 上的切点，所以在 $\mathrm{Rt}\triangle OM_2N_2$ 中

$$N_2O=N_2D+DB-OB=r_2+q-\frac{c}{2}, M_2N_2=r_2$$

同样，因为圆 y_2 和半径为 $\frac{c}{2}$ 的圆 y 内切，所以

$$OM_2=\frac{c}{2}-r_2$$

从而由勾股定理可得

$$\left(r^2+q-\frac{c}{2}\right)^2+r_2^2=\left(\frac{c}{2}-r_2\right)^2$$

即
$$(r_2+q)^2-cq-cr_2+\frac{c^2}{4}+r_2^2=\frac{c^2}{4}-cr_2+r_2^3$$

由此可知

$$(r_2+q)^2=cq$$

又因为 $AB\cdot DB=CB^2$，即 $cq=a^2$，所以

$$(r_2+q)^2=a^2$$

由于 $r_2+q>0$，$a>0$，故有

$$r_2+q=a$$

即

$$r_2=a-q \qquad ⑦$$

类似地，由 $\mathrm{Rt}\triangle ON_3M_3$ 可得

$$r_3=b-p \qquad ⑧$$

因为圆 y_1 与 $\mathrm{Rt}\triangle ABC$ 的直角边 AC，BC 分别切于点 T_1 和 T_2，所以四边形 $CT_1M_1T_2$ 是正方形，从而 $M_1T_1=CT_1$；又因为 $CT_1+AN_1+BT_2=s$，$AN_1+BT_2=c$，所以，$CT_1=s-c$，即

$$r_1=s-c \qquad ⑨$$

其次，由 ⑦，⑧ 和 ⑨ 可得

$$\frac{1}{2}(M_2N_2+M_3N_3)=\frac{1}{2}(r_2+r_3)=\frac{1}{2}(a-q+b-p)=$$
$$\frac{1}{2}(a+b-c)=s-c=M_1N_1 \qquad ⑩$$

$$\frac{1}{2}(BN_2+BN_3)=\frac{1}{2}(q+r_2+q-r_3)=$$

$$\frac{1}{2}(2q+a-q-b+p)=$$

$$\frac{1}{2}(a+c-b)=BN_1 \quad ⑪$$

由 ⑪ 可知，N_1 是线段 N_2N_3 的中点，从而由 ⑩ 可知，M_1 是线段 M_2M_3 的中点，也就是说，三点 M_1，M_2，M_3 在同一条直线上. 由此可见，直线 AB 关于直线 M_2M_3 的对称直线也与三个圆 y_1，y_2，y_3 相切. 这就证明了，这三个圆除了公切线 AB 外，还有第二条公切线.

证法 3

此证法属于王凤春

引理 如图 11.4 所示，设 C 是以 AB 为直径的半圆 O 上的任意一点，$CD\perp AB$ 于 D，圆 O' 分别切 AB，CD，圆 O 于 E，F，G，则 $AC=AE$.

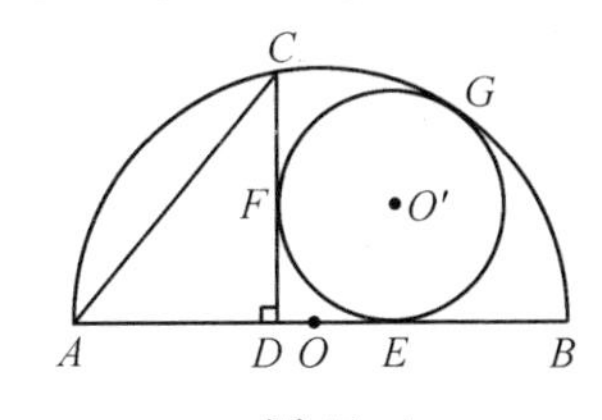

图 11.4

这是一道常见的平面几何习题，证明留给读者，下面对上述试题进行论证.

如图 11.5 所示，令 Y_1，Y_2，Y_3 的中心分别为 O_1，O_2，O_3，且 Y_1，Y_2，Y_3 分别切 AB 于 P，M，N，则有

$$MN=MD+ND=O_2M+O_3N$$

由引理知 $AC=AN$，$BC=BM$.

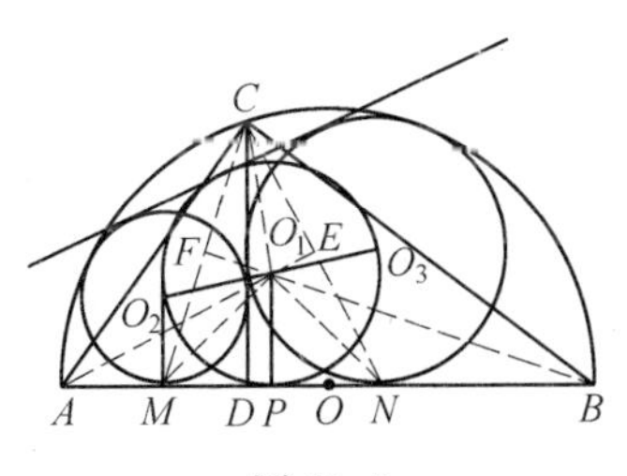

图 11.5

连 CM，CN，O_1C，O_1M，O_1N，设直线 AO_1，BO_1 分别交 CN，CM 于 E，F，则 $\angle CAE=\angle NAE$，$\angle CBF=\angle MBF$，故 AE，BF 分别垂直平分 CN，CM，从而有 $O_1M=O_1N=O_1C=\sqrt{2}O_1P$，于是

$$PM=PN=O_1P=\frac{1}{2}MN=\frac{1}{2}(O_2M+O_3N)$$

由此可推得 O_1 是 O_2O_3 的中点，即 O_1，O_2，O_3 三点共线，再由对称性即知圆 Y_1，Y_2，Y_3 还有第二条公切线.

5 给定平面上 $n(n>4)$ 点，其中没有三点在同一直线上. 求证：至少存在 $\binom{n-3}{2}$ 个凸四边形，其顶点是所给定的 n 点中的四点.

蒙古命题

证法 1 首先考虑 $n=5$ 的情形.

如图 11.6 所示，若所给的五点中至少有四点是一个凸四边形的顶点，则结论已成立，因为当 $n=5$ 时，$\binom{n-3}{2}=1$.

若所给的五点中，有三点 A，B，C 构成一个三角形，其他两点 D，E 在这个三角形内部，则通过 D，E 两点的直线必和 $\triangle ABC$ 的

两边相交,而且这两交点是这两边的内点,因为根据假设,DE 不通过 $\triangle ABC$ 的顶点. 于是 B,C,D,E 四点就构成一个凸四边形,因此两对角线 BD,CE 在这一四边形的内部.

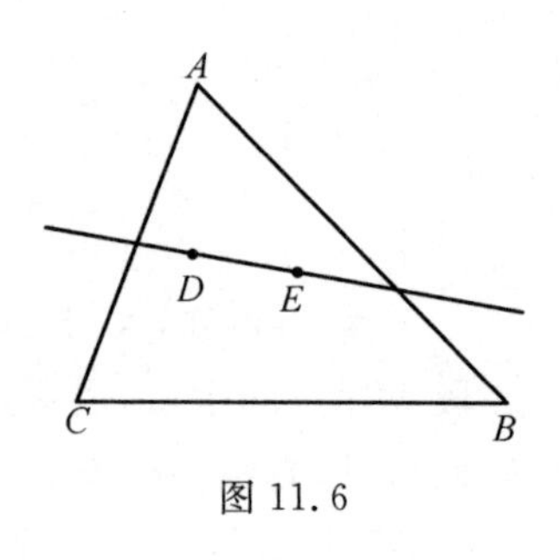

图 11.6

这样,$n=5$ 的情形就解决了.

现在假设所给的点多于五点,即 $n>5$. 从这些点所组成的点集中,任取五点可以构成 $\binom{n}{5}$ 个不同的子集. 据上所证,在每一个子集中,存在四个点构成一个凸四边形. 另一方面,这样的一个凸四边形,至多只能属于 $n-4$ 个子集. 因而所有这种四边形的总数大于或等于 $\frac{1}{n-4}\binom{n}{5}$. 但是

$$\frac{1}{n-4}\binom{n}{5}=\frac{n(n-1)(n-2)(n-3)(n-4)}{5!\ (n-4)}=$$

$$\left(\frac{n(n-1)(n-2)}{60(n-4)}\right)\left(\frac{(n-3)(n-4)}{2}\right)=$$

$$\frac{n(n-1)(n-2)}{60(n-4)}\binom{n-3}{2}$$

当 $n=6$ 时

$$\frac{n(n-1)(n-2)}{60(n-4)}=1$$

当 $n>6$ 时

$$\frac{n(n-1)(n-2)}{60(n-4)}>1$$

所以

$$\frac{1}{n-4}\binom{n}{5}\geqslant\binom{n-3}{2},n>5$$

这样,$n>5$ 的情形也解决了.

证法 2　设 S 是所给定的 n 个点的点集. 在 S 的凸包的边界上取 A,B,C 三点,并在 S 中另取 D,E 两点,则 A,B,C 三点中至少有两点在 DE 的同一侧,不妨假定这两点是 A 和 B. 于是 A,B,D,E 四点就必定构成一个凸四边形,否则这四点的凸包就会是含点 A 或点 B 在其内部的三角形,如图 11.7 所示,这和 A,B,C 三点皆在 S 的凸包的边界上的原设矛盾.

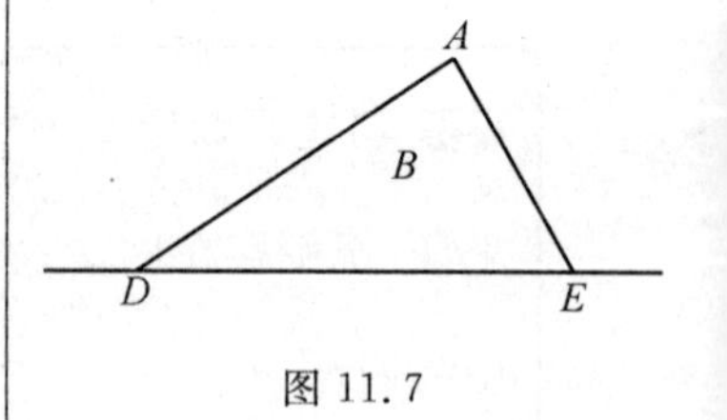

图 11.7

因为选取 D,E 二点的方法共有 $\binom{n-3}{2}$ 种,故存在 $\binom{n-3}{2}$ 个凸四边形,其顶点是所给定的 n 个点中的四个点.

证法 3　由于 n 个点中无三点共线. 所以以 n 点中任意三点为顶点可作 C_n^3 个三角形,其中面积最大者设为 $\triangle ABC$,如图 11.8 所示.过 A,B,C 分别作对边的平行线相交得 $\triangle A'B'C'$.

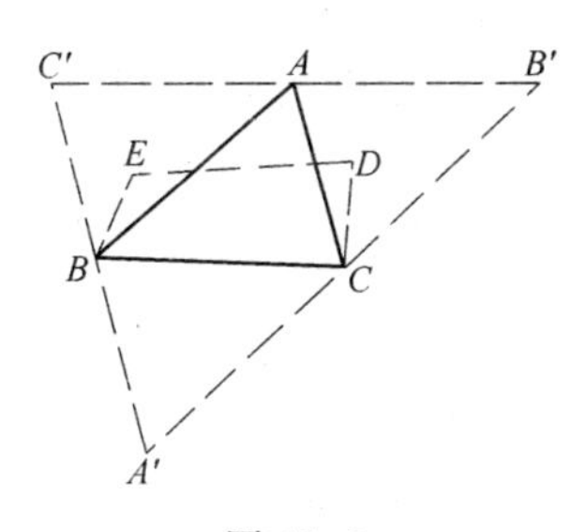

图 11.8

因为 $\triangle ABC$ 的面积最大,所以其余 $n-3$ 个点均在 $\triangle A'B'C'$ 中(用反证法证明).过其中任意两点 D,E 的直线与 $\triangle ABC$ 的两条边相交,不妨设直线 DE 与边 BC 不相交,则 B,C 在直线 DE 同侧,D,E 在 BC 同侧.从而四边形 $DEBC$ 为凸四边形,因此,$n-3$ 个点中任两点与 A,B,C 中某两个点可作出一个凸四边形.所以至少可以作出 C_{n-3}^2 个凸四边形.

证法 4　首先讨论 $n=5$ 的情形,这时 $C_{n-3}^2=C_2^2=1$,故只要找出一个凸四边形就行了.可以分三种情况讨论如下:

ⅰ 给定的五点就是一个凸五边形的顶点.显然,这五点中任意四点都是凸四边形的顶点,故此时命题成立.

ⅱ 给定的五点中,有四点是一个凸四边形的顶点,另外一点在此四边形内部.显然,此时命题也成立.

ⅲ 给定的五点中,有二点(点 D 和点 E)在另外三点(点 A,点 B 和点 C)所构成的三角形内部,如图 11.9 所示.此时由题意知,直线 DE 不会通过点 A,B,C,即直线 DE 必与 $\triangle ABC$ 的两条边分别相交于点 P 和 Q,不妨假设点 P 在线段 AB 内,点 Q 在线段 AC 内.由此可知,四边形 $BCED$ 的对角线 BE 和 CD 都在它的内部,所以,$BCED$ 是凸四边形.

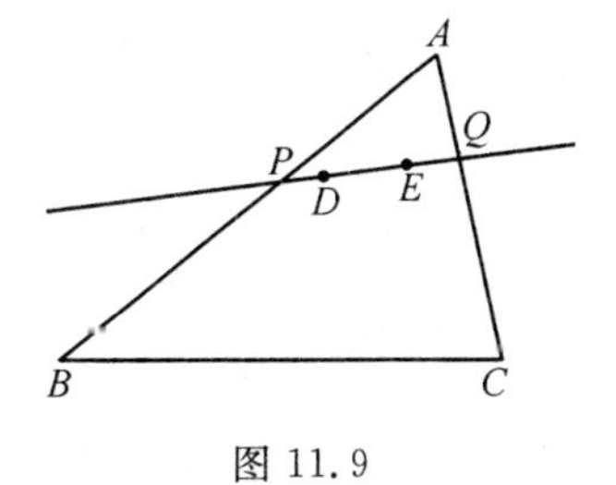

图 11.9

这就证明了:已知一平面内有五点,并且其中没有三点在一直线上,则至少可以找到一个以给定的点为顶点的凸四边形.

再来讨论 $n>4$ 的情形.这时给定的 n 个点的集合有 C_n^5 个不同的五个点的子集合,由上面的讨论可知,每个子集合至少有一个以该子集合的点为顶点的凸四边形,因而可得出 C_n^5 个凸四边形.然而,这些凸四边形中可能有些是相同的,因为对其中每个凸四边形来说,它的四个顶点与另外 $n-4$ 个点中的某一点可构成一个五个点的子集合,因而每个凸四边形的顶点至多属于 $n-4$ 个五个点的子集合,由此可知,这种凸四边形的总数大于或等于 $\frac{1}{n-4}C_n^5$.

设

$$f(n)=\frac{1}{n-4}C_n^5, g(n)=C_{n-3}^2$$

我们证明,当 $n>4$ 时,有

$$f(n)\geqslant g(n)$$

首先,不难验证

$$f(5)=g(5), f(6)=g(6)$$

其次,由于

$$f(n)-g(n)=\frac{1}{5!}n(n-1)(n-2)(n-3)-\frac{1}{2!}(n-3)(n-4)=$$
$$\frac{1}{5!}(n-3)(n(n-1)(n-2)-60(n-4))$$

并且,当 $n\geqslant 7$ 时

$$n(n-1)(n-2)=n^3-3n^2+2n=$$
$$(n^2+n+6)(n-4)+24=$$
$$(n(n+1)+6)(n-4)+24>$$
$$60(n-4)+24$$

故知当 $n\geqslant 7$ 时

$$f(n)>g(n)$$

这就证明了,至少存在 C_{n-3}^2 个以给定点为顶点的凸四边形.

注 实际上,我们证明了更强的结论:当 $n>6$ 时,至少存在 $\frac{1}{n-4}C_n^5$ 个凸四边形.

苏联命题

6 求证:对于所有实数 x_1,x_2,y_1,y_2,z_1,z_2,其中 $x_1>0$,$x_2>0$,$x_1y_1-z_1^2>0$,$x_2y_2-z_2^2>0$,下面的不等式成立

$$\frac{8}{(x_1+x_2)(y_1+y_2)-(z_1+z_2)^2}\leqslant\frac{1}{x_1y_1-z_1^2}+\frac{1}{x_2y_2-z_2^2}\qquad ①$$

并求等号成立的充要条件.

证明 令

$$D_1=x_1y_1-z_1^2,D_2=x_2y_2-z_2^2$$
$$D=(x_1+x_2)(y_1+y_2)-(z_1+z_2)^2$$

因 $D_i>0,x_i>0$,可知

$$y_i=\frac{D_i+z_i^2}{x_i}>0,i=1,2$$

于是不等式 ① 可写成

$$\frac{8}{D}\leqslant\frac{1}{D_1}+\frac{1}{D_2}$$

或

$$8D_1D_2\leqslant(D_1+D_2)D\qquad ②$$

D 可用 D_i,z_i 或 y_i 表示,即

$$D=D_1+D_2+x_1y_2+x_2y_1-2z_1z_2=$$
$$D_1+D_2+\frac{y_2(D_1+z_1^2)}{y_1}+$$

$$\frac{y_1(D_2+z_2^2)}{y_2}-2z_1z_2=$$
$$D_1+D_2+\frac{D_1y_2}{y_1}+\frac{D_2y_1}{y_2}+$$
$$(\frac{z_1}{y_1}-\frac{z_2}{y_2})^2y_1y_2>0$$

代入 ② 得

$$8D_1D_2\leqslant(D_1+D_2)^2+(D_1+D_2)\left(\frac{D_1y_2}{y_1}+\frac{D_2y_1}{y_2}\right)+$$
$$(D_1+D_2)\left(\frac{z_1}{y_1}-\frac{z_2}{y_2}\right)^2y_1y_2$$

两边各减去 $4D_1D_2$，得

$$4D_1D_2\leqslant(D_1-D_2)^2+(D_1+D_2)\left(\frac{D_1y_2}{y_1}+\frac{D_2y_1}{y_2}\right)+$$
$$(D_1+D_2)\left(\frac{z_1}{y_1}-\frac{z_2}{y_2}\right)^2y_1y_2 \quad ③$$

③ 右边的第一项和第三项皆大于等于 0，而中项则由于算术平均值大于或等于几何平均值，有

$$D_1+D_2\geqslant2\sqrt{D_1D_2}$$
$$\frac{D_1y_2}{y_1}+\frac{D_2y_1}{y_2}\geqslant2\sqrt{\frac{D_1D_2y_1y_2}{y_1y_2}}=2\sqrt{D_1D_2}$$

故中项大于等于 $2\sqrt{D_1D_2}\cdot2\sqrt{D_1D_2}=4D_1D_2$，从而证得不等式 ① 成立，并且易见，等号成立的充要条件是 $x_1=x_2,y_1=y_2,z_1=z_2$.

推广　题中 D_1,D_2,D 可用下列矩阵 $\boldsymbol{M}_1,\boldsymbol{M}_2,\boldsymbol{M}$ 的行列式表示，即

$$\boldsymbol{M}_1=\begin{pmatrix}x_1&z_1\\z_1&y_1\end{pmatrix},\boldsymbol{M}_2=\begin{pmatrix}x_2&z_2\\z_2&y_2\end{pmatrix}$$
$$\boldsymbol{M}=\boldsymbol{M}_1+\boldsymbol{M}_2$$

而求证的不等式则可写成

$$\frac{8}{\det(\boldsymbol{M}_1+\boldsymbol{M}_2)}\leqslant\frac{1}{\det\boldsymbol{M}_1}+\frac{1}{\det\boldsymbol{M}_2}$$

如果 $\boldsymbol{M}_1,\boldsymbol{M}_2$ 是 n 阶正定矩阵，上面的不等式仍能成立. 证明要用线性代数的方法，这里从略.

第 11 届国际数学奥林匹克英文原题

The eleventh International Mathematical Olympiad was held from July 5th to July 20th 1969 in the city of Bucharest.

1 Prove that there are infinitely many positive integers a such that the sequence $(z_n)_{n\geqslant 1}$, $z_n=n^4+a$, does not contain any prime number.

(East Germany)

2 Let $a_1, a_2, \cdots, a_n$ be real numbers and $f:\mathbf{R}\to\mathbf{R}$ be the function given by

$$f(x)=\cos(a_1+x)+\frac{1}{2}\cos(a_2+x)+\frac{1}{2^2}\cos(a_3+x)+\cdots+\frac{1}{2^{n-1}}\cos(a_n+x)$$

Prove that if $f(x_1)=f(x_2)=0$, then $x_1-x_2=m\pi$, where m is an integer number.

(Hungary)

3 For each number k, $k\in\{1,2,3,4,5\}$, find the necessary and sufficient conditions on the positive number a for there to exist a tetrahedron with k edges of length a and the remaining $6-k$ edges of length 1.

(Poland)

4 Let AB be the diameter of the semicircle Γ and let C be a point of Γ, C different from A and B. The perpendicular projection of C on the diameter is D. The circles $\Gamma_1, \Gamma_2, \Gamma_3$ are drawn in the following way: they are tangent to AB, Γ_1 is inscribed in the triangle ABC and Γ_2, Γ_3 are both tangential to the line-segment CD and to Γ. Prove that the circles $\Gamma_1, \Gamma_2, \Gamma_3$ have a second tangent in common.

(Netherlands)

5 There are n points, $n>4$, in the plane such that no three lie on the same line. Prove that one can find at least $\binom{n-3}{2}$ convex quadrilaterals having their vertices in given points.

(Mongolia)

6 Let $x_1, x_2, y_1, y_2, z_1, z_2$ be real numbers such that $x_1>0, x_2>0, x_1y_1-z_1^2>0, x_2y_2-z_2^2>0$. Prove that the following inequality holds

$$\frac{8}{(x_1+x_2)(y_1+y_2)-(z_1+z_2)^2}\leqslant\frac{1}{x_1y_1-z_1^2}+\frac{1}{x_2y_2-z_2^2}$$

Find necessary and sufficient conditions under which the equality occurs.

(USSR)

第 11 届国际数学奥林匹克各国成绩表

1969,罗马尼亚

名次	国家或地区	分数		奖牌		参赛队
		（满分 320）	金牌	银牌	铜牌	人数
1.	匈牙利	247	1	4	2	8
2.	德意志民主共和国	240	—	4	4	8
3.	苏联	231	1	3	3	8
4.	罗马尼亚	219	—	4	2	8
5.	英国	193	1	1	1	8
6.	保加利亚	189	—	—	3	8
7.	南斯拉夫	181	—	2	2	8
8.	捷克斯洛伐克	170	—	—	3	8
9.	蒙古	120	—	—	1	8
10.	法国	119	—	1	—	8
11.	波兰	119	—	1	—	8
12.	瑞典	104	—	—	—	8
13.	比利时	57	—	—	—	8
14.	荷兰	51	—	—	—	8

第 11 届国际数学奥林匹克预选题

1 给了两条抛物线 $P_1:x^2-2py=0$ 和 $P_2:x^2+2py=0$，其中 $p>0$. 直线 t 和 P_2 相切. 求 t 关于 P_1 的极点的轨迹.

2 (1)求出通过点 $A(\alpha,0)$，$B(\beta,0)$ 和 $C(0,\gamma)$ 的正双曲线方程.

(2)证明(1)中所有的双曲线都通过 $\triangle ABC$ 的垂心.

(3)求出(1)中所有双曲线中心的轨迹.

(4)验证(3)中的轨迹是否与 $\triangle ABC$ 的内切圆重合.

3 作出和三个给定圆相切的圆.

4 设 O 是一个非退化的二次曲线. 一个以 O 为顶点的直角和此二次曲线相交于 A，B 两点. 证明直线 AB 通过位于二次曲线的在 O 点处的法线上的一个固定点.

5 设 G 是 $\triangle OAB$ 的重心，求证：

(1)证明所有通过点 O,A,B,G 的二次曲线都是双曲线；

(2)求出这些双曲线的中心的轨迹.

6 用两种方法计算 $\left(\cos\left(\frac{\pi}{4}\right)+\mathrm{i}\sin\left(\frac{\pi}{4}\right)\right)^{10}$ 并证明

$$\binom{10}{1}-\binom{10}{3}+\frac{1}{2}\binom{10}{5}=2^4$$

7 证明 $\sqrt{x^3+y^3+z^3}=1\ 969$ 没有整数解.

8 求出所有的函数 f，它对所有的 x 有定义，且对所有的 x,y 满足条件

$$xf(y)+yf(x)=(x+y)f(x)f(y)$$

证明在这种函数中，恰有两个是连续的.

9 把 100 个凸多边形(互不重叠地)放到一个边长为 38 厘米的正方形中. 其中每个多边形的面积都小于 π 平方厘米，而周长都小于 2π 厘米. 证明在此正方形中，必可再放进一个和任何多边形都不相交的半径为 1 的圆.

10 设 M 是 $\mathrm{Rt}\triangle ABC(\angle C=90^\circ)$ 中任意一点，使得

$$\angle MAB=\angle MBC=\angle MCA=\varphi$$

又设 ψ 是 AC 的中线与 BC 所夹的锐角，证明$\frac{\sin(\varphi+\psi)}{\sin(\varphi-\psi)}=5$.

11 设 Z 是一个平面上的点集. 如果一对点不能被一个不通过 Z 中任意一点的多边形所联结，则称这一对点是不可联结的. 证明对每个实数 $r>0$，都存在着一对距离为 r 的不可联结的点.

12 给了一个立方体，求所有顶点在此立方体边上的四面体重心的轨迹.

13 设 p 是一个奇素数，问是否可能求出 $p-1$ 个自然数 $n+1,n+2,\cdots,n+p-1$，使得其平方和可被它们的和整除.

14 设 a,b 是两个正实数. 又设 p,q 是满足不等式 $|p|\leqslant a$，$|q|\leqslant b$ 的实数，而 x 是方程 $x^2+px+q=0$ 的实数根. 证明

$$|x|\leqslant\frac{1}{2}(a+\sqrt{a^2+4b})$$

反之，如果 x 是满足上式的实数，则必存在满足不等式 $|p|\leqslant a,|q|\leqslant b$ 的实数 p,q，使得 x 是方程 $x^2+px+q=0$ 的实数根.

15 设 $K_1,\cdots,K_n$ 是非负整数. 证明

$$K_1!\ K_2!\ \cdots K_n!\geqslant\left(\left[\frac{K}{n}\right]!\right)^n$$

其中 $K=K_1+\cdots+K_n$.

16 设 $ABCD$ 是一个凸四边形，$AB=a$，$BC=b$，$CD=c$，$DA=d$，$\angle DAB=\alpha$，$\angle ABC=\beta$，$\angle BCD=\gamma$，$\angle CDA=\delta$，$s=\frac{a+b+c+d}{2}$，P 是它的面积. 证明

$$P^2=(s-a)(s-b)(s-c)(s-d)-abcd\cos^2\frac{\alpha+\gamma}{2}$$

17 设 d 和 p 是两个实数. 求出以 d 为公差，且使得 $a_1a_2a_3a_4=p$ 的等差数列 $a_1,a_2,a_3,\cdots$ 的首项. 用 d 和 p 表出解的数目.

18 设 a 和 b 是两个非负整数. 用 $H(a,b)$ 表示所有形如 $n=pa+qb$ 的数 n 的集合，其中 p 和 q 是正整数. 确定 $H(a)=H(a,a)$. 证明如果 $a\neq b$，那么为了知道所有的集合 $H(a,b)$，只需知道所有 a,b 互素的集合 $H(a,b)$ 就够了. 证明在 a,b 互素的情况下，$H(a,b)$ 包含所有大于或等于 $\omega=(a-1)(b-1)$ 的数以及 $\frac{\omega}{2}$ 个小于 ω 的数.

19 设 n 是一个不能被任何大于 1 的平方数整除的整数. 用 x_m 表示数 x^m 在以 n 为基的记数系统中的最后一位数字. 哪些数 x 可能使得 x_m 为 0? 证明 x_m 是周期的,其周期 t 不依赖于 x. 对哪些 x 我们有 $x_t=1$? 证明如果 m 和 x 是互素的,则 $0_m,1_m,\cdots,(n-1)_m$ 是不同的整数. 用 n 表出最小周期. 如果 n 不满足所给的条件,证明有可能 $x_m=0\neq x_1$ 并且数列 x_m 可能是一个只从某个 $k>1$ 才开始的周期数列.

20 给定了一个格点多边形(不一定是凸的),其面积为 S. 设 I 是多边形内部的格点数,B 是多边形边界上的格点数,求数 $T=2S-B-2I+2$.

21 设 B 是 $\triangle OAB$ 的直角顶点. 一个圆心在 OB 上的圆和 OA 相切. 设 AT 是此圆的不同于 OA 的另一条切线(T 是切点). $\triangle OAB$ 的从 B 点发出的中线和 AT 交于 M,证明 $MB=MT$.

22 设 $\alpha(n)$ 是使得 $x+y=n,0\leqslant y\leqslant x$ 的整数对 (x,y) 的数目,而 $\beta(n)$ 是使得 $x+y+z=n,0\leqslant z\leqslant y\leqslant x$ 的整数对 (x,y,z) 的数目. 求出 $\alpha(n)$ 和 $\frac{n+2}{2}$ 的整数部分之间的简单关系以及 $\alpha(n),\beta(n),\beta(n-3)$ 之间的简单关系. 然后在模 6 下,计算作为 n 的函数的 $\beta(n)$. 对 $\beta(n)$ 和 $1+\frac{n(n+6)}{12}$ 能说些什么? 对 $\beta(n)$ 和 $\frac{(n+3)^3}{6}$ 又能说些什么?

在模 6 下,求出作为 n 的函数的具有性质 $x+y+z\leqslant n$, $0\leqslant z\leqslant y\leqslant x$ 的整数对 (x,y,z) 的数目. 对这个数和 $\frac{(n+6)(2n^2+9n+12)}{72}$ 之间的关系能说些什么?

23 考虑整数 $d=\frac{a^b-1}{c}$,其中 a,b,c 都是正整数,并且 $c\leqslant a$. 证明在 1 和 d 之间和 d 互素的整数的集合 G(用 $\varphi(d)$ 表示那些整数的个数)可以被分成 n 个子集,每个子集都由 b 个元素组成. 对有理数 $\frac{\varphi(d)}{b}$ 能说些什么?

24 称整系数多项式 $P(x)=a_0x^k+a_1x^{k-1}+\cdots+a_k$ 可被整数 m 整除,如果对所有 x 的整数值,$P(x)$ 都可被 m 整除. 证明如果 $P(x)$ 都可被 m 整除,那么 $k!\ a_0$ 是 m 的倍数. 还证明,如果 a,k,m 是非负整数,$k!\ a$ 是 m 的倍数,那么必存在首项为 ax^k 的可被 m 整除的多项式 $P(x)$.

25 设 a,b,x,y 是正整数，a,b 没有大于 1 的公因数，证明不能表示成 $ax+by$ 形式的最大整数是 $ab-a-b$，如果 $N(k)$ 表示不能仅用 k 种方式表示成 $ax+by$ 形式的最大整数，求 $N(k)$.

26 一个中心在 O，半径为 r 的半球外接于一个底半径为 r，高为 h 的直圆柱而形成了一个光滑的物体. 这个物体放在一个水平桌面上. 一条线的一端系在底面的一点上. 把这条线（一开始是保持在竖直平面上）拉过物体的最高点然后又顺着半球上的 P 点使得 OP 和水平线构成角 α. 证明当 α 足够小时，如果稍微偏移一下，线将松弛下来并不再保持在垂直平面中，如果通过 P 拉紧它，线将在点 Q 越过半球和圆柱的共同的圆形交线，使得 $\angle SOQ=\varphi$，其中 S 是一开始越过交线的地方，且 $\sin\varphi=\frac{r\tan\alpha}{h}$.

27 线段 AB 垂直于 X 点处的角平分线 CD，在一定条件下，存在一个轴通过 X，而 A,B,C,D 位于其表面的正圆锥. 这条件是什么？

28 设 $u_0=0,u_1=1$，对 $n\geqslant 0$ 定义 $u_{n+2}=au_{n+1}+bu_n$，其中 a，b 都是正整数. 把 u_n 表示成 a,b 的多项式并证明这个结果. 设 b 是素数，证明 b 可整除 $a(u_b-1)$.

29 求出所有的实数 λ，使得方程

$$\sin^4 x-\cos^4 x=\lambda(\tan^4 x-\cot^4 x)$$

(1)没有解；

(2)恰有一个解；

(3)恰有两个解；

(4)多于两个解（在区间 $\left(0,\frac{\pi}{4}\right)$ 中）.

30 证明存在无穷多个自然数 a 具有性质：对任何自然数 n，$z=n^4+a$ 都不是素数.

31 求出集合 $\{1,2,\cdots,n\}$ 的使得 $|a_i-a_{i+1}|\neq 1,i=1,2,\cdots,n-1$ 的排列 $a_1,a_2,\cdots,a_n$ 的数目. 求出这个数目的递推公式并对 $n\leqslant 6$ 的情况计算这个数.

32 求出用 n 个圆可把球分成的区域的最大数目.

33 在平面上给出了一个由半径为 R 和 $\frac{R}{2}$ 的同心圆组成的环. 证明我们可以用 8 个半径为 $\frac{2R}{5}$ 的圆覆盖这个区域（一个

区域被覆盖的意思是它的每个点都位于某个圆内).

34 设 a 和 b 是任意整数. 证明如果 k 是一个不能被 3 整除的整数,则 $(a+b)^{2k}+a^{2k}+b^{2k}$ 可被 a^2+ab+b^2 整除.

35 证明

$$1+\frac{1}{2^3}+\frac{1}{3^3}+\cdots+\frac{1}{n^3}<\frac{5}{4}$$

36 在平面上给定了 4 000 个点使得每条直线至多通过其中两个点. 证明存在 1 000 个以这些点为顶点的不相交的四边形.

37 设 $a_1,a_2,\cdots,a_n$ 是实的常数,证明如果

$$y=\cos(a_1+x)+2\cos(a_2+x)+\cdots+n\cos(a_n+x)$$

有两个不同的零点 x_1 和 x_2,且它们都不是 π 的倍数,则 $y\equiv 0$.

38 设 r 和 $m(r\leqslant m)$ 是自然数,$A_k=\frac{2k-1}{2m}\pi$,计算

$$\frac{1}{m^2}\sum_{k=1}^{m}\sum_{l=1}^{m}\sin(rA_k)\sin(rA_l)\cos(rA_k-rA_l)$$

39 在单位立方体的边界上求出三点 A,B,C 使得 $\min\{AB,AC,BC\}$ 尽可能的大.

40 求出所有那种五位数的个数,在这种五位数中,有两对数,每对中的数字都是相等的,但是这两对数字中相等的数字不同,这两对数字是相邻的,另外一个数字与这两对数字中的数字都不相同.

41 给了两个数 x_0 和 x_1,设 α 和 β 是方程 $1-\alpha y-\beta y^2=0$ 的系数. 求方程组

$$x_{n+2}-\alpha x_{n+1}-\beta x_n=0,n=0,1,2,\cdots$$

的解的表达式.

42 设 $A_k(1\leqslant k\leqslant h)$ 是 n 个元素的集合,其中每两个集合的交不空. A 是所有的集合 A_k 的并,而 B 是 A 的子集,对每个 $k(1\leqslant k\leqslant h)$,$A_k$ 与 B 的交都只含两个不同的元素 a_k 和 b_k. 求出所有 A 的 r 个元素的那种子集 X,对它至少有一个指标 k 使得 a_k 和 b_k 都属于 X.

43 设 p 和 q 是两个大于 3 的素数. 证明如果它们的差是 2^n,那么对任意整数 m 和 n,数 $S=p^{2m+1}+q^{2m+1}$ 可被 3 整除.

44 设等腰三角形的底是方程 $x^2-ax+b=0$ 的根,求它的外接圆半径.

45 在平面上给出了 n 个点，它们无三点共线. 证明至少可找出 $\binom{n-3}{2}$ 个以这些点为顶点的凸四边形.

46 把一个 $n+1$ 边形的顶点放在一个正 n 边形的边上，使得 n 边形的周边被分成相等的部分. 如何选择这 $n+1$ 个点才能使得所得的 $n+1$ 边形具有：

(1)最大的面积；

(2)最小的面积.

47 设 A,B 是圆 γ 上的两个点(译者注：在正式的竞赛题中，将此改为 AB 是圆 γ 的直径). C 是 γ 上另外一点. D 是 C 在直线 AB 上的正投影. 考虑另外三个都和 AB 相切的圆 γ_1,γ_2 和 γ_3. γ_1 是 $\triangle ABC$ 的内切圆，γ_2 和 γ_3 都和线段 CD 及 γ 相切. 证明 γ_1,γ_2 和 γ_3 有两条公切线.

48 设 x_1,x_2,x_3,x_4 和 x_5 是满足以下各式的正整数

$$x_1+x_2+x_3+x_4+x_5=1\ 000$$
$$x_1-x_2+x_3-x_4+x_5>0$$
$$x_1+x_2-x_3+x_4-x_5>0$$
$$-x_1+x_2+x_3-x_4+x_5>0$$
$$x_1-x_2+x_3+x_4-x_5>0$$
$$-x_1+x_2-x_3+x_4+x_5>0$$

(1)求 $(x_1+x_3)^{x_2+x_4}$ 的最大值；

(2)可以用多少种方法选择 $x_1,\cdots,x_5$ 以使上式达到最大值?

49 一个孩子有一套火车玩具，包括火车和一些轨道的拼块. 每一个拼块都是一个四分之一的圆. 把这些块拼起来可以得出一个闭合的轨道. 轨道自身不能相交. 通过轨道时，火车有时沿顺时针方向，有时沿逆时针方向. 证明火车必沿顺时针方向拐弯偶数次，也必沿反时针方向拐弯偶数次. 还证明拼块的块数必能被 4 整除.

50 五边形 $B_1B_2B_3B_4B_5$ 的外角平分线构成了另一个五边形 $A_1A_2A_3A_4A_5$. 设给定了五边形 $A_1A_2A_3A_4A_5$，求作五边形 $B_1B_2B_3B_4B_5$.

51 在坐标平面上由方程

$$y=\sqrt{x^2-10x+52},0\leqslant x\leqslant 100$$

确定了一条曲线. 确定被此曲线分割的方格的数目.

52 证明一个有奇数条边的正多边形不可能被两条通过其中心的直线分成面积相等的 4 块.

53 给了两个不在同一平面上的线段 AB 和 CD,求出满足下式的点 M 的轨迹

$$MA^2+MB^2=MC^2+MD^2$$

54 设 $f(x)$ 是整系数多项式,在三个整数 $k,k+1$ 和 $k+2$ 处,$f(x)$ 的值可被 3 整除. 证明对所有的整数 m,$f(m)$ 都可被 3 整除.

55 求出关于正实数 a 的条件使得可以存在一个四面体,其 $k(k=1,2,3,4,5)$ 条棱的长度为 a,而另外 $6-k$ 条棱的长度为 1.

56 设 a 和 b 是两个自然数,它们的十进制表示中都有 n 位数字. 数 a 和 b 的开头(从左往右)m 位数相同,证明如果 $m>\frac{n}{2}$,那么

$$a^{\frac{1}{n}}-b^{\frac{1}{n}}<\frac{1}{n}$$

57 在△ABC 的边 AB 和 AC 上分别给出了两个点 K 和 L,使得

$$\frac{KB}{AK}+\frac{KC}{AL}=1$$

证明 KL 通过△ABC 的重心.

58 在空间中给出了 6 个点 $P_1,\cdots,P_6$,其中无 4 点共面. 现在把每条线 P_jP_k 都染成黑色或白色. 证明必存在一个三条边颜色都相同的△$P_jP_kP_l$.

59 对每一个 $\lambda(0<\lambda<1$,且 $\lambda\neq\frac{1}{n},n=1,2,3,\cdots)$ 做一个连续函数 f 使得不存在 $0<\lambda<y=x+\lambda\leqslant 1$,而 $f(x)=f(y)$.

60 求出具有以下性质的自然数 n:

(1)设 $S=\{P_1,P_2,\cdots\}$ 是平面上的任意有限的点集,r_j 是 P_j 到原点 O 的距离. 对每个 P_j,设 D_j 是圆心在 P_j,半径为 r_j 的闭圆. 那么这些圆中的某 n 个圆将包含 S 中的所有的点;

(2)n 是具有以上性质的最小的整数.

61 设由 $a_0=0,a_{n+1}=2a_n+2^n$ 确定了数列 $a_0,a_1,a_2,\cdots$. 证明如果 n 是 2 的幂,则 a_n 也是.

62 哪些自然数可以被表示成两个整数的平方差?

63 证明有无限多个正整数不可能被表示成三个正整数的平方和.

64 证明对自然数 $n>2$

$$(n!)!>n[(n-1)!]^{n!}$$

65 证明对 $a>b^2$

$$\sqrt{a-b\sqrt{a+b\sqrt{a-b\sqrt{a+\cdots}}}}=\sqrt{a-\frac{3}{4}b^2}-\frac{1}{2}b$$

66 (1)证明如果 $0\leqslant a_0\leqslant a_1\leqslant a_2$,那么

$$(a_0+a_1x-a_2x^2)^2\leqslant(a_0+a_1+a_2)^2\left(1+\frac{1}{2}x+\frac{1}{3}x^2+\frac{1}{4}x^3+x^4\right)$$

(2)对三次的多项式,证明类似的结果.

67 设 $x_1,x_2>0,x_1y_1>z_1^2,x_2y_2>z_2^2$,证明不等式

$$\frac{8}{(x_1+x_2)(y_1+y_2)-(z_1+z_2)^2}\leqslant\frac{1}{x_1y_1-z_1^2}+\frac{1}{x_2y_2-z_2^2}$$

68 在平面上给出了五个点,无三点共线,证明必可在其中选出四个点构成一个凸四边形.

69 设正实数 x_1,x_2,x_3 满足

$$x_1x_2x_3>1,x_1+x_2+x_3<\frac{1}{x_1}+\frac{1}{x_2}+\frac{1}{x_3}$$

证明:(1) x_1,x_2,x_3 都不等于 1;

(2)这三个数中恰有一个小于 1.

70 一个凸五边形的公园的面积为 $50\ 000\sqrt{3}$ 平方米.一个人站在公园中某个点 O 处,O 到公园的每个顶点的距离至多为 200 米.证明 O 到公园的每个边的距离至少为 100 米.

71 设平面上的 4 个点 $A_i(i=1,2,3,4)$ 确定了 4 个三角形.在每个三角形中选择一个最小的角,用 S 表示这些角之和.如果 $S=180°$,问这 4 个点的确切位置在什么地方?

第二编
第 12 届国际数学奥林匹克

第 12 届国际数学奥林匹克题解

匈牙利,1970

波兰命题

1 设 M 是 $\triangle ABC$ 边 AB 上任一点,r_1,r_2 和 r 分别是 $\triangle AMC$,$\triangle BMC$ 和 $\triangle ABC$ 内切圆的半径,q_1,q_2 和 q 是含在 $\angle ACB$ 内这些三角形的旁切圆的半径.求证

$$\frac{r_1}{q_1}\cdot\frac{r_2}{q_2}=\frac{r}{q}$$

证法 1 如图 12.1 所示,设 $\triangle ABC$ 内切圆的圆心为 I,半径为 r,又 $\angle ACB$ 所含旁切圆的圆心为 E,半径为 q. U 和 V 是内切圆 I 和旁切圆 E 切于边 AB 的点.设 $\angle CAB=\alpha$,$\angle ABC=\beta$,$AB=c$,则

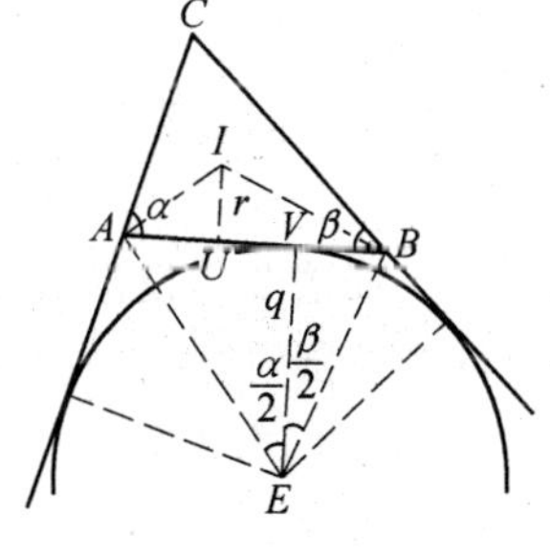

图 12.1

$$AU+BU=c,AV+BV=c$$

因为

$$AU=r\cdot\cot\frac{\alpha}{2},BU=r\cdot\cot\frac{\beta}{2}$$

所以

$$c=r\left(\cot\frac{\alpha}{2}+\cot\frac{\beta}{2}\right) \quad ①$$

因从 E 垂直于 AB 和 BC 的半径成一角,其边垂直于 $\angle ABC$ 的两边,故 $\angle BEV=\frac{\beta}{2}$.同理,$\angle AEV=\frac{\alpha}{2}$.从而得

$$AV=q\cdot\tan\frac{\alpha}{2},BV=q\cdot\tan\frac{\beta}{2}$$

所以

$$c=q\left(\tan\frac{\alpha}{2}+\tan\frac{\beta}{2}\right) \quad ②$$

由 ①,② 得

$$\frac{r}{q}=\frac{\tan\frac{\alpha}{2}+\tan\frac{\beta}{2}}{\cot\frac{\alpha}{2}+\cot\frac{\beta}{2}} \quad ③$$

若上式右边分母分子各乘以 $\tan\frac{\alpha}{2}\cdot\tan\frac{\beta}{2}$,然后除以公因子

$\tan\frac{\alpha}{2}+\tan\frac{\beta}{2}$ 便得

$$\frac{r}{q}=\tan\frac{\alpha}{2}\cdot\tan\frac{\beta}{2} \quad ④$$

其次我们应用这结果于相邻的 $\triangle AMC$ 和 $\triangle BMC$，如图 12.2 所示，便得

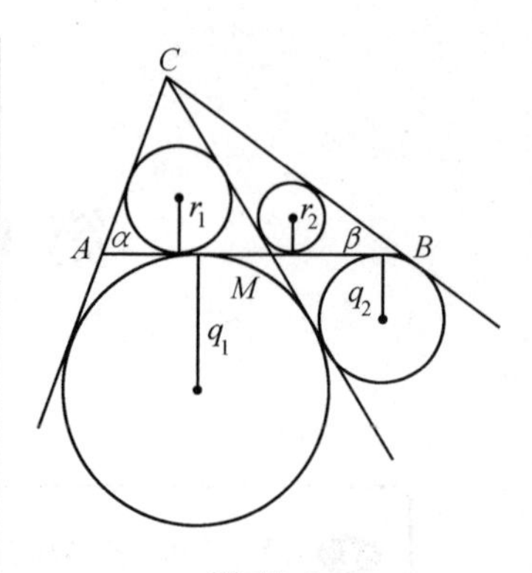

图 12.2

$$\frac{r_1}{q_1}=\tan\frac{\alpha}{2}\cdot\tan\frac{\angle AMC}{2},\frac{r_2}{q_2}=\tan\frac{\angle BMC}{2}\cdot\tan\frac{\beta}{2} \quad ⑤$$

因为 $\angle AMC+\angle BMC=180°$，故

$$\frac{1}{2}\angle BMC=90°-\frac{1}{2}\angle AMC$$

$$\tan\frac{\angle BMC}{2}=\cot\frac{\angle AMC}{2} \quad ⑥$$

于是由 ⑤ 和 ⑥ 得

$$\frac{r_1}{q_1}\cdot\frac{r_2}{q_2}=\left(\tan\frac{\alpha}{2}\cdot\tan\frac{\angle AMC}{2}\right)\left(\cot\frac{\angle AMC}{2}\cdot\tan\frac{\beta}{2}\right)=$$

$$\tan\frac{\alpha}{2}\cdot\tan\frac{\beta}{2}=\frac{r}{q}$$

证法 2　设圆 R 和圆 Q 分别是 $\triangle ABC$ 的内切圆和 AB 边上的旁切圆，并且分别与边 AB,BC,CA 切于点 P,S,T 和点 P',S'，T'，如图 12.3 所示.

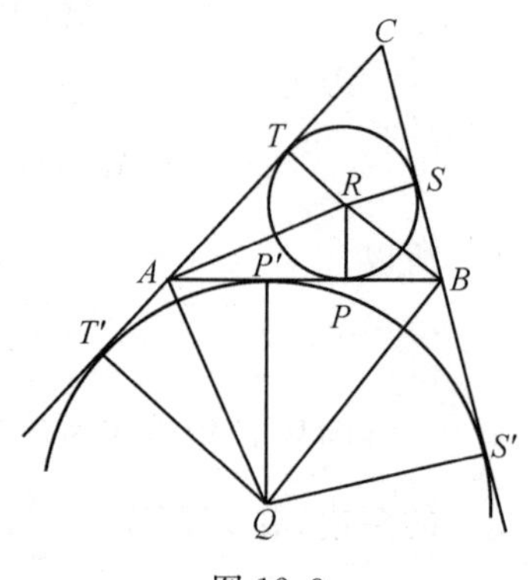

图 12.3

因为 $\triangle ARP\backsim\triangle AQP'$，所以

$$rq=AP\cdot AP'$$

因为

$$AP'=\frac{1}{2}(AP'+AT')=\frac{1}{2}(AB-P'B)+\frac{1}{2}(CT'-AC)=$$

$$\frac{1}{2}(AB-BS')+\frac{1}{2}(CS'-AC)=\frac{1}{2}(AB+BC+AC)-AC$$

$$BP=\frac{1}{2}(BP+BS)=\frac{1}{2}(AB-AP)+\frac{1}{2}(BC-CS)=$$

$$\frac{1}{2}(AB-AT)+\frac{1}{2}(BC-CT)=\frac{1}{2}(AB+BC+AC)-AC$$

所以
$$AP'=BP$$

所以
$$rq=AP\cdot BP$$

即
$$\frac{r}{q}=\frac{r^2}{rq}=\frac{r^2}{AP\cdot BP}$$

同理，设圆 R_1 和圆 R_2 分别是 $\triangle AMC$ 和 $\triangle MBC$ 的内切圆，并且分别与 AM 和 MB 相切于 P_1 和 P_2，如图 12.4 所示，则有

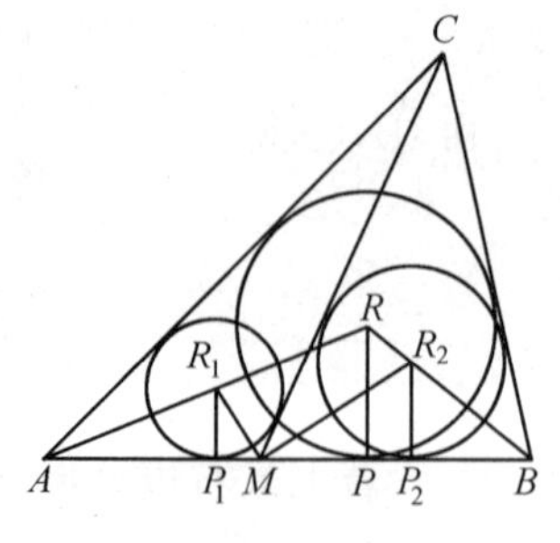

图 12.4

$$\frac{r_1}{q_1}=\frac{r_1^2}{AP_1\cdot MP_1},\frac{r_2}{q_2}=\frac{r_2^2}{MP_2\cdot BP_2}$$

所以

$$\frac{r_1}{q_1} \cdot \frac{r_2}{q_2} = \frac{r_1}{AP_1} \cdot \frac{r_1}{MP_1} \cdot \frac{r_2}{MP_2} \cdot \frac{r_2}{BP_2}$$

因为

$$\triangle AR_1P_1 \backsim \triangle ARP$$

$$\triangle BR_2P_2 \backsim \triangle BRP$$

$$\triangle R_1P_1M \backsim \triangle MP_2R_2$$

所以

$$\frac{r_1}{AP_1} = \frac{r}{AP}, \frac{r_2}{BP_2} = \frac{r}{BP}, \frac{r_2}{MP_2} = \frac{MP_1}{r_1}$$

所以

$$\frac{r_1}{q_1} \cdot \frac{r_2}{q_2} = \frac{r}{AP} \cdot \frac{r_1}{MP_1} \cdot \frac{MP_1}{r_1} \cdot \frac{r}{BP} = \frac{r_2}{AP \cdot BP} = \frac{r}{q}$$

2 设 a,b 和 n 是大于 1 的自然数,而且 a,b 是两个不同进制的数制的底. 设 A_{n-1} 和 A_n 是 a 进制数制的两数,而 B_{n-1} 和 B_n 是 b 进制的两数. 这些数有下列的关系

$$A_n = x_n x_{n-1} \cdots x_0, A_{n-1} = x_{n-1} x_{n-2} \cdots x_0$$

$$B_n = x_n x_{n-1} \cdots x_0, B_{n-1} = x_{n-1} x_{n-2} \cdots x_0$$

$$x_n \neq 0, x_{n-1} \neq 0$$

求证:当且仅当 $a > b$ 时,$\frac{A_{n-1}}{A_n} < \frac{B_{n-1}}{B_n}$.

罗马尼亚命题

证法 1 设 $p(t)$ 为多项式,即

$$p(t) = x_n t^n + x_{n-1} t^{n-1} + \cdots + x_1 t + x_0$$

则

$$A_n = P(a), B_n = P(b)$$

$$A_{n-1} = P(a) - x_n a^n, B_{n-1} = P(b) - x_n b^n$$

于是所要求证的是当且仅当 $a > b$ 时

$$\frac{P(a) - x_n a^n}{P(a)} < \frac{P(b) - x_n b^n}{P(b)}$$

上面不等式可改写成

$$1 - \frac{x_n a^n}{P(a)} < 1 - \frac{x_n b^n}{P(b)}$$

但 $x_n > 0$,故这式子相当于

$$\frac{x_n a^n}{P(a)} > \frac{x_n b^n}{P(b)}$$

或

$$\frac{P(a)}{a^n} < \frac{P(b)}{b^n}$$

经相除后得

$$x_n+\frac{1}{a}x_{n-1}+\frac{1}{a^2}x_{n-2}+\cdots+\frac{1}{a^n}x_0<$$

$$x_n+\frac{1}{b}x_{n-1}+\frac{1}{b^2}x_{n-2}+\cdots+\frac{1}{b^n}x_0$$

此不等式，当 $a>b$ 时，显然成立，而当 $a\leqslant b$ 时，不成立. 这便是所要证的.

证法 2 设

$$f(t)=\frac{P(t)}{(P(t)-x_nt^n)}$$

其中，$P(t)=\sum_{k=0}^{n-1}x_kt^k$. 则所给出的问题等于求证

$$f(a)<f(b)\Leftrightarrow a>b$$

这样，我们只要证明 $f(t)$ 是严格单调递减的函数，问题也就解决了.

根据初等微分学定理，若 $t>0$ 时，$f(t)$ 的导数小于 0，则 $y=f(t)$ 是严格单调递减函数. 现在

$$f'(t)=\frac{P'(t)(P(t)+x_nt^n)-P(t)(P'(t)+nx_nt^{n-1})}{(P(t)+x_nt^n)^2}=$$

$$\frac{x_nt^{n-1}\left(\sum_{k=1}^{n-1}(k-n)x_kt^k-nx_0\right)}{(P(t)+x_nt^n)^2}$$

显然
$$\frac{x_nt^{n-1}}{(P(t)+x_nt^n)^2}>0$$

又由于 $n>1,0\leqslant k\leqslant n-1$，可知 $k-n<0$，故当至少有一个 $x_k>0$ 时，有 $f'(t)<0$. 证毕.

证法 3 先用数学归纳法证一个引理.

引理：对于任意自然数 n，有

$$a^nB_n-b^nA_n>0,a>b$$

引理的证明：事实上，当 $n=1$ 时，$n-1=0$，则 $x_1>0,x_0>0$，且因为 $a>b$ 有

$$a^1B_1-b^1A_1=a(x_1b+x_0)-b(x_1a+x_0)=x_0(a-b)>0$$

引理成立.

假定当 $n=k$ 时引理成立，即

$$a^kB_k-b^kA_k>0,a^kB_k>b^kA_k$$

因为 $a>b$，所以

$$a^{k+1}B_k>b^{k+1}A_k,a^{k+1}B_k-b^{k+1}A_k>0$$

于是当 $n=k+1$ 时，有

$$a^{k+1}B_{k+1}-b^{k+1}A_{k+1}=a^{k+1}(b^{k+1}x_{k+1}+B_k)-b^{k+1}(a^{k+1}x_{k+1}+$$

$$A_k)=a^{k+1}B_k-b^{k+1}A_k>0$$

引理仍成立. 至此引理证毕.

于是

$$\frac{B_{n-1}}{B_n}-\frac{A_{n-1}}{A_n}=\frac{1}{A_nB_n}(A_nB_{n-1}-A_{n-1}B_n)=$$

$$\frac{1}{A_nB_n}(A_n(B_n-b^nx_n)-B_n(A_n-a^nx_n))=$$

$$\frac{x_n}{A_nB_n}(a^nB_n-b^nA_n)>0$$

所以

$$\frac{A_{n-1}}{A_n}<\frac{B_{n-1}}{B_n}$$

瑞典命题

3 设$\{a_n\}$是具有下列性质的实数列,即

$$1=a_0\leqslant a_1\leqslant a_2\leqslant\cdots\leqslant a_n\leqslant\cdots \quad ①$$

数列$\{b_n\}$定义为

$$b_n=\sum_{k=1}^{n}\left(1-\frac{a_{k-1}}{a_k}\right)\frac{1}{\sqrt{a_k}},n=1,2,3,\cdots \quad ②$$

证明:(1) 对所有的 $n=1,2,3,\cdots$,有 $0\leqslant b_n<2$.

(2) 对满足$0\leqslant c<2$的任意实数c,总存在着一个满足 ① 的数列$\{a_n\}$使得由 ② 导出的数列$\{b_n\}$中有无穷多个下标n,使$b_n>c$.

证明 (1) 我们注意到$\frac{a_{k-1}}{a_k}\leqslant 1$,故对于一切$n$有$b_n\geqslant 0$. 以$\alpha_k$表示$\sqrt{a_k}$,则$b_n$中的第$k$项为

$$\left(1-\frac{\alpha_{k-1}^2}{\alpha_k^2}\right)\frac{1}{\alpha_k}=\frac{\alpha_{k-1}^2}{\alpha_k}\left(\frac{1}{\alpha_{k-1}^2}-\frac{1}{\alpha_k^2}\right)=$$

$$\frac{\alpha_{k-1}^2}{\alpha_k}\left(\frac{1}{\alpha_{k-1}}+\frac{1}{\alpha_k}\right)\left(\frac{1}{\alpha_{k-1}}-\frac{1}{\alpha_k}\right)=$$

$$\frac{\alpha_{k-1}}{\alpha_k}\left(1+\frac{\alpha_{k-1}}{\alpha_k}\right)\left(\frac{1}{\alpha_{k-1}}-\frac{1}{\alpha_k}\right)\leqslant$$

$$2\left(\frac{1}{\alpha_{k-1}}-\frac{1}{\alpha_k}\right)$$

其中,$k=1,2,\cdots,n$,把诸不等式相加,我们即可看到右式成一叠进和式,故对于一切自然数n,有

$$0\leqslant b_n\leqslant 2\left(\frac{1}{\alpha_0}-\frac{1}{\alpha_n}\right)=2\left(\frac{1}{\sqrt{a_0}}-\frac{1}{\sqrt{a_n}}\right)=2\left(1-\frac{1}{\sqrt{a_n}}\right)<2$$

(2) 已知$0\leqslant c<2$,我们来证明存在适当的a_i使得由它导出

的数列$\{b_n\}$具有题中所要求的性质. 现在我们从比较简单的等比数列入手.

令$\dfrac{1}{\sqrt{a_k}}=d^k$,则$b_n$中的第$k$项为

$$\left(1-\frac{d^{-2(k-1)}}{d^{-2k}}\right)d^k-(1-d^2)d^k$$

从而

$$b_n=\sum_{k=1}^{n}(1-d^2)d^k=(1-d^2)\sum_{k=1}^{n}d^k=$$
$$(1-d^2)\frac{d-d^{n+1}}{1-d}=d(1+d)(1-d^n)$$

我们选取 0 与 1 之间的数d,使得当n足够大时

$$b_n=d(1+d)(1-d^n)>c$$

根据给定的条件,这是容易做到的. 首先,对于任何$c<2$,只需取$d=\sqrt{\dfrac{c}{2}}$,就有$d(1+d)>c$;其次,既然$d<1$,对于一切充分大的n,可得到尽量接近于 1 的$1-d^n$,特别地有

$$1-d^n>\frac{c}{d(1+d)}$$

这样,对于一切充分大的n,恒有

$$d(1+d)(1-d^n)>c$$

(我们建议读者依照所给的c求出N,使得对于一切$n>N$有$b_n>c$)

4 求具有下述性质的一切正整数n:数集$\{n,n+1,n+2,n+3,n+4,n+5\}$可以划分为两个不相交的非空子集,使得两子集中各数的积相等.

捷克斯洛伐克命题

解法1 设六个连续正整数的数集S被划分为具有指定性质的非空子集S_1和S_2,则一子集中的一元素的任一素因子p也必是另一子集中的一元素的一个因子. 无论如何,若p是S中两元素的公因子,设这两元素是a和b,则

$$|a-b|=kp\leqslant 5$$

故对于p可选者只有 2,3 和 5. 再则六个连续整数中,至少有一个数可被 5 整除,所以从上面的论断可知,S必含有n和$n+5$这两个元素. 其余的元素$n+1,n+2,n+3$和$n+4$只能有 2 和 3 为其素因子,所以它们必是形如$2^\alpha,3^\beta$的数. 又这四个元素中恰有两个奇数,它们必是3^γ和3^δ,其中,$\gamma,\delta>0$,而且$|3^\gamma-3^\delta|=2$. 但这是不可能的,因此我们看出没有整数n具有指定的性质.

解法 2 假定数集 $S=\{n,n+1,n+2,n+3,n+4,n+5\}$ 可以划分为子集 S_1 和 S_2，使 S_1 中各元素的积 a_1 等于 S_2 中各元素的积 a_2，则 a_1 和 a_2 对模 7 必定同余，即

$$a_1 \equiv a_2 \pmod 7 \qquad ①$$

S 中不可能有一数可被 7 整除，因为六个连续整数中至多有一数可被 7 整除，若一个子集含它，则另一个就不会含它，否则 ① 不成立. 所以 S 中的数是对模 7 同余于 1,2,3,4,5,6. 从而得出

$$a_1a_2 \equiv 6! \pmod 7$$

根据威尔逊定理有

$$6! \equiv -1 \pmod 7$$

所以

$$a_1a_2 \equiv -1 \pmod 7 \qquad ②$$

今因 $a_1 \equiv a_2 \pmod 7$，故

$$a_1a_2 \equiv a_1^2 \pmod 7$$

代入 ② 得

$$a_1^2 \equiv -1 \pmod 7 \qquad ③$$

但 ③ 不可能成立，因为根据二次同余式定理，对于形如 $4m+3$ 的素数 p，同余式没有解. 故 S 不能划分为 S_1 和 S_2 使具有指定的性质.

解法 3 我们证明：具有题中所述性质的正整数 n 是不存在的.

用反证法. 假设正整数 n 具有所述性质. 于是六个自然数

$$n,n+1,n+2,n+3,n+4,n+5$$

中，某个数的素因数也一定是其余五个数中某个数的素因数.

由于这是六个连续的自然数，因而这六个数中至少有两个数含有素因数 2，也至少有两个数含有素因数 3. 又由于六个连续的自然数中至少有一个能被 5 整除，因而由题意可知，这六个数中至少有两个数含有素因数 5. 进而又可知，含有素因数 5 的两个数只能是 n 和 $n+5$，因为，不然的话，例如，设 5 是 $n+1$ 的因数，于是

$$n \equiv 4 \pmod 5, n+2 \equiv 1 \pmod 5, n+3 \equiv 2 \pmod 5$$
$$n+4 \equiv 3 \pmod 5, n+5 \equiv 4 \pmod 5$$

这样，这六个数中就只能有一个数被 5 整除.

再来证明：除素数 2,3,5 外，这六个数不能再含有其他的素因数. 因为，如果素数 $p(p \geqslant 7)$ 是这六个数中某一个的因数，例如，设 p 是 $n+1$ 的因数，于是

$$n \equiv p-1 \pmod p, n+2 \equiv 1 \pmod p, n+3 \equiv 2 \pmod p$$
$$n+4 \equiv 3 \pmod p, n+5 \equiv 4 \pmod p$$

这样，这六个数中就只能有一个被 p 整除，此与题设矛盾.

由此可知，数 $n+1,n+2,n+3,n+4$ 的素因数只能是 2 和 3. 由于这是四个连续的自然数，因而其中只能有两个奇数，并且它们一定是 3 的幂. 然而这是不可能的，因为一方面四个连续自然数中两个奇数的差应该等于 2(或 -2)，另一方面两个 3 的幂之差

$$3^k-3^m,k>1,m>1$$

绝不会等于 2(或 -2). 这就证明了我们的论断.

保加利亚命题

❺ 在四面体 $ABCD$ 中，$\angle BDC$ 是直角，由 D 到 $\triangle ABC$ 所在的平面的垂线的垂足 H 是 $\triangle ABC$ 的垂心，证明

$$(AB+BC+CA)^2\leqslant 6(AD^2+BD^2+CD^2)$$

并指出对于哪一种四面体，上面的等号成立？

证法 1 首先我们来证明顶点 D 的各面角均为直角. 已知 $\angle BDC$ 为直角. 如图 12.5 所示，平面 $CDH\perp$ 平面 ABC，故 $AB\perp$ 平面 CDH，因而 $AB\perp DE$. 我们记四面体各棱的长为

$$a=BC,b=CA,c=AB,p=AD,q=BD,r=CD$$

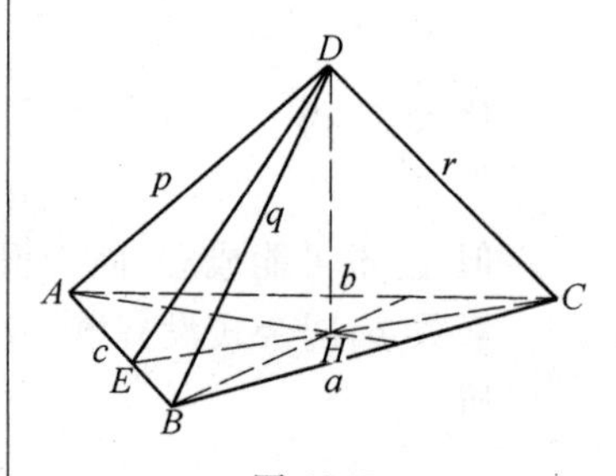

图 12.5

根据勾股定理得

$$DE^2+EB^2=DB^2=q^2 \quad ①$$

$$CE^2+EB^2=BC^2=a^2=q^2+r^2 \quad ②$$

由 ② − ① 得

$$CE^2-DE^2=r^2$$

或

$$r^2+DE^2=CE^2$$

根据勾股定理的逆定理，可知 $CD\perp DE$. 又 $CD\perp BD$，故 $CD\perp$ 平面 ADB. 因而 $CD\perp AD$，即 $\angle ADC=90°$. 对于平面 DHB，同理可证得 $\angle ADB=90°$. 因此，面角为直角的三个面交于 D，并且有

$$q^2+r^2=a^2,p^2+r^2=b^2,p^2+q^2=c^2$$

因此有

$$a^2+b^2+c^2=2(p^2+q^2+r^2) \quad ③$$

今再证

$$(a+b+c)^2\leqslant 3(a^2+b^2+c^2) \quad ④$$

此与 ③ 结合起来，就得所需的结果

$$(a+b+c)^2\leqslant 6(p^2+q^2+r^2)$$

但不等式 ④ 是柯西不等式，即

$$(\alpha a+\beta b+\gamma c)^2\leqslant(\alpha^2+\beta^2+\gamma^2)(a^2+b^2+c^2) \quad ⑤$$

在 $\alpha=\beta=\gamma=1$ 时的特例. 为证明 ⑤，我们可考虑 x 的二次函数

$$q(x)=(ax+\alpha)^2+(bx+\beta)^2+(cx+\gamma)^2=$$
$$(a^2+b^2+c^2)x^2+2(\alpha a+\beta b+\gamma c)x+$$
$$(\alpha^2+\beta^2+\gamma^2)$$

由于对一切 x 都有 $q(x)\geqslant 0$，所以其判别式恒为

$$(2(\alpha a+\beta b+\gamma c))^2-4(a^2+b^2+c^2)(\alpha^2+\beta^2+\gamma^2)\leqslant 0$$

这就是不等式 ⑤.

此外,$q(x)=0$ 仅在 $x=-\frac{\alpha}{a}=-\frac{\beta}{b}=-\frac{\gamma}{c}$ 时成立,这结合条件 $\alpha=\beta=\gamma=1$,包含了 $a=b=c$. 故 ④ 的等号仅当 $\triangle ABC$ 为正三角形时成立.

证法 2　在以 H 为原点的坐标系中,把点 A,B,C,D 的位置向量分别记作 $\boldsymbol{A},\boldsymbol{B},\boldsymbol{C},\boldsymbol{D}$. 依照题目给出的条件显然可得

$$(\boldsymbol{B}-\boldsymbol{D})\cdot(\boldsymbol{C}-\boldsymbol{D})=0 \qquad ⑥$$

$$\boldsymbol{A}\cdot(\boldsymbol{B}-\boldsymbol{C})=0,\boldsymbol{B}\cdot(\boldsymbol{A}-\boldsymbol{C})=0$$

$$\boldsymbol{C}\cdot(\boldsymbol{B}-\boldsymbol{A})=0 \qquad ⑦$$

$$\boldsymbol{A}\cdot\boldsymbol{D}=\boldsymbol{B}\cdot\boldsymbol{D}=\boldsymbol{C}\cdot\boldsymbol{D}=0 \qquad ⑧$$

由 ⑥ 和 ⑧ 得

$$\boldsymbol{B}\cdot\boldsymbol{C}+\boldsymbol{D}\cdot\boldsymbol{D}=0 \qquad ⑨$$

由 ⑦ 得

$$\boldsymbol{A}\cdot\boldsymbol{B}=\boldsymbol{A}\cdot\boldsymbol{C}=\boldsymbol{B}\cdot\boldsymbol{C} \qquad ⑩$$

由 ⑨ 和 ⑩ 得

$$\boldsymbol{A}\cdot\boldsymbol{B}+\boldsymbol{D}\cdot\boldsymbol{D}=0,\boldsymbol{A}\cdot\boldsymbol{C}+\boldsymbol{D}\cdot\boldsymbol{D}=0 \qquad ⑪$$

于是由 ⑧ 还有

$$(\boldsymbol{A}-\boldsymbol{D})\cdot(\boldsymbol{B}-\boldsymbol{D})=0,(\boldsymbol{A}-\boldsymbol{D})\cdot(\boldsymbol{C}-\boldsymbol{D})=0 \qquad ⑫$$

得出 $\angle ADB$ 和 $\angle ADC$ 也是直角.

以下的证明和证法 1 相同.

6 在一个平面上有 100 个点,其中任意三点均不共线. 我们考虑以这些点为顶点的所有可能的三角形. 证明:其中至多有 70% 的三角形是锐角三角形.

苏联命题

证法 1　我们将用归纳法证明. 设 $A(n)$ 为由 n 个点构成的锐角三角形的最大个数,$T(n)=\binom{n}{3}$ 为三角形的总数,则比值 $\frac{A(n)}{T(n)}$ 成一不增序列. 我们将指出 $\frac{A(5)}{T(5)}=0.7$. 故对于 $n>5$,且特别对于 $n=100$,$\frac{A(n)}{T(n)}\leqslant 0.7$.

今讨论 $n=5$ 的情形. 我们首先要知道 $n=4$ 的情况.

(1)$n=4$.

ⅰ 设其一点 P_4 在其他三点所成的三角形的内部. 关于 P_4 的三个角加起来为 360°,由于每个角小于 180°,故至少有两个角大

于 90°. 所以,在这种情形下,至少有两个钝角三角形,即至多有两个锐角三角形.

ⅱ 四点成一凸四边形. 因其内角和为 360°,故至少有一内角大于等于 90°,这样就产生至少一个非锐角三角形. 所以在这情形下,四个三角形中可以有三个为锐角三角形,即$\frac{A(4)}{T(4)}=0.75$.

(2)$n=5$.

ⅰ 五点 P_1,P_2,P_3,P_4,P_5 的凸包是一个三角形,设它为 $\triangle P_1P_2P_3$,则 P_4,P_5 均在它的内部,于是在 $\angle P_1P_4P_2$,$\angle P_2P_4P_3$,$\angle P_3P_4P_1$ 中至少有两个非锐角,同理在 $\angle P_1P_5P_2$,$\angle P_2P_5P_3$,$\angle P_3P_5P_1$ 中也至少有两个非锐角. 这样,我们至少得到四个非锐角三角形.

ⅱ 五点 P_1,P_2,P_3,P_4,P_5 的凸包是一个四边形,如 $P_1P_2P_3P_4$,而 P_5 在其内部,如图 12.6(a) 所示. 则 P_5 是在$\binom{4}{3}=4$个三角形中由 P_1,P_2,P_3,P_4 四点所成的两个三角形的内部(如图 12.6(a) 中的 $\triangle P_1P_2P_3$ 与 $\triangle P_2P_3P_4$ 的内部). 我们联系 $n=4$ 的情形 ⅰ 便得关于顶点 P_5 的两对非锐角 $\triangle P_1P_3P_5$,$\triangle P_2P_3P_5$ 和 $\triangle P_2P_3P_5$,$\triangle P_2P_4P_5$(如图 12.6(a) 所示);但在这两对中有一个共同的 $\triangle P_2P_3P_5$,故在顶点 P_5 至少有三个非锐角三角形,又以 P_1,P_2,P_3,P_4 为顶点的角至少有一个大于等于 90°,还给出了其他的非锐角三角形.

ⅲ 五点成一凸五边形 $P_1P_2P_3P_4P_5$ 的诸内角和为 540°,故至少有两个非锐角. 给出两个非锐角三角形如 $\triangle P_{i-1}P_iP_{i+1}$. 若其余的三内角全为锐角,它们两个必相邻,设在 P_2 与 P_3. 则将 $n=4$ 的情形 ⅱ 用于四边形 $P_1P_2P_3P_4$,其一角 $\angle P_1P_4P_3$ 或 $\angle P_4P_1P_2$ 非锐角,如图 12.6(b) 所示,给出非锐角三角形的总数为三个.

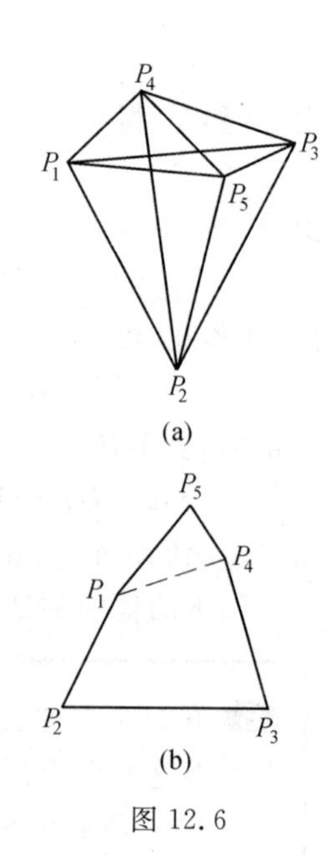

图 12.6

如此,在五点的任何构形中,至少三个三角形是非锐角的,但这时三角形的总数是$\binom{5}{3}=10$,故至多 7 个是锐角三角形,即 $A(5)\leqslant 7$,而且在图 12.6(b) 情形下会出现 $A(5)=7$,从而$\frac{A(5)}{T(5)}=\frac{7}{10}=0.7$.

设 $A(n)\leqslant CT(n)$ 对从 5 到 n 的一切整数均成立,我们将证明 $A(n+1)\leqslant CT(n+1)$ 也成立. 为证明这个式子,我们将含有 $n+1$ 个点的集 S 接连地略去第 1 点,第 2 点,……,第 $n+1$ 点,便得 $n+1$ 个 n 点组,以 B_k 表示略去第 k 点的 n 点组所成的所有的三角形中锐角三角形的个数. 由归纳假设知,$B_k\leqslant A(n)\leqslant CT(n)$ 对每一个 k 成立. 现在我们用和 $B_1+B_2+\cdots+B_{n+1}$ 来计算原集合 S 中

锐角三角形的总数 B. 我们知道,某一锐角三角形要在和式中出现,它除了在其顶点被略去的那个 n 点组中不出现外,其余的均出现,所以在原集合 S 中的每一个锐角三角形在和式中计算 $(n+1)-3=n-2$ 次,因此

$$B=\frac{1}{n-2}(B_1+B_2+\cdots+B_{n+1})\leqslant C\frac{n+1}{n-2}T(n)=CT(n+1)$$

其中用到关系式 $\frac{n+1}{n-2}\binom{n}{3}=\binom{n+1}{3}$. 由于这个不等式对于任何含有 $n+1$ 点的集均成立,所以有 $A(n+1)\leqslant CT(n+1)$. 这就完成了归纳法的证明.

证法 2　设 $S(M)$ 与 $g(M)$ 分别是锐角三角形的个数与三角形的总数,它们是由平面上的有限点集 M 的点所构成的,则有

$$\frac{S(M)}{g(M)}\leqslant a\Rightarrow\frac{S(M^*)}{g(M^*)}\leqslant a$$

其中,M^* 表示由 M 加上一个点所构成的集合,证明如下.

设 M^* 由 $n+1$ 个点 $A_1,A_2,\cdots,A_{n+1}$ 构成,M_i 表示从 M^* 中略去点 A_i 的点集,则

$$S(M^*)=\frac{S(M_1)+S(M_2)+\cdots+S(M_{n+1})}{n-2}$$

$$g(M^*)=\frac{g(M_1)+g(M_2)+\cdots+g(M_{n+1})}{n-2}$$

因为,例如在和 $g(M_1)+\cdots+g(M_{n+1})$ 中,每个三角形出现 $n-2$ 次. 按假定 $S(M_j)\leqslant ag(M_i)$,则由上面所述关系,可得 $S(M^*)\leqslant ag(M^*)$.

对于四点的集合 N,有

$$g(N)=\binom{4}{3}=4,S(M)\leqslant 3$$

故 $\frac{S(N)}{g(N)}\leqslant 0.75$,而对于五点的集合 N^*,有

$$\frac{S(N^*)}{g(N^*)}\leqslant\frac{S(N^*)}{10}\leqslant 0.75$$

即 $S(N^*)\leqslant 7.5$,亦即 $S(N^*)\leqslant 7$. 题述结论现在可由完全归纳法推出.

证法 3　首先我们证明:任意五个点,其中没有三点共线,则一定可以找到以这五个点中的点为顶点的三个非锐角三角形.

ⅰ 若这五个点是一凸五边形的顶点,则这个五边形中至少有两个内角为钝角,它们可能相邻(例如 $\angle A,\angle B$),如图 12.7 所示,也可能不相邻(例如 $\angle A,\angle C$),如图 12.8 所示. 再注意四边形

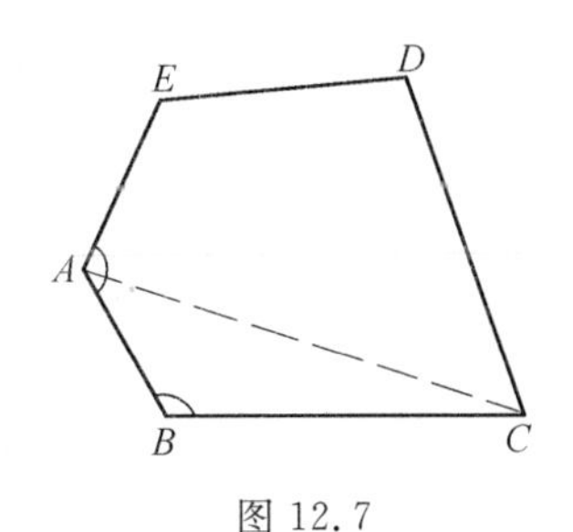

图 12.7

$ACDE$ 中至少有一个内角非锐角，这样就找到了三个不同的非锐角，相应地得到三个非锐角三角形.

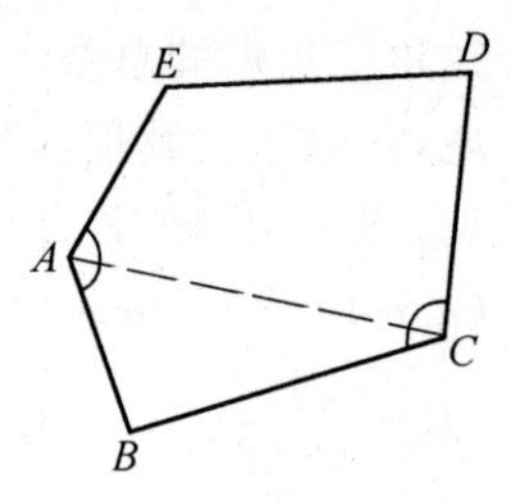

图 12.8

ⅱ 若五个点中有四个点组成一凸四边形 $ABCD$，另一点 E 在 $ABCD$ 内部，如图 12.9 所示. 则 EA，EB，EC，ED 相互间的夹角至少有两个钝角，再加上 $ABCD$ 中的非锐内角，至少也可找到三个非锐角三角形.

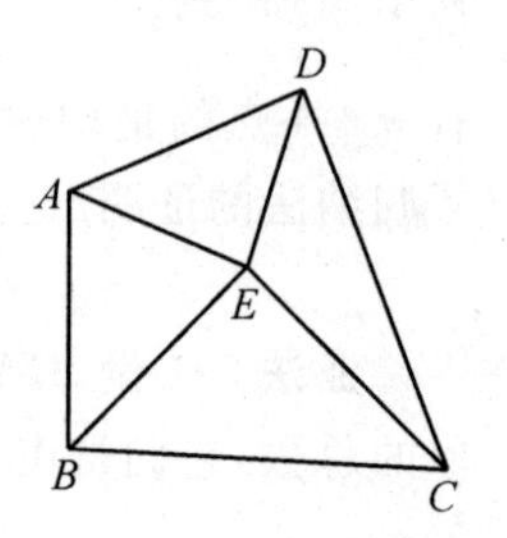

图 12.9

ⅲ 若五个点中有三点组成一个 $\triangle ABC$，另两点 D，E 均在 $\triangle ABC$ 内，如图 12.10 所示. 由于 $\angle ADB$，$\angle BDC$，$\angle CDA$ 中至少有两个钝角，所以我们可以找到四个钝角三角形.

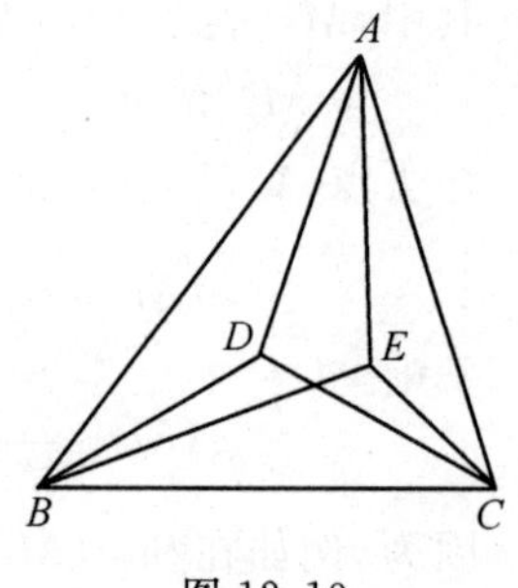

图 12.10

综合 ⅰ，ⅱ，ⅲ 可得，任意给五个点，其中没有三点共线，一定可以找到至少三个以它们为顶点的非锐角三角形.

下面转入本题的 100 个点，其中每五个点一定可以找到至少三个以它们为顶点的非锐角三角形，由于每个非锐角三角形至多属于 C_{100-3}^{2} 个五点组，而五点组共有 C_{100}^{5} 个，所以 100 个点组成的非锐角三角形至少有 $\frac{3\times C_{100}^{5}}{C_{97}^{2}}$ 个，它占三角形总数的

$$\frac{3C_{100}^{5}}{C_{97}^{2}C_{100}^{3}}=\frac{3\times\frac{100\times 99\times 98\times 97\times 96}{120}}{\frac{97\times 96}{2}\times\frac{100\times 99\times 98}{6}}=\frac{3}{10}$$

因此，锐角三角形不多于三角形总数的 $1-\frac{3}{10}=\frac{7}{10}=70\%$.

第 12 届国际数学奥林匹克英文原题

The twelfth International Mathematical Olympiad was held from July 8th to July 22nd 1970 in the cities of Keszthely and Budapest.

1 Let ABC be a triangle and M be an interior point of the side AB. Let r_1, r_2, r be the radii of the noncircular AMC, BMC, ABC, respectively and q_1, q_2, q be the radii of the escribed circles of the $\triangle AMC$, $\triangle BMC$, $\triangle ABC$, respectively. Prove the equality

$$\frac{r_1}{q_1}\cdot\frac{r_2}{q_2}=\frac{r}{q}$$

(Poland)

2 Let a, b, n be integer numbers greater that 1; a and b are considered bases of two systems of number representation. The numbers A_n and B_n have the same representation $x_n x_{n-1}\cdots x_1 x_0$ in both systems of representation, $x_n\neq 0$ and $x_{n-1}\neq 0$.

Denote A_{n-1} and B_{n-1} the numbers obtained by deleting the first digit in A_n and B_n, respectively.

Prove that $a>b$ if and only if

$$\frac{A_{n-1}}{A_n}<\frac{B_{n-1}}{B_n}$$

(Romania)

3 The sequence of real numbers $a_0, a_1, \cdots, a_n, \cdots$ satisfies the conditions

$$1=a_0\leqslant a_1\leqslant\cdots\leqslant a_n\leqslant\cdots$$

The sequence $b_0, b_1, \cdots, b_n, \cdots$ is defined by

$$b_n=\sum_{k=1}^{n}\left(1-\frac{a_{k-1}}{a_k}\right)\frac{1}{\sqrt{a_k}}$$

Prove the following properties:

a) $0\leqslant b_n<2$ for every n;

(Sweden)

b) for any real number c, $0 \leqslant c < 2$, there exists a sequence $(a_n)_{n \geqslant 0}$, such that $b_n > c$ for infinitely many n.

4 Find all positive integers n such that the set

$$\{n, n+1, n+2, n+3, n+4, n+5\}$$

can be decomposed into two disjoint subsets such that the products of elements in these subsets are these same.

(Czechoslovakia)

5 Let $ABCD$ be a tetrahedron such that $BD \perp DC$ and the foot of the perpendicular from D on the face ABC is the orthocenter of the $\triangle ABC$.

Show that

$$(AB+BC+CA)^2 \leqslant 6(AD^2+BD^2+CD^2)$$

When does the equality occur?

(Bulgaria)

6 Hundred points are given in the plane such that any three of them are noncollinear. Show that at most 70% of the triangles having their vertices in those points are acute triangles.

(USSR)

第 12 届国际数学奥林匹克各国成绩表

1970，匈牙利

名次	国家或地区	分数	奖牌			参赛队
		（满分 320）	金牌	银牌	铜牌	人数
1.	匈牙利	233	3	1	3	8
2.	德意志民主共和国	221	1	2	4	8
3.	苏联	221	2	1	3	8
4.	南斯拉夫	209	—	3	3	8
5.	罗马尼亚	208	—	3	4	8
6.	英国	180	1	—	6	8
7.	保加利亚	145	—	—	3	8
8.	捷克斯洛伐克	145	—	—	4	8
9.	法国	141	—	1	4	8
10.	瑞典	110	—	—	2	8
11.	波兰	105	—	—	1	8
12.	奥地利	104	—	—	1	8
13.	荷兰	87	—	—	1	8
14.	蒙古	58	—	—	1	8

第12届国际数学奥林匹克预选题

1 证明

$$\frac{bc}{b+c}+\frac{ca}{c+a}+\frac{ab}{a+b}\leqslant\frac{1}{2}(a+b+c),a,b,c>0$$

2 证明 9^{9^9} 和 $9^{9^{9^9}}$ 的末位数相同.

3 证明 $a!\ b!$ 整除 $(a+b)!$.

4 解方程组

$$x^2+xy=a^2+ab$$
$$y^2+xy=a^2-ab$$

其中 a,b 是实数,$a\neq 0$.

5 证明 $\sqrt[n]{\frac{1}{n+1}+\frac{2}{n+1}+\cdots+\frac{n}{n+1}}\geqslant 1,n\geqslant 2$.

6 证明方程

$$\sum_{i=1}^{n}\frac{b_i}{x-a_i}=c,\ b_i>0,a_1<a_2<\cdots<a_n$$

有 $n-1$ 个满足不等式 $a_1<x_1<a_2<x_2<\cdots<x_{n-1}<a_n$ 的根 $x_1,x_2,\cdots,x_{n-1}$.

7 设 $ABCD$ 是任意四边形. 在此四边形的四条边上向外(或向内)做四个正方形. 利用 M_1,M_2,M_3 和 M_4 是正方形的中心. 证明:

(1)$M_1M_3=M_2M_4$;

(2)M_1M_3 和 M_2M_4 垂直.

8 考虑正 $2n$ 边形和它的通过中心的 n 条对角线. 设 P 是内切圆上一点,而 $\alpha_1,\alpha_2,\cdots,\alpha_n$ 分别是从 P 点看这 n 条对角线的视角,证明

$$\sum_{i=1}^{n}\tan^2\alpha_i=2n\frac{\cos^2\frac{\pi}{2n}}{\sin^4\frac{\pi}{2n}}.$$

证明 用 $A_1,\cdots,A_n,B_1,\cdots,B_n$ 表示正 $2n$ 边形的顶点,用 O

表示它的中心，用 R 和 r 分别表示其外接圆和内切圆的半径. 设 P' 表示 P 关于 O 的对称点. 那么 $A_iP'B_iP$ 是一个平行四边形. 对 $\triangle A_iB_iP$ 和 $\triangle PP'B_i$ 应用余弦定理得出

$$4R^2 = PA_i^2 + PB_i^2 - 2PA_i \cdot PB_i \cos \alpha_i$$

$$4r^2 = PB_i^2 + P'B_i^2 - 2PB_i \cdot P'B_i \cos \angle PB_iP'$$

由于 $A_iP'B_iP$ 是平行四边形，我们有 $P'B_i = PA_i$ 以及 $\angle PB_iP' = \pi - \alpha_i$. 把 $4r^2$ 的表达式代入 $4R^2$ 的表达式得出

$$4(R^2 - r^2) = -4PA_i \cdot PB_i \cos \alpha_i = -8S_{\triangle A_iB_iP} \cot \alpha_i$$

由此我们得出

$$\tan^2 \alpha_i = \frac{4S^2_{\triangle A_iB_iP}}{(R^2 - r^2)^2} \tag{1}$$

用 M_i 表示从 P 向 A_iB_i 所作的垂足并设 $m_i = PM_i$，那么 $S_{\triangle A_iB_iP} = Rm_i$. 把此式代入(1) 并把所得的关系式对 $i = 1, 2, \cdots, n$ 相加，我们得出

$$\sum_{i=1}^{n} \tan^2 \alpha_i = \frac{4R^2}{(R^2 - r^2)^2} \left(\sum_{i=1}^{n} m_i^2 \right)$$

注意所有的点 M_i 都位于一个直径为 OP 的圆上并且构成一个正 n 边形. 用 F 表示这个正 n 边形的中心. 那么我们有

$$m_i^2 = || \overrightarrow{PM_i} ||^2 = || \overrightarrow{FM_i} - \overrightarrow{FP} ||^2 =$$
$$|| \overrightarrow{FM_i} ||^2 + || \overrightarrow{FP} ||^2 - 2\langle \overrightarrow{FM_i}, \overrightarrow{FP} \rangle =$$
$$\frac{r^2}{2} - 2\langle \overrightarrow{FM_i}, \overrightarrow{FP} \rangle$$

由于 $\sum_{i=1}^{n} \overrightarrow{FM_i} = \mathbf{0}$，因此由上式就得出

$$\sum_{i=1}^{n} m_i^2 = 2n\left(\frac{r}{2}\right)^2 - 2\sum_{i=1}^{n} \langle \overrightarrow{FM_i}, \overrightarrow{FP} \rangle =$$
$$2n\left(\frac{r}{2}\right)^2 - 2\langle \sum_{i=1}^{n} \overrightarrow{FM_i}, \overrightarrow{FP} \rangle =$$
$$2n\left(\frac{r}{2}\right)^2$$

那样就有 $\sum_{i=1}^{n} \tan^2 \alpha_i = \frac{4R^2}{(R^2 - r^2)^2} 2n\left(\frac{r}{2}\right)^2 = 2n \frac{1 - \left(\frac{r}{R}\right)^2}{\left(1 - \left(\frac{r}{R}\right)^2\right)^2} =$

$$2n \frac{\cos^2 \frac{\pi}{2n}}{\sin^4 \frac{\pi}{2n}}.$$

原书注：对 $n = 1$，没有，然而如果我们把正二边形看成一条线段，则这个命题仍然成立.

9 设 n 是偶数，证明

$$1-\frac{1}{2}+\frac{1}{3}-\frac{1}{4}+\cdots-\frac{1}{n}=2\left(\frac{1}{n+2}+\frac{1}{n+4}+\cdots+\frac{1}{2n}\right)$$

10 设 A,B,C 是三角形的角，证明

$$1<\cos A+\cos B+\cos C\leqslant\frac{3}{2}$$

11 设 $ABCD$ 和 $A'B'C'D'$ 是同一平面上定向相同的两个正方形. 设 A'',B'',C'' 和 D'' 分别是 AA',BB',CC' 和 DD' 的中点. 证明 $A''B''C''D''$ 也是正方形.

12 设 x_1,x_2,x_3,x_4,x_5,x_6 是 6 个不能被 7 整除的整数. 证明形如

$$\pm x_1\pm x_2\pm x_3\pm x_4\pm x_5\pm x_6$$

的表达式中，至少有一个可以被 7 整除，其中的符号可按所有可能的方法选取(把此命题推广到任意素数上去).

13 给了一个三角形. 把三角形的每个边都分成相等的部分. 通过每个分点作 AB,BC 和 CA 的平行线从而原来的三角形被分成了一些小三角形. 按以下方式给每个三角形的顶点标上数字 1,2,或 3：

(1) 把 A,B,C 分别标上 1，2，3；

(2) AB 上的点标上 1 或 2；

(3) BC 上的点标上 2 或 3；

(4) CA 上的点标上 3 或 1；

其他的点可任意标号.

证明必有一个小三角形顶点的标号为 1，2，3.

14 设 $\alpha+\beta+\gamma=\pi$，证明

$$\sin 2\alpha+\sin 2\beta+\sin 2\gamma=$$
$$2(\sin\alpha+\sin\beta+\sin\gamma)(\cos\alpha+\cos\beta+\cos\gamma)-$$
$$2(\sin\alpha+\sin\beta+\sin\gamma)$$

15 给了 $\triangle ABC$，设 R 是它的外接圆半径，O_1,O_2,O_3 是旁切圆的圆心，q 是 $\triangle O_1O_2O_3$ 的周长，证明 $q\leqslant 6\sqrt{3}R$.

16 证明方程

$$\sqrt{2-x^2}+\sqrt[3]{3-x^3}=0$$

没有实数根.

17 原题:在三棱锥 $SABC$ 中,S 处的一个角是直角,且 S 在底面 ABC 上的投影是 $\triangle ABC$ 的垂心.设 r 是底的内接圆半径.$SA=m,SB=n,SC=p,H$ 是棱锥的(通过 S 的)高.而 r_1,r_2,r_3 分别是由棱锥的高和 SA,SB,SC 所确定的平面交出的三角形的内切圆半径.证明

(1)$m^2+n^2+p^2\geqslant 18r^2$;

(2)比 $\frac{r_1}{H},\frac{r_2}{H},\frac{r_3}{H}$ 都位于区间[0.4,0.5]中.

正式竞赛题:在四面体 $ABCD$ 中,BD 棱和 CD 棱互相垂直,而 D 在平面 ABC 上的投影是 $\triangle ABC$ 的垂心.证明

$$(AB+BC+CA)^2\leqslant 6(DA^2+DB^2+DC^2)$$

对什么样的四面体,等号成立?

证明 我们将应用以下引理来求证.

引理:如果四面体的一条高线通过对面的垂心,那么其他的高线也具有同样的性质.

引理的证明:用 $SABC$ 表示所说的四面体,并设

$$a=BC,b=CA,c=AB,m=SA,n=SB,p=SC$$

只需证明当且仅当 $a^2+m^2=b^2+n^2=c^2+p^2$ 时,四面体的一条高线将通过对面的垂心.

假设从 S 发出的高的垂足 S' 是 $\triangle ABC$ 的垂心.那么

$$SS'\perp ABC\Rightarrow SB^2-SC^2=S'B^2-S'C^2$$

然而由 $AS'\perp BC$ 又得出 $AB^2-AC^2=S'B^2-S'C^2$,由这两个等式即可得出 $n^2-p^2=c^2-b^2$ 或等价的 $n^2+b^2=c^2+p^2$.类似的有 $a^2+m^2=n^2+b^2$,这就证明了等价性的第一部分.

现在设 $a^2+m^2=b^2+n^2=c^2+p^2$,S' 的含义同上.那么我们有 $n^2-p^2=S'B^2-S'C^2$.从条件 $n^2-p^2=c^2-b^2(\Leftrightarrow b^2+n^2=c^2+p^2)$ 我们得出 $AS'\perp BC$,同法可证 $CS'\perp AB$,这就证明了 S' 就是 $\triangle ABC$ 的垂心.引理得证.

现在用这个引理容易看出如果 S 处的一个角是直角,那么其他的角也是.实际上,设 $\angle ASB=\frac{\pi}{2}$,利用引理就得出从 C 发出的高通过 $\triangle ASB$ 的垂心,即 S.因此 $CS\perp ASB$,因而 $\angle CSA=\angle CSB=\frac{\pi}{2}$.

因此 $m^2+n^2=c^2,n^2+p^2=a^2,p^2+m^2=b^2$,由此得出 $m^2+n^2+p^2=\frac{a^2+b^2+c^2}{2}$.

由平均不等式得出$\frac{a^2+b^2+c^2}{2}\geqslant\frac{2s^2}{3}$,其中 s 表示 $\triangle ABC$ 的半周长. 剩下的事是证明$\frac{2s^2}{3}\geqslant 18r^2$. 由于 $S_{\triangle ABC}=sr$,因此由海伦公式可知这个不等式等价于

$$\frac{2s^4}{3}\geqslant 18S_{\triangle ABC}^2=18s(s-a)(s-b)(s-c)$$

这个不等式又可归结为 $s^3\geqslant 27(s-a)(s-b)(s-c)$,而由算数一几何平均不等式可知这是显然的.

18 对什么自然数 n,数 $n,n+1,n+2,n+3,n+4,n+5$ 中的某几个数的乘积等于其余的数的乘积?

解法 1　设 n 是具有那种性质的自然数. 如果一个素数可整除 $n,n+1,\cdots,n+5$ 中任意某个数,那么它也必须整除其余的数. 因此只可能有 $p=2,3,5$. 此外 $n+1,n+2,n+3,n+4$ 没有 2 ,3 之外的素因子(如果某个大于3的素数整除其中一个数,那么其余的数也将有这个素因子). 由于这些数中有两个是奇数,因此它们必须是3的(大于1) 幂. 然而没有两个3的幂之差是2,因此,不存在那种自然数.

解法 2　显然 $n,n+1,\cdots,n+5$ 都不可能被 7 整除(译者注:假设 $n,n+1,\cdots,n+5$ 中有某个数 a 可被 7 整除,则由已给的关于 n 的性质可知,在与 a 不在一组的数中,也必有某个数 b 可被 7 整除,不妨设 $a<b$,则由于不同的 7 的倍数的差至少是 7,因此我们有

$$7\leqslant b-a\leqslant 5$$

矛盾,故 $n,n+1,\cdots,n+5$ 都不可能被 7 整除. 设 $p\geqslant 7$ 是一个素数,用同样的方法也可证 $n,n+1,\cdots,n+5$ 都不可能被 p 整除),因此它们构成模 7 的一个完全剩余系. 由此得出 $n(n+1)\cdots(n+5)\equiv 1\times 2\times\cdots\times 6\equiv -1\pmod 7$. 如果 $\{n,\cdots,n+5\}$ 可以被分成两个乘积相同的子集,那么在模7下,这两部分都同余于-1,比如说 u,由此得出 $u^2\equiv -1\pmod 7$,而这是不可能的.(译者注:在模 7 下,u 只可能同余于0 ,1 ,2 ,3 ,4 ,5 ,6这 7 个数,通过直接验证易知这些数的平方都不同余于 -1,因此在模 7 下,任何数的平方都不可能同余于-1. 用二次剩余理论的术语说就是 -1 不是模 7 的二次剩余,或用勒让德符号可以把这事实写成$\left(\frac{-1}{7}\right)=-1$,一般地,设 p 是任意素数,用二次剩余的理论可以证明$\left(\frac{-1}{p}\right)=(-1)^{\frac{p-1}{2}}$)

原书注：Erdös 曾证明连续自然数的一个集合 $n,n+1,\cdots,n+m$ 不可能被分成两个元素的乘积相等的子集.

19 设 $n>1$ 是一个自然数，$a\geqslant 1$ 是实数，而数 $x_1,x_2,\cdots,x_n$ 由递推关系 $x_1=1,\frac{x_{k+1}}{x_k}=a+\alpha_k,k=1,2,\cdots,n-1$ 确定，其中 α_k 是实数，$\alpha_k\leqslant\frac{1}{k(k+1)}$. 证明

$$\sqrt[n-1]{x_n}<a+\frac{1}{n-1}$$

20 设 M 是四面体 $ABCD$ 内部的一个点. 证明

$$\overrightarrow{MA}vol(MBCD)+\overrightarrow{MB}vol(MACD)+\overrightarrow{MC}vol(MABD)+\overrightarrow{MD}vol(MABC)=0$$

其中 $vol(PQRS)$ 表示四面体 $PQRS$ 的体积.

证明 用 A_1,B_1,C_1 和 D_1 分别表示 AM,BM,CM 和 DM 与四面体对面的交点. 由于

$$vol(MBCD)=vol(ABCD)\frac{\overrightarrow{MA_1}}{\overrightarrow{AA_1}}$$

因此要证的关系式就等价于

$$\overrightarrow{MA}\cdot\frac{\overrightarrow{MA_1}}{\overrightarrow{AA_1}}+\overrightarrow{MB}\cdot\frac{\overrightarrow{MB_1}}{\overrightarrow{BB_1}}+\overrightarrow{MC}\cdot\frac{\overrightarrow{MC_1}}{\overrightarrow{CC_1}}+\overrightarrow{MD}\cdot\frac{\overrightarrow{MD_1}}{\overrightarrow{DD_1}}=0 \quad ①$$

存在唯一的满足关系 $\alpha+\beta+\gamma+\delta=1$ 的实数 α,β,γ 和 δ 使得对空间中每一点 O 成立

$$\overrightarrow{OM}=\alpha\overrightarrow{OA}+\beta\overrightarrow{OB}+\gamma\overrightarrow{OC}+\delta\overrightarrow{OD} \quad ②$$

（这容易从

$$\overrightarrow{OM}=\overrightarrow{OA}+\overrightarrow{AM}=\overrightarrow{OA}+k\overrightarrow{AB}+l\overrightarrow{AC}+m\overrightarrow{AD}=$$
$$\overrightarrow{AB}+k(\overrightarrow{OB}-\overrightarrow{OA})+l(\overrightarrow{OC}-\overrightarrow{OA})+m(\overrightarrow{OD}-\overrightarrow{OA})$$

得出，其中 $k,l,m\in R$）. 再从 A_1 属于平面 BCD 得出对空间中每一点 O 和某三个数 β',γ',δ' 成立等式

$$\overrightarrow{OA_1}=\beta'\overrightarrow{OB}+\gamma'\overrightarrow{OC}+\delta'\overrightarrow{OD} \quad ③$$

然而由于 $\lambda=\frac{\overrightarrow{MA_1}}{\overrightarrow{AA_1}},\overrightarrow{OM}=\lambda\overrightarrow{OA}+(1-\lambda)\overrightarrow{OA_1}$，因此把此式代入 ② 和 ③ 并比较 $\overrightarrow{OA}$ 的系数，就得出 $\lambda=\frac{\overrightarrow{MA_1}}{\overrightarrow{AA_1}}=\alpha$，同理可得 $\beta=\frac{\overrightarrow{MB_1}}{\overrightarrow{BB_1}}$，$\gamma=\frac{\overrightarrow{MC_1}}{\overrightarrow{CC_1}},\delta=\frac{\overrightarrow{MD_1}}{\overrightarrow{DD_1}}$，因此从 ① 立即得出 $O=M$.

原书注：问题中的命题实际上可从 M 是这样一个系统的质

心,其在 A,B,C,D 处的质量分别为 $vol(MBCD)$,$vol(MACD)$,$vol(MABD)$,$vol(MABC)$ 这一事实得出. 我们的证明实际上是对这一事实的正规的验证.

21 设 u,v 是两个正数,求出以下命题成立的充分必要条件:存在 $\mathrm{Rt}\triangle ABC$ 使得 $CD=u$,$CE=v$,其中 D,E 是把线段 AB 三等分的点,即满足关系 $AD=DE=EB=\frac{1}{3}AB$ 的点.

22 设在 $\triangle ABC$ 中,B' 和 C' 分别是 AC 和 AB 的中点,而 H 是通过顶点 A 的高的垂足. 证明 $\triangle AB'C'$,$\triangle BC'H$ 和 $\triangle B'CH$ 的外接圆有公共点 I,并且 HI 通过 $B'C'$ 的中点.

证明 方法 1:如图 12.11

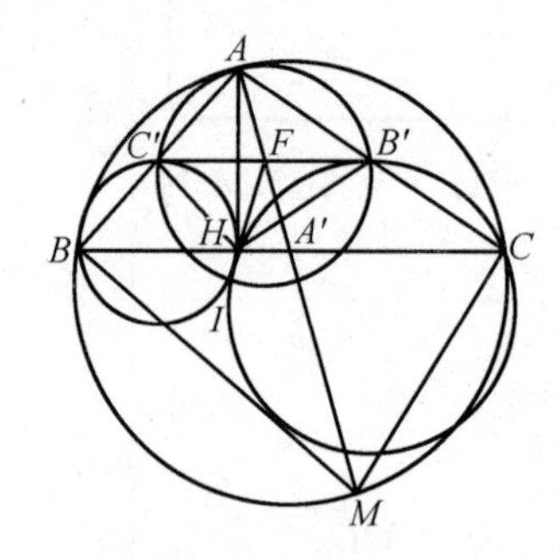

图 12.11

设 F 是 $B'C'$ 的中点,A' 是 BC 的中点,而 I 是 HF 和 $\triangle BHC'$ 的外接圆的交点. 用 M 表示 AA' 和 $\triangle ABC$ 的外接圆的交点. $\triangle HB'C'$ 和 $\triangle ABC$ 是相似的(译者注:由于 $AH\perp BC$,因此易证 $B'C'$ 是 $\triangle AB'C'$ 和 $\triangle HB'C'$ 的对称轴,故 $\triangle AB'C'\cong\triangle HB'C'$. 显然 $\triangle AB'C'\backsim\triangle ABC$,故 $\triangle HB'C'\backsim\triangle ABC$. 由于 $\angle C'IF=\angle ABC$(译者注:由于 I 是 HF 和 $\triangle BHC'$ 的外接圆的交点,故 $\angle ABC$ 和 $\angle C'IF$ 在 $\triangle BC'H$ 的外接圆中都是弧 $C'H$ 所对的圆周角

$=\angle A'MC$(译者注:由于 $\angle ABC$ 和 $\angle A'MC$ 是在 $\triangle ABC$ 的外接圆中同一条弧 AC 所对的圆周角)

$\angle C'FI=\angle C'FA$(译者注:$B'C'$ 是 $\triangle C'AF$ 和 $\triangle C'HF$ 的对称轴)

$=\angle AA'B$(译者注:同位角相等)

$=\angle MA'C$(译者注:对顶角相等)

$$2C'F=C'B',2A'C=CB$$

(译者注:由此得出 $\triangle C'FI \backsim \triangle A'MC$,且相似比为 2,故

$$A'M = 2FI, A'C = 2C'F, MC = 2C'I$$

由于 $BC = 2B'C'$,故由余弦定理可证 $BM = 2B'I$. 由此可得

$$\triangle C'IB' \backsim \triangle CMB, \triangle FIB' \backsim \triangle A'MB)$$

这就得出 $\triangle C'IB' \backsim \triangle CMB$,因此 $\angle FIB' = \angle A'MB = \angle ACB$。由于 $\angle C'IB' = 180° - \angle C'AB$(译者注:$\angle C'AB'$ 和 $\angle BMC$ 是 $\triangle ABC$ 的外接圆的圆内接四边形 $ABMC$ 的对角,所以 $\angle C'AB' = 180° - \angle BMC$,而 $\angle BMC = \angle BMA + \angle AMC = \angle C'IF + \angle FIB' = \angle C'IB'$),故四边形 $AB'IC'$ 是 $\triangle AB'C'$ 的外接圆的圆内接四边形,即 I 属于 $\triangle AB'C'$ 的外接圆。(译者注:又由于 $\angle FIB' = \angle ACB$(前面已证),所以 C, B', H, I 四点都在 $\triangle HCB'$ 的外接圆上(圆周角定理的逆定理)),即 I 属于 $\triangle HCB'$ 的外接圆。

这就证明了 I 是 $\triangle AB'C'$,$\triangle BC'H$ 和 $\triangle B'CH$ 的外接圆的公共点. 由 F 的定义即知 HI 通过 $B'C'$ 的中点.

方法 2:用 α,β,γ 表示 $\triangle ABC$ 的角. 显然 $\triangle ABC \backsim \triangle HC'B'$. 在 $\triangle HC'B'$ 中存在唯一的一点 I 使得 $\angle HIB' = 180° - \gamma$,$\angle HIC' = 180° - \beta$ 和 $\angle C'IB' = 180° - \alpha$,并且所有这三个圆都必须包含这个点. 设 HI 和 $B'C'$ 交于 F. 剩下的事就是要证明 $FB' = FC'$. 从 $\angle HIB' + \angle HB'F = 180°$ 我们得出 $\angle IHB' = \angle IB'F$,类似地有 $\angle IHC' = \angle IC'F$. 那样 $\triangle IHC'$ 和 $\triangle IHB'$ 的外接圆都和 $B'C'$ 相切,这就给出 $FB'^2 = FI \cdot FH = FC'^2$.

23 设 E 是一个有限集,P_E 是它的子集的族. f 是一个从 P_E 到非负实数集上的映射,使得对 E 的两个不相交的子集 A,B 成立

$$f(A \cup B) = f(A) + f(B)$$

证明存在 E 的子集 F 使得如果每个 $A \subset E$ 都有一个由 A 的不在 F 中的元素组成的子集 A',那么 $f(A) = f(A')$,当且仅当 A 是 F 的子集时,$f(A) = 0$.

24 设 n 和 p 是两个整数,$2p \leqslant n$. 证明不等式

$$\frac{(n-p)!}{p!} \leqslant \left(\frac{n+1}{2}\right)^{n-2p}$$

中等号何时成立?

25 设 f 是定义在 $0 \leqslant x \leqslant 1$ 上的函数,在 $0 \leqslant x \leqslant 1$ 上有一阶导数 f',在 $0 < x < 1$ 上有二阶导数 f''. 证明如果

$$f(0) = f'(0) = f'(1) = f(1) - 1 = 0$$

则存在数 $0 < y < 1$ 使得 $|f''(y)| \geqslant 4$.

26 考虑空间 $\{a_1, a_2, \cdots, a_n\}$ 中的向量的有限集合. 以及所有形如 $x = \lambda_1 a_1 + \lambda_2 a_2 + \cdots + \lambda_n a_n$ 的向量的集合 E,其中 λ_i 都是非负的实数. 设 F 是 E 中所有平行于平面 P 的向量组成的

集合. 证明存在向量$\{b_1, b_2, \cdots, b_p\}$的集合，使得$F$是所有形如$y=\mu_1 b_1+\mu_2 b_2+\cdots+\mu_p b_p$的向量组成的集合，其中$\mu_i$都是非负的实数.

27 求出自然数n，使得对所有的素数p，n可被p整除的充分必要条件是n可被$p-1$整除.

28 元素为$u, v, w, \cdots$的集合G如果满足以下条件，则称为群：

(1) 存在一个在G上定义的二元的代数运算$\circ$，对所有的$u, v \in G$，都存在一个$w \in G$，使得$u \circ v=w$；

(2) 这个运算是结合的，即对所有的$u, v, w \in G$有$(u \circ v) \circ w=u \circ (v \circ w)$；

(3) 对任意两个元素$u, v \in G$，存在一个元素$x \in G$使得$u \circ x=v$以及元素$y \in G$使得$y \circ u=v$.

设K是所有大于1的实数组成的集合. 在K上定义一个运算如下

$$a \circ b=ab+\sqrt{(a^2-1)(b^2-1)}$$

证明K是一个群.

29 证明方程$4^x+6^x=9^x$没有有理数解.

30 设$u_1, u_2, \cdots, u_n, v_1, v_2, \cdots, v_n$是实数. 证明

$$1+\sum_{i=1}^{n}(u_i+v_i)^2 \leqslant \frac{4}{3}\left(1+\sum_{i=1}^{n}u_i^2\right)\left(1+\sum_{i=1}^{n}v_i^2\right)$$

等号何时成立？

证明 设$a=\sqrt{\sum_{i=1}^{n}u_i^2}$，$b=\sqrt{\sum_{i=1}^{n}v_i^2}$，由$p=2$时的Minkowski不等式就有$\sum_{i=1}^{n}(u_i+v_i)^2 \leqslant (a+b)^2$，因此要证的不等式左边不大于$1+(a+b)^2$，而其右边等于$\frac{4(1+a^2)(1+b^2)}{3}$. 因此只需证

$$3+3(a+b)^2 \leqslant 4(1+a^2)(1+b^2)$$

即可. 而最后的不等式可归结为一个平凡的不等式$0 \leqslant (a-b)^2+(2ab-1)^2$. 最初的不等式当且仅当对某个$c \in \mathbf{R}$，$\frac{u_i}{v_i}=c$且$a=b=\frac{1}{\sqrt{2}}$时等号成立.

31 证明对任意边长为 a,b,c，面积为 P 的三角形，成立以下不等式

$$P \leqslant \frac{\sqrt{3}}{4}(abc)^{\frac{2}{3}}$$

并且对哪些三角形，等号成立？

32 设给了锐角 $\angle AOB = 3\alpha$，其中 $\overline{OA} = \overline{OB}$. 以点 A 为圆心，$\overline{OA}$ 为半径做一个圆. 再过 B 作一条平行于 OA 的直线. 在所给的角内，通过点 O 作一条变动的直线 t. 它交前面所做的圆于 O 于 C，并交一条给定的直线 s 于 D 点. 设 $\angle AOC = x$. 从 t 的任意初始位置 t_0 开始，对每个 i，根据关系 $\overline{BD_{i+1}} = \overline{OC_i}$ 确定了一系列直线 $t_0, t_1, t_2, \cdots$（其中 C_i 和 D_i 表示对应于 t_i 的 C 和 D 的位置）. 作出函数 BD 和 OC 的图形（作为 x 的函数），确定当 $i \to \infty$ 时，t_i 的行为.

33 用 A,B,C,D 分别表示一个正方形按顺时针方向的顶点，E 是 AB 边上使得 $AE = \frac{AB}{3}$ 的点. 从线段 AE 上任选的一点 P_0 开始按顺时针方向在正方形的边界上对每个 i，通过关系 $P_iP_{i+1} = \frac{AB}{3}$ 确定了一系列点 $P_0, P_1, P_2, \cdots$. 显然当 P_0 选在点 A 或点 E 时，某些 P_i 将和 P_0 重合，如果 P_0 选在其他的点，是否也会这样？

34 给了凸五边形 $ABCDE$，考虑 10 个圆的集合，其中每个圆都过这个五边形的 3 个顶点. 是否可能这些圆都不包含这个五边形，证明你的答案.

35 求出使以下命题成立的 n 值，任意凸 n 边形都可被分成 p 个等腰三角形.

或求出使以下命题成立的 n 值，任意凸 n 边形都可被分成 p 个轴对称的多边形.

36 设 x,y,z 是满足方程

$$x^2 + y^2 + z^2 = 5 \text{ 和 } yz + zx + xy = 2$$

的非负实数，$x^2 - yz, y^2 - xz, z^2 - xy$ 哪个数可以有最大值？

37 解联立方程组

$$v^2 + w^2 + x^2 + y^2 = 6 - 2u$$
$$u^2 + w^2 + x^2 + y^2 = 6 - 2v$$
$$u^2 + v^2 + x^2 + y^2 = 6 - 2w$$

$$u^2+v^2+w^2+y^2=6-2x$$
$$u^2+v^2+w^2+x^2=6-2y$$

38 求出最大的整数 A，使得对 $1,\cdots,100$ 的任意排列都存在 10 个相连的数，其和至少是 A.

39 在 $\triangle ABC$ 的边 AB 上，给了一个点 M. 设 r_1 和 r_2 分别是 $\triangle ACM$ 和 $\triangle BCM$ 的内接圆半径，而 ρ_1 和 ρ_2 分别是 $\triangle ACM$ 和 $\triangle BCM$ 的边 AM 和 BM 上的旁切圆半径，又设 r 和 ρ 分别是 $\triangle ABC$ 的内接圆半径和边 AB 上的旁切圆半径. 证明

$$\frac{r_1}{\rho_1}\cdot\frac{r_2}{\rho_2}=\frac{r}{\rho}$$

证明 设 $AC=b,BC=a,AM=x,BM=y,CM=l$. 用 I_1 表示内心，而用 S_1 表示 $\triangle AMC$ 的旁切圆的中心. 又设 P_1 和 Q_1 分别是从 I_1 和 S_1 向 AC 所引垂线的垂足. 那么 $\triangle I_1CP_1 \backsim \triangle S_1CQ_1$. 因此 $\frac{r_1}{\rho_1}=\frac{CP_1}{CQ_1}$. 我们有 $\frac{AC+MC+AM}{2}=\frac{b+l+x}{2}$，因此

$$\frac{r_1}{\rho_1}=\frac{b+l-x}{b+l+x}$$

类似的得出

$$\frac{r_2}{\rho_2}=\frac{b+l-y}{b+l+y} \text{ 和 } \frac{r}{\rho}=\frac{a+b-x-y}{a+b+x+y}$$

现在我们要证明的就是

$$\frac{(b+l-x)(b+l-y)}{(b+l+x)(b+l+y)}=\frac{a+b-x-y}{a+b+x+y} \qquad ①$$

把 ① 的两边都乘以 $(b+l+x)(b+l+y)(a+b+x+y)$ 我们得出一个表达式，它可以化简为 $l^2x+l^2y+x^2y+xy^2=b^2y+a^2x$，用 $c=x+y$ 除这个式子的两边就得到 ① 等价于 $l^2=\frac{b^2y}{x+y}+\frac{a^2x}{x+y}-xy$，这实际上就是对 l 的斯特瓦尔特(Stewart)定理. 这就证明了所要的结果.（译者注：如图 12.12，设 P 是 $\triangle ABC$ 的边 BC 上任意一点，$BC=a,AC=b,AB=c,AP=d,BP=m,CP=n$，那么 Stewart 定理就是

$$mb^2+nc^2=a(d^2+mn)$$

由 Stewart 可推出阿波罗尼定理，求出中线、高线和角平分线的长度.

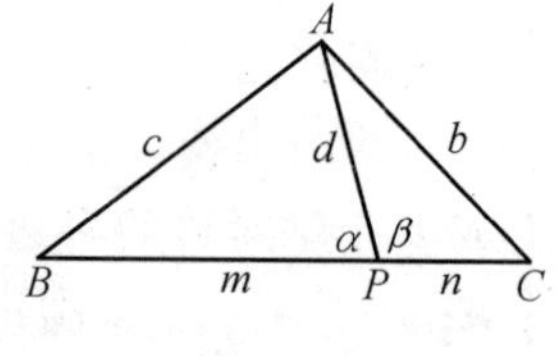

图 12.12

证明 根据余弦定理有

$$c^2=m^2+d^2-2md\cos\alpha$$
$$b^2=n^2+d^2-2nd\cos\beta$$

将上面第一个式子乘以 n，第二个式子乘以 m 后相加，并注意 $\alpha+\beta=\pi$，因此 $\cos\beta=-\cos\alpha$，故相加后的式子中带余弦的项可消去，由此即可得出

$$mb^2+nc^2=nm^2+mn^2+(m+n)d^2=a(d^2+mn)$$

40 设 $\triangle ABC$ 的三个角分别是 α,β,γ（单位是弧度）. 从三角形内一点 P 开始，一个弹球按照入射角等于反射角的定律在它的边上不断反射.

证明如果弹球从不到达任一顶点 A,B,C，那么球通过的方向是有限的，换句话说，当时间从 0 时刻变化到无限时，弹球的路径是一些平行于有限条直线的线段.

41 给了一个边长为 1 的立方体. 证明在立方体的表面 S 上存在一点 A，使得 S 上每个点都可以用 S 上的一条长度不超过 2 的路径与 A 相连. 同时证明 S 上也存在一个点，它无法用长度小于 2 的路径与 A 相连.

42 设 a 和 b 是两个计数系统的基，并设

$$A_n=\overline{x_1x_2\cdots x_n}^{(a)},A_{n+1}=\overline{x_0x_1x_2\cdots x_n}^{(a)}$$
$$B_n=\overline{x_1x_2\cdots x_n}^{(b)},B_{n+1}=\overline{x_0x_1x_2\cdots x_n}^{(b)}$$

分别是数在基数 a 和 b 下的表示，使得 $x_0,x_1,x_2,\cdots,x_n$ 既是在基数 a 表示下的数字也是在基数 b 表示下的数字. 设 x_0 和 x_1 都不是 0. 证明当且仅当

$$\frac{A_n}{A_{n+1}}<\frac{B_n}{B_{n+1}}$$

时，$a>b$.

证明 设 $a>b$. 考虑多项式 $P(z)=x_1z^{n-1}+x_2z^{n-2}+\cdots+x_{n-1}z+x_n$，那么我们有

$$A_n=P(a),B_n=P(b),A_{n+1}=x_0a^n+P(a),B_{n+1}=x_0b^n+P(b)$$

现在 $\frac{A_n}{A_{n+1}}<\frac{B_n}{B_{n+1}}$ 就成为 $\frac{P(a)}{x_0a^n+P(a)}<\frac{P(b)}{x_0b^n+P(b)}$，即

$$b^nP(a)<a^nP(b)$$

由于 $a>b$，我们有 $a^i>b^i$，因而 $x_ia^nb^{n-i}\geqslant x_ib^na^{n-i}$（对 $i\geqslant 1$，这个不等式是严格的）. 对 $i=1,\cdots,n$，把这些不等式相加就得出 $a^nP(b)>b^nP(a)$，这就完成了对 $a>b$ 的证明. 另一方面，对

$a < b$，类似地可以得出相反的不等式$\frac{A_n}{A_{n+1}} > \frac{B_n}{B_{n+1}}$，而对 $a = b$，等号成立. 这就得出$\frac{A_n}{A_{n+1}} < \frac{B_n}{B_{n+1}} \Leftrightarrow a > b$.

43 证明方程

$$x^3 - 3\tan\frac{\pi}{12}x^2 - 3x + \tan\frac{\pi}{12} - 0$$

的一个根是 $x_1 = \tan\frac{\pi}{36}$，并求出其他两个根.

44 设 a, b, c 是三角形的边长，证明

$$(a+b)(b+c)(c+a) \geqslant 8(a+b-c)(b+c-a)(c+a-b)$$

45 设 M 是四面体 $VABC$ 的内点. 分别用 A_1, B_1, C_1 表示直线 MA, MB, MC 和平面 VBC, VCA, VAB 的交点，用 A_2, B_2, C_2 表示 VA_1, VB_1, VC_1 和 BC, CA, AB 边的交点.

(1) 证明四面体 $VA_2B_2C_2$ 的体积不超过四面体 $VABC$ 体积的四分之一；

(2) 计算看成 $VABC$ 体积的函数的四面体 $V_1A_1B_1C_1$ 的体积，其中 V_1 是直线 VM 和平面 ABC 的交点，而 M 是 $VABC$ 的重心.

46 给了 $\triangle ABC$ 和与此三角形不相交的平面 π，求一点 M 使得直线 MA, MB, MC 和 π 的交点构成一个和 $\triangle ABC$ 全等的三角形.

47 给了多项式

$$P(x) = ab(a-c)x^3 + (a^3 - a^2c + 2ab^2 - b^2c + abc)x^2 + (2a^2b + b^2c + a^2c + b^3 - abc)x + ab(a+c)$$

其中 $a, b, c \neq 0$，证明 $P(x)$ 可被

$$Q(x) = abx^2 + (a^2 + b^2)x + ab$$

整除并由此推出 $P(x_0)$ 可被 $(a+b)^3$ 整除，其中 $x_0 = (a+b+1)^n, n \in \mathbf{N}$.

48 设对 x 的 5 个不同的整数值，整系数多项式 $p(x)$ 都等于 5，证明对任意整数 x，$p(x)$ 都不可能等于 8.

49 对 $n \in \mathbf{N}$，设 $f(n)$ 是一个数字中不含 9 的正整数 $k \leqslant n$. 是否存在正实数 p，使得对所有的正整数 n 都有$\frac{f(n)}{n} \geqslant p$.

50 三角形的面积是 S，周长是 L. 证明 $36S\leqslant L^2\sqrt{3}$，并给出等号成立的充分必要条件.

51 设 p 是一个素数，$x(0<x<1)$ 是一个已写成即约分数的有理数. 把此有理数的分子和分母都加上 p 后，所得的分数与 x 之差的绝对值是 $\frac{1}{p^2}$，求出所有具有此性质的有理数.

52 设 $1=a_0\leqslant a_1\leqslant a_2\leqslant\cdots\leqslant a_n\leqslant\cdots$ 是一个实数序列. 考虑由下式定义的序列 $b_1,b_2,\cdots$

$$b_n=\sum_{k=1}^{n}\left(1-\frac{a_{k-1}}{a_k}\right)\frac{1}{\sqrt{a_k}}$$

证明：

(1) 对所有的自然数 n，$0\leqslant b_n<2$；

(2) 对任意的 $0\leqslant b<2$，都存在一个上述类型的序列 a_0，$a_1,\cdots,a_n,\cdots$ 使得对无限多个自然数 n 有 $b_n>b$.

证明 方法 1：(1) 由于 $a_{n-1}<a_n$，我们有

$$\left(1-\frac{a_{k-1}}{a_k}\right)\frac{1}{\sqrt{a_k}}=\frac{a_k-a_{k-1}}{a_k^{\frac{3}{2}}}\leqslant\frac{2(\sqrt{a_k}-\sqrt{a_{k-1}})\sqrt{a_k}}{a_k\sqrt{a_{k-1}}}=$$

$$2\left(\frac{1}{\sqrt{a_{k-1}}}-\frac{1}{\sqrt{a_k}}\right)$$

对 $k=1,2,\cdots,n$ 将以上不等式相加就得出

$$b_n\leqslant 2\left(\frac{1}{\sqrt{a_0}}-\frac{1}{\sqrt{a_n}}\right)<2$$

(2) 选一个实数 $q>1$，并设 $a_k=q^k$，$k=1,2,\cdots$. 那么

$$\left(1-\frac{a_{k-1}}{a_k}\right)\frac{1}{\sqrt{a_k}}=\left(1-\frac{1}{q}\right)\frac{1}{q^{\frac{k}{2}}}$$

因此
$$b_n=\left(1-\frac{1}{q}\right)\sum_{k=1}^{n}\frac{1}{q^{\frac{k}{2}}}=\frac{\sqrt{q}+1}{q}\left(1-\frac{1}{q^{\frac{n}{2}}}\right)$$

由于 $\frac{\sqrt{q}+1}{q}$ 可以任意接近 2，因此可选择 q 使得对充分大的 n 成立 $b_n\geqslant b$.

方法 2：(1) 注意

$$b_n=\sum_{k=1}^{n}\left(1-\frac{a_{k-1}}{a_k}\right)\frac{1}{\sqrt{a_k}}=\sum_{k=1}^{n}(a_k-a_{k-1})\cdot\frac{1}{a_k^{\frac{3}{2}}}$$

因此 b_n 实际上表示函数 $f(x)=x^{-\frac{3}{2}}$ 在区间 $[a_0,a_n]$ 上的下

Darboux(达布)和.那样

$$b_n \leqslant \int_{a_0}^{a_n} x^{-\frac{3}{2}} \mathrm{d}x < \int_1^{+\infty} x^{-\frac{3}{2}} \mathrm{d}x = 2$$

(2)对每个$b<2$,都存在一个$\alpha>1$使得$\int_1^{\alpha} x^{-\frac{3}{2}} \mathrm{d}x > b+\frac{2-b}{2}$,现在由 Darboux 定理,必存在一个分划$1=a_0 \leqslant a_1 \leqslant \cdots \leqslant a_n = \alpha$使得对应的达布和可以任意的接近积分值,特别,存在分划a_0,$a_1,\cdots,a_n$使得$b_n > b$.

53 用平行于正方形$ABCD$的边的直线把它分成了$(n-1)^2$个全等的正方形,因此得出了n^2个格点.确定所有的整数n,使得可作一条非退化的抛物线,其对称轴平行于正方形的一条边,且恰通过n个格点.

54 设P,Q,R是多项式,而$S(x)=P(x^3)+xQ(x^3)+x^2R(x^3)$是一个$n$次多项式,它有$n$个不同的根$x_1,x_2,\cdots,x_n$.用$P,Q,R$作一个$n$次多项式,其根是$x_1^3,x_2^3,\cdots,x_n^3$.

解 设$S(x)=(x-x_1)(x-x_2)\cdots(x-x_n)$,我们有

$$x^3-x_i^3=(x-x_i)(\omega x-x_i)(\omega^2 x-x_i)$$

其中ω是1的三次元根.对$i=1,2,\cdots,n$将以上式子乘起来就得出

$$T(x^3)=(x^3-x_1^3)(x^3-x_2^3)\cdots(x^3-x_n^3)=S(x)S(\omega x)S(\omega^2 x)$$

由于

$$S(\omega x)=P(x^3)+\omega xQ(x^3)+\omega^2 x^2R(x^3)$$

以及

$$S(\omega^2 x)=P(x^3)+\omega^2 xQ(x^3)+\omega x^2R(x^3)$$

因而从以上式子就可得出

$$T(x^3)=P^3(x^3)+x^3Q^3(x^3)+x^6R^3(x^3)-3P(x^3)Q(x^3)R(x^3)$$

因而多项式

$$T(x)=P^3(x)+xQ^3(x)+x^2R^3(x)-3P(x)Q(x)R(x)$$

的零点就恰是$x_1^3,\cdots,x_n^3$.易于验证$\deg T=\deg S=n$,因此T是多项式.

55 一个乌龟以 0.2 m/s 的速度爬行. 在乌龟附近，一个 UFO 以 20 m/s 的速度在地面上方 5 m 处飞行. UFO 飞行的路径是一条折线，沿一段长为 l 的直线段飞行后，UFO 将折转一个使得 $\tan\alpha < \frac{l}{1\,000}$ 的锐角 α. 当 UFO 飞到其中心距离乌龟 13 m 时，它即可抓住乌龟. 证明 UFO 从任何初始位置出发都可抓住乌龟.

56 一个深度为 h 的正方形洞的底的边长为 a. 在地面上用一根长为 $L > \sqrt{2a^2+h^2}$ 的绳子拴着一只狗，绳子的另一端系在洞底的中心处. 洞壁是光滑的，因而绳子可沿着洞的壁自由滑动. 求出狗(忽略其大小) 可到达的区域的形状和面积.

57 在一个 $n\times n$ 的象棋盘的每个格子中写上一个 1 至 n^2 的整数，使得每列中的数字是递增的. 问第 k 行之和最大可能是多少？最小可能是多少？(k 是一个正整数，$1\leqslant k\leqslant n$)

58 在平面上给了 100 个点，其中无三点共线，考虑所有其顶点由这 100 个点构成的三角形. 证明在这些三角形中，至多有 70% 是锐角三角形.

证明 引理：在平面上给了 5 个点，其中无三点共线，那么至少存在 3 个以这些点为顶点的非锐角的三角形.

分以下三种情况讨论：

(1) 这 5 个点的凸包是一个 $\triangle ABC$，另外 2 个点 D 和 E 位于三角形内部. 那么 $\triangle ADB$，$\triangle BDC$ 和 $\triangle CDA$ 中至少有 2 个三角形在点 D 处的角是钝角. 同理 $\triangle AEB$，$\triangle BEC$ 和 $\triangle CEA$ 中至少有 2 个钝角三角形，因此至少有 4 个钝角三角形.

(2) 这 5 个点的凸包是一个四边形 $ABCD$，而 E 点在其内部. 四边形至少有一个角是非锐角的，这就确定了一个非锐角的三角形. 此外 E 必位于 $\triangle ABC$ 或 $\triangle CEA$ 内部，因而像(1) 中已证的那样又可确定另两个钝角三角形.

(3) 这 5 个点的凸包是一个五边形. 易于看出，五边形的角中至少有两个不是锐角. 我们可假设这两个角是在对应于顶点 A，B 和 C 的角之中的角. 现在考虑四边形 $ACDE$，它至少有一个角不是锐角，因此，至少有 3 个非锐角的三角形.

现在我们考虑 100 个点中所有 5 个点的组合，那么共有

$\binom{100}{5}$ 个那种组合，在每个组合中至少有 3 个以这 5 个点为顶点的非锐角的三角形. 另一方面，每个三角形的顶点被数了 $\binom{97}{2}$ 次，因此至少有 $\frac{3\binom{100}{5}}{\binom{97}{2}}$ 个以这 100 个点为顶点的非锐角的三角形. 由于所有以这 100 个点为顶点的三角形的数目是 $\binom{100}{3}$，因此锐角三角形的数目和所有三角形的数目的比不可能大于

$$1-\frac{3\binom{100}{5}}{\binom{97}{2}\binom{100}{3}}=0.7$$

59 对什么数字 a，存在一个整数 $n\geqslant 4$，使得 $\frac{n(n+1)}{2}$ 的十进制表示中的每个数字都等于 a？

解 对 $a=5$，可取 $n=10$，对 $a=6$，可取 $n=11$.

现在设 $a\notin\{5,6\}$. 如果存在一个整数 n，使得 $\frac{n(n+1)}{2}$ 的每个数字都等于 a，那么就存在一个整数 k 使得 $\frac{n(n+1)}{2}=\frac{(10^k-1)a}{9}$，在此方程的两边都乘以 72，我们得出

$$36n^2+36n=8a\cdot 10^k-8a$$

上式又等价于

$$9(2n+1)^2=8a\cdot 10^k-8a+9 \qquad ①$$

因此 $8a\cdot 10^k-8a+9$ 是某个奇数的平方. 这意味着它的末位数是 1，5 或 9. 因此 $a\in\{1,3,5,6,8\}$. 如果 $a=3$ 或 $a=8$，那么式(1)右边的数可被 5 整除但不能被 25 整除($k\geqslant 2$)，因此不可能是一个平方数. 剩下的事是检验 $a=1$ 的情况. 在这种情况下式(1) 成为 $9(2n+1)^2=8.10^k+1$ 或等价的

$[(3(2n+1)-1][(3(2n+1)+1]=8.10^k\Rightarrow(3n+1)(3n+2)=2.10^k$

由于 $3n+1,3n+2$ 是互素的，这蕴含它们中有一个是 2^{k+1}，而另一个是 5^k. 可以直接验证这两个数的差仅当 $k=1,n=1$ 时确实是 1，而这种情况已经排除. 因此所求的 n 只在 $a\in\{5,6\}$ 时存在.

第三编
第 13 届国际数学奥林匹克

第13届国际数学奥林匹克题解

捷克斯洛伐克,1971

匈牙利命题

1 证明下述命题仅当 $n=3$ 和 $n=5$ 时是正确的,对于其他任何 $n>2$ 的自然数皆不成立.

设 $a_1,a_2,\cdots,a_n$ 是任意实数,则

$$(a_1-a_2)(a_1-a_3)\cdots(a_1-a_n)+(a_2-a_1)(a_2-a_3)\cdots(a_2-a_n)+\cdots+(a_n-a_1)(a_n-a_2)\cdots(a_n-a_{n-1})\geqslant 0$$

证法 1　用 A_n 表示求证的左式,对于 $n=3$ 我们可得两种证法.

(1) 由于对称性,我们可假定 $a_1\geqslant a_2\geqslant a_3$,则

$$\begin{aligned}A_3=&(a_1-a_2)(a_1-a_3)+(a_2-a_1)(a_2-a_3)+\\&(a_3-a_1)(a_3-a_2)=\\&(a_1-a_2)((a_1-a_3)-(a_2-a_3))+\\&(a_3-a_1)+(a_3-a_2)=\\&(a_1-a_2)^2+(a_3-a_1)(a_3-a_2)\geqslant 0\end{aligned}$$

(2) 也有

$$\begin{aligned}A_3=&(a_1-a_2)(a_1-a_3)+(a_2-a_1)(a_2-a_3)+\\&(a_3-a_1)(a_3-a_2)=\\&a_1^2-a_1a_3-a_1a_2+a_2^2-a_2a_3+a_3^2=\\&(\frac{1}{2}a_1^2-a_1a_2+\frac{1}{2}a_2^2)+(\frac{1}{2}a_2^2-a_2a_3+\frac{1}{2}a_2^3)+\\&(\frac{1}{2}a_3^2-a_3a_1+\frac{1}{2}a_1^2)=\\&\frac{1}{2}(a_1-a_2)^2+\frac{1}{2}(a_2-a_3)^2+\frac{1}{2}(a_3-a_1)^2\geqslant 0\end{aligned}$$

要证 $A_5\geqslant 0$,我们可用上面关于证明 $A_3\geqslant 0$ 的方法(1),可假定 $a_1\geqslant a_2\geqslant a_3\geqslant a_4\geqslant a_5$. 从 A_5 的首两项取出公因子 $a_1-a_2\geqslant 0$,并把和式写成

$$\begin{aligned}&(a_1-a_2)((a_1-a_3)(a_1-a_4)(a_1-a_5)-\\&(a_2-a_3)(a_2-a_4)(a_2-a_5))\end{aligned}$$

外括号内的差式是非负的,因第一项的每一因子至少比第二项的

对应因子大.

同样地,我们改写 A_5 的后两项的和为

$$(a_4-a_5)((a_4-a_1)(a_4-a_2)(a_4-a_3)+$$
$$(a_1-a_5)(a_2-a_5)(a_3-a_5))=$$
$$(a_4-a_5)((a_1-a_5)(a_2-a_5)(a_3-a_5)-$$
$$(a_1-a_4)(a_2-a_4)(a_3-a_4))$$

可见这个式子是非负的.

至于 A_5 的第三项

$$(a_3-a_1)(a_3-a_2)(a_3-a_4)(a_3-a_5)$$

它的首两项是非负的,末两项是非正的,因而这项是非负的.

综上就证明了 $A_5\geqslant 0$.

要证明所给的关系式对其他的一切 $n>2$ 的自然数不成立,只要选取 n 个自然数使该不等式不成立就够了.对于 $n=4$,我们可取 $a_1=-1,a_2=a_3=a_4=0$. 对于 $n>5$,可取 $a_1=a_2=\cdots=a_{i-1}=0,a_i=1,a_{i+1}=\cdots=a_n=2$,其中 $i(3\leqslant i\leqslant n-2)$ 是使 $n-i$ 为奇数的一个数,这个数显然对于每个大于 5 的数 n 都存在,这样所给的关系式的左边就变为

$$(-1)^{n-i}=-1$$

而得出矛盾.

证法 2　分 n 为偶数和奇数两种情形讨论.

ⅰ 当 $n=2m(m\geqslant 2)$ 时.

取 $a_1=-1,a_2=a_3=\cdots=a_{2m}=0$,则不等式的左边等于 $(-1)^{2m-1}<0$,题设不等式不成立.

ⅱ 当 $n=2m+1(m\geqslant 1)$ 时.

若 $m=1,2$,即 $n=3,5$ 时,由证法 1 知不等式恒成立.

若 $m\geqslant 3$,即 n 为不小于 7 的奇数时,取 $a_1=0,a_2=a_3=a_4=1,a_5=a_6=\cdots=a_{2m+1}=-1$,则不等式的左边等于 $(-1)^3<0$,题设不等式不成立.

综上所述,题设不等式仅当 $n=3$ 和 $n=5$ 时恒成立.

2 设 $A_1,A_2,\cdots,A_9$ 是凸多面体 P_1 的九个顶点,P_i 是由 P_1 平移而得的多面体,即移动 $A_1\to A_i(i=2,3,\cdots,9)$. 求证:在 $P_1,P_2,\cdots,P_9$ 中至少有两个多面体有一公共内点.

苏联命题

证法 1　以 A_1 作为三维坐标系的原点,并以 $\boldsymbol{A}_i$ 表示向量 $\overrightarrow{A_1A_i}$. 把这些向量扩展成二倍;即以 $2\boldsymbol{A}_i$ 替换 $\boldsymbol{A}_i$,就得到另一个多面体 D,它包含 P_1 在其内部.

现在我们证明经平移后所得的每一个 $P_i(i=2,3,\cdots,9)$ 也都包含在 D 的内部.

设 $\boldsymbol{X}_i$ 是自 A_1 至 P_i 上任一点 X_i 的向量，$\boldsymbol{X}_1$ 是 P_1 上对应点 X_1 的向量，则

$$\boldsymbol{X}_i=\boldsymbol{A}_i+\boldsymbol{X}_1=2(\frac{1}{2}\boldsymbol{A}_j+\frac{1}{2}\boldsymbol{X}_1)$$

因 A_i 和 X_1 是 P_1 上的点，且由 P_1 是凸的假设，线段 A_iX_1 的中点 $\frac{1}{2}(\boldsymbol{A}_i+\boldsymbol{X}_1)$ 也落在 P_1 内. 这就证明了 X_i 是 D 内的点.

今 D 的体积是 P_1 体积的 8 倍，而多面体 $P_1,P_2,\cdots,P_9$ 的体积和则是 P_1 体积的 9 倍. 所以至少有两个多面体有一公共内点.

证法 2　设在以 A_1 为相似中心，相似比为 2 的位似变换下多面体 P_1 变换成多面体 P'.

首先证明 $P_i\subset P'(i=1,2,\cdots,9)$.

设 X 是多面体 $P_i(2\leqslant i\leqslant 9)$ 的任意一点，并且 X 在平移 $A_i\rightarrow A_1$ 下的象是 Y. 于是线段 A_1X 和线段 A_iY 的中点重合，记为 Z，如图 13.1 所示. 易知，$Y\in P_1$，$A_i\in P_1$，由于 P_1 是凸多面体，故 $Z\in P_1$. 另一方面，在上述位似变换下，Z 的象是 X，因而 $X\in P'$. 这就证明了 $P_i\subset P'(i=2,3,\cdots,9)$，而 $P_1\subset P'$ 是显然的.

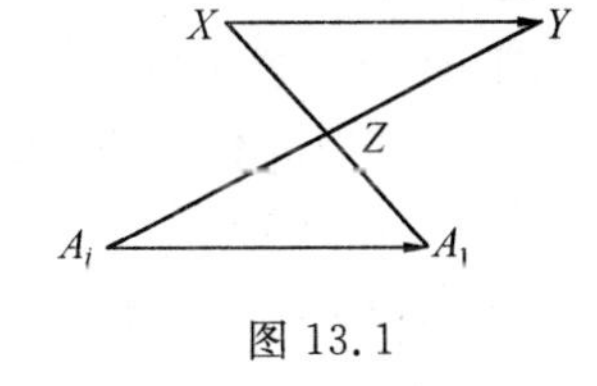

图 13.1

将多面体 P_i 和 P' 的体积分别记为 $\overline{P}_i(i=1,2,\cdots,9)$ 和 $\overline{P}'$. 于是有

$$\overline{P}_1=\overline{P}_2=\cdots=\overline{P}_9$$

并且

$$\overline{P}'=2^3\overline{P}_1=8\overline{P}_1$$

如果多面体 $P_1,P_2,\cdots,P_9$ 任何两个都没有公共内点，那么，一方面由 $P_i\subset P'(i=1,2,\cdots,9)$ 可知，诸 P_i 的体积之和应不大于 P' 的体积，即

$$\overline{P}_1+\overline{P}_2+\cdots+\overline{P}_9=9\overline{P}_1\leqslant\overline{P}'$$

另一方面，又有 $\overline{P}'=8\overline{P}_1$. 这就得出了矛盾. 因此，$P_1,P_2,\cdots,P_9$ 中至少有两个多面体有公共的内点.

3 证明序列 $\{2^k-3\}(k=2,3,\cdots)$ 至少含有一个无穷子序列，其元素两两互素.

波兰命题

证法 1　我们将实际作出一个无穷序列 $\{a_i\}$，$a_i=2^{k_i}-3(i=1,2,\cdots)$，使序列中的数两两互素，这序列显然是 $\{2^k-3\}$ 的子序列.

假定我们已作出 n 个两两互素的数列

$$a_1=2^{k_1}-3,a_2=2^{k_2}-3,\cdots,a_n=2^{k_n}-3 \qquad ①$$

则这 n 个数的积

$$S=\prod_{i=1}^{n}a_i=(2^{k_1}-3)(2^{k_2}-3)\cdots(2^{k_n}-3) \qquad ②$$

是奇数，因为每一个因子都是奇数(例如当 $n=2$ 时，$a_1=2^3-3=5$ 和 $a_2=2^4-3=13$ 就是这样的一个数列，这里 $k_1=3,k_2=4$，这两数的积则为 $S=5\times 13=65$).

考虑一组 $s+1$ 个数 $2^0,2^1,\cdots,2^s$，因为对于模 s，任一整数的最小剩余只能是 $0,1,2,\cdots,s-1$ 这 s 个数中的一个数，故这组 $s+1$ 个数中，至少有两个数对于模 s 同余. 设 2^α 与 $2^\beta(\alpha>\beta)$ 对于模 s 同余，即

$$2^\alpha\equiv 2^\beta(\bmod s)$$

则

$$2^\beta(2^{\alpha-\beta}-1)=ms,m\in\mathbf{Z}$$

因奇数 s 不能除尽 2^β，故

$$2^{\alpha-\beta}-1=ls,l\in\mathbf{Z}$$

这样，$2^{\alpha-\beta}-3=ls-2$ 就必和 S 互素. 令 $a_{n+1}=2^{\alpha-\beta}-3$. 就得到数列 ① 中的另一项. 继续用同样的方法就可以作出一个无穷序列 $\{a_i\}$，其中的数两两互素.

证法 2　我们假定下述欧拉定理是已知的：对每个整数 $n>1$ 和一切与 n 互素的正整数 a，存在一个正整数 $\varphi(n)$，使

$$a^{\varphi(n)}\equiv 1(\bmod n)$$

利用欧拉函数 $\varphi(n)$，我们将所求得的子数列 $\{2^{n_i}-3\}$ 归纳定义于下：

ⅰ $n_0=3,n_1=\varphi(2^{n_0}-3)=\varphi(5)=4$；

ⅱ $n_{k+1}=\varphi(2^{n_0}-3)\varphi(2^{n_1}-3)\cdots\varphi(2^{n_k}-3)=n_k\varphi(2^{n_k}-3),k\geqslant 1.$

首先证明

$$(2^{n_{k+1}}-3,2^{n_i}-3)=1,i=0,1,\cdots,k$$

根据欧拉定理，有

$$2^{\varphi(2^{n_i}-3)}\equiv 1(\bmod 2^{n_i}-3),0\leqslant i\leqslant k$$

将上式两端分别乘方可得

$$2^{n_{k+1}}\equiv 1(\bmod 2^{n_i}-3)$$

两端同加 -3 得

$$2^{n_{k+1}}-3\equiv -2(\bmod 2^{n_i}-3)$$

设 t 为 $2^{n_{k+1}}-3$ 和 $2^{n_i}-3$ 的公因数. 则因

$$2^{n_{k+1}}-3=-2+m(2^{n_i}-3)$$

即

$$-2=2^{n_{k+1}}-3-m(2^{n_i}-3)$$

故知 t 是 2 的因数. 因此 $t=1$ 或 $t=2$. 但是 2 不是 $2^{n_i}-3$ 的因数.

所以必有 $t=1$，也就是说 $(2^{n_{k+1}}-3,2^{n_i}-3)=1$.

其次，证明数列 $\{2^{n_i}-3\}$ 是无穷数列. 因为 $n_0=3$，$n_1=4$，并且当 $k\geqslant 1$ 时，$\varphi(2^{n_k}-3)>1$，所以

$$n_{k+1}=n_k\varphi(2^{n_k}-3)>n_k, k\geqslant 1$$

即 $\{2^{n_i}-3\}$ 是无穷数列. 证毕.

4 四面体 $ABCD$ 的各面皆是锐角三角形，如图 13.2 所示. 考虑所有如下的封闭折线 $XYZTX$：X,Y,Z,T 分别是 AB，BC，CD，DA 的内点. 证明：

(1) 若 $\angle DAB+\angle BCD\neq\angle CDA+\angle ABC$，则这些折线中没有最短的折线；

(2) 若 $\angle DAB+\angle BCD=\angle CDA+\angle ABC$，则有无穷多条最短的折线，它们的共同长度是 $2AC\cdot\sin\frac{\alpha}{2}$，其中 $\alpha=\angle BAC+\angle CAD+\angle DAB$.

荷兰命题

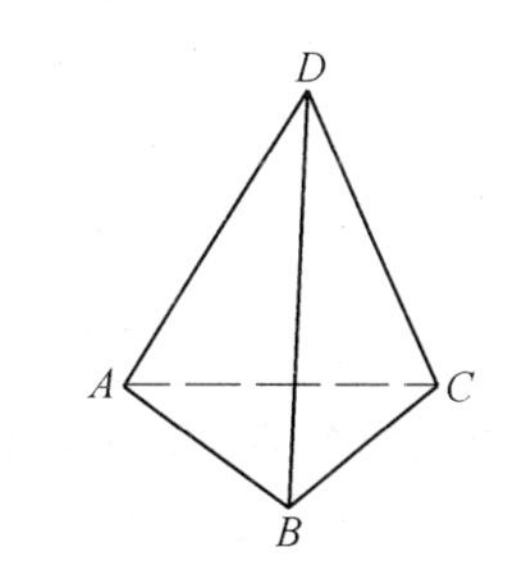

图 13.2

证法 1 如图 13.3 所示，设 A',D',B',A'',D'',B'',C' 是给定四面体的一个网，且侧面 $\triangle ADB\cong\triangle A''D''B''$. 这两个三角形是在网的两旁的. 所含的折线 $XYZTX$ 在网里就是折线 $T'X'Y'Z'T''$ 或 $X'Y'Z'T''X''$. 要使所含的折线 $XYZTX$ 有最小长度，必须有下面的关系：

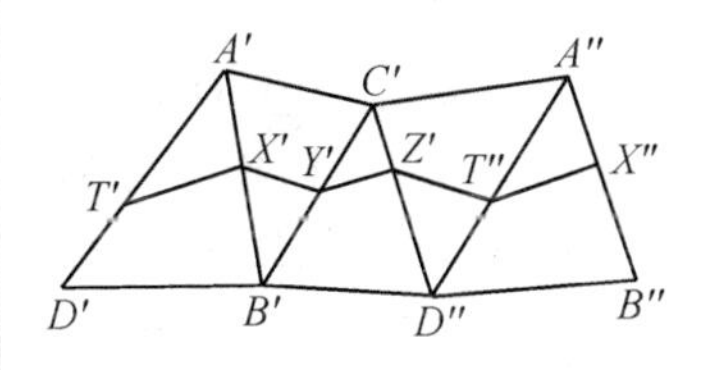

图 13.3

ⅰ $X'\in T'Y'$，$Y'\in X'Z'$，$Z'\in Y'T''$，$T''\in Z'X''$；

ⅱ $A'D' /\!/ A''D''$.

在相反的情形下，可以缩短折线 $T'X'Y'Z'T''$. 例如，对于 $T'X'Y'$，则点 X' 可用线段 $T'Y'$ 与 $A'B'$ 的交点代替. 这里所说的交点是存在的. 因为网的各部是锐角三角形，因而 $A'D'B'C'$ 是凸四边形. 如 ⅰ 满足，则 T',X',Y',Z',T'',X'' 在一条直线上. 由于 $\triangle A'T'X'\cong\triangle A''T''X''$，故有

$$\angle A'T'X'=\angle A''T''X''$$

因而由同位角定理的逆定理，可知 ⅱ 成立.

在情形 ⅱ 中若对于每条折线 $T'X'Y'Z'T''$ 有 $A'T'=T''A''$，则有不等式

$$T'X'+X'Y'+Y'Z'+Z'T''\geqslant T'T''=$$

$$A'A''=2A'C'\cdot\sin\frac{1}{2}\angle A'C'A''=2AC\cdot\sin\frac{\alpha}{2}$$

现在证明条件 ⅱ 还是存在着最短的折线 $T'X'Y'Z'T''$ 的充分条件.

为此，我们只要证明存在点 $T'\in A'D'$，$T''\in A''D''$，且有 $A'T'=A''T''$ 使得 $T'T''$ 交线段 $A'B'$，$B'C'$，$C'D''$ 于内点 X'，Y'，

Z'. 在这一情形下，折线的长度取最小值 $2AC \cdot \sin\frac{\alpha}{2}$，且把折线 $T'T''$ 沿 $A'D'$ 方向平移（使得 T', X', Y', Z', T'' 保持是网的各棱的内点）. 就得到无穷多条最短的折线. 由于四边形 $A'D'B'C'$ 与 $A''C'B'D''$ 的各内角均小于 $180°$，故它们都是凸四边形. 由此得：若 $T'T''$ 交线段 $B'C'$ 于内点，则交点 X' 或 Z' 也在 $A'B'$ 或 $C'D''$ 的内部. 因为 T' 可在 $A'D'$ 上变化，所以只要有一点 $Y' \in B'C'$ 落在平行四边形 $A'D'D''A''$ 的内部就行了. 这样的一个点就是凸四边形 $A'B'D''C'$ 的对角线的交点.

这样，我们一方面证明了条件 ⅱ 对于存在一条最短折线来说是必要的，另一方面也证明了条件 ⅱ 对于存在长为 $2AC \cdot \sin\frac{\alpha}{2}$ 的无限多条最短折线来说也是充分的.

最后，要证明条件 ⅱ 等价于

$$\angle DAB + \angle BCD = \angle ABC + \angle CDA \qquad ①$$

于是本题(1) 和(2) 就都解决了.

直线 $D'A', B'A', B'C', D''C', D''A''$ 可以与直线 $T'T''$ 相交，直线 $T'T''$ 可以依正方向旋转一个角 $\beta_1, \beta_2, \beta_3, \beta_4, \beta_5$ 后，变到直线 $D'A', B'A', B'C', D''C', D''A''$.

所以，由三角形外角定理，有

$$\angle DAB = \beta_2 - \beta_1, \angle ABC = \beta_2 - \beta_3$$
$$\angle BCD = \beta_4 - \beta_3, \angle CDA = \beta_4 - \beta_5$$

因而，式 ① 变为等式 $\beta_1 = \beta_5$. 由同位角定理及其逆定理可知，这与条件 ⅱ 等价.

证法 2 如图 13.4(b) 所示，将四面体 $ABCD$（图 13.4(a)）展开，A', A'' 是 A 的对应点，等等. 其中，$\triangle A'D'B' \cong \triangle A''D''B''$. 多边形 $xyzTx$ 在展开图中变成折线 $T'x'y'z'T''$ 或 $x'y'z'T''x''$.

若折线 $T'x'y'z'T''(x'y'z'T''x'')$ 有最小长度，那么

$$x' \in T'y', y' \in x'z', z' \in y'T'', T'' \in z'x'' \qquad ②$$

在相反的情况下，我们可以缩短折线 $T'x'y'z'T''(x'y'z'T''x'')$ 的长. 例如，当 $x' \notin T'y'$ 时，点 x' 可用线段 $T'y'$ 和 $A'B'$ 的交点来代替（因各面都是锐角三角形，那么 $A'D'B'C'$ 是凸四边形，所以交点是存在的），此时所得折线的长将小于 $T'x'y'z'T''$ 的长.

由 ② 成立，可推知 T', x', y', z', T'', x'' 在同一直线上.

再由 $\triangle A'T'x' \cong \triangle A''T''x''$，$\angle A'T'x' = \angle A''T''x''$，又可推得

$$A'D' \parallel A''D'' \qquad ③$$

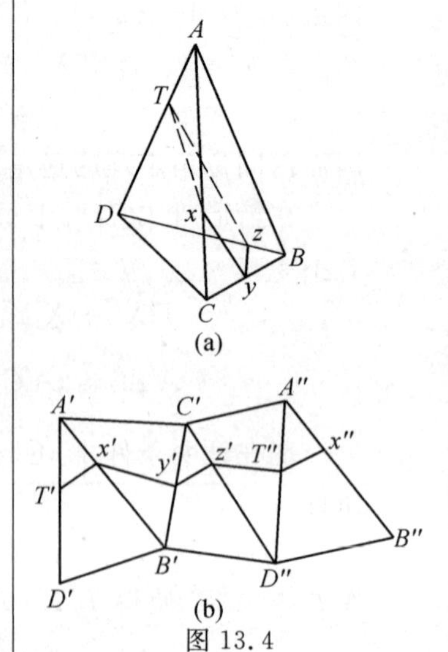

图 13.4

这就是说,③ 是存在最短折线 $T'x'y'z'T''$ 的必要条件.

下面我们将进一步证明:③ 同时也是存在无限多个长度为 $2AC \cdot \sin\frac{\alpha}{2}$ 的最短折线 $T'x'y'z'T''$ 的充分条件.

事实上,若 ③ 成立,再注意到 $A'T'=A''T''$,可得

$$T'x'+x'y'+y'z'+z'T'' \geqslant T'T''=A'A''=$$
$$2A'C' \cdot \cos\angle C'A'A''=$$
$$2A'C' \cdot \cos\frac{1}{2}(180°-\angle B'A'C'-\angle C'A''D''-\angle D'A'B')=$$
$$2AC \cdot \sin\frac{1}{2}(\angle BAC+\angle CAD+\angle DAB)=$$
$$2AC \cdot \sin\frac{\alpha}{2}$$

而分别与 $A'B'$,$B'C'$,$C'D''$ 交于内点 x',y',z' 的线段 $T'T''$ 是存在的.这是由于只要 $T'T''$ 交线段 $B'C'$ 于某内点 y' 时,那么由于 $A'D'B'C'$ 和 $A''C'B'D''$ 都是凸四边形,因而也必将分别交 $A'B'$ 和 $C'D''$ 于内点 x' 和 z'.而 $B'C'$ 上这样的内点 y' 是存在的,如凸四边形 $A'B'D''C'$ 的对角线的交点即是(该交点在平行四边形 $A'D'D''A''$ 的对角线 $A'D''$ 上,故可作出 $T'T''$ 通过它).

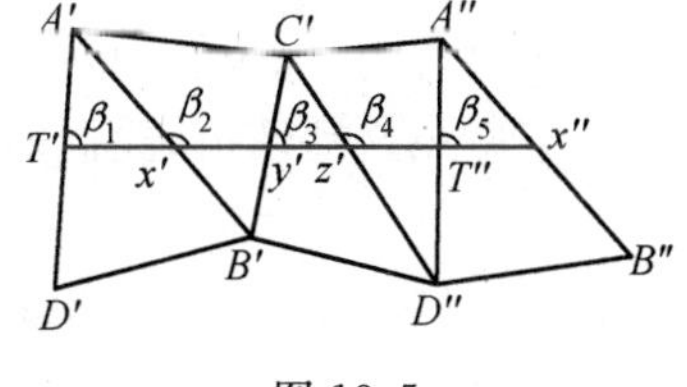

图 13.5

当我们沿 $A'D'$ 平行推移这样的线段 $T'T''$,不管推移的距离多么小,都可得到无限多的最短折线,其长度都为 $2AC \cdot \sin\frac{\alpha}{2}$.

最后,我们尚需证明 ③ 与下面的等式等价,即

$$\angle DAB+\angle BCD=\angle ABC+\angle CDA \quad ④$$

为此,设 $D'A'$,$B'A'$,$B'C'$,$D''C'$,$D''A''$ 顺时针旋转到 $T'T''$ 方向的角度分别为 β_1,β_2,β_3,β_4,β_5,如图 13.5 所示,则

$$\angle DAB=\beta_2-\beta_1,\angle ABC=\beta_2-\beta_3$$
$$\angle BCD=\beta_4-\beta_3,\angle CDA=\beta_4-\beta_5$$

若等式 ④ 成立,由上面一系列等式,可得

$$\beta_1=\beta_5,A'D' /\!/ A''D''$$

反之由 $A'D' /\!/ A''D''$,可得 $\beta_1=\beta_5$,又可推出等式 ④.

故等式 ④ 与 ③ 等价.至此,我们完全证明了题中的论断.

5 证明:对于每一个自然数 m,在平面上存在着一个有限的非空点集 S,具有如下的性质:对于 S 中的任一点 A,在 S 中恰好有 m 个点,它们和 A 的距离皆为 1.

保加利亚命题

证法 1 设 $\boldsymbol{u}_1$,$\boldsymbol{u}_2$,$\cdots$,$\boldsymbol{u}_m$ 是平面上的 m 个单位向量,作出 2^m 个向量

$$\mathbf{V}=c_1\boldsymbol{u}_1+c_2\boldsymbol{u}_2+\cdots+c_m\boldsymbol{u}_m \quad ①$$

其中,每一系数 c_i 只可取 $\frac{1}{2}$ 或 $-\frac{1}{2}$ 二值之一.如果我们适当地选取 $\boldsymbol{u}_i$,则这 2^m 个向量就组成适合题述性质的点集 S.

现在,定义 m 个形如 ① 的向量为

$$\boldsymbol{V}_i = c_1\boldsymbol{u}_1 + c_2\boldsymbol{u}_2 + \cdots + c_{i-1}\boldsymbol{u}_{i-1} + c_i\boldsymbol{u}_i + c_{i+1}\boldsymbol{u}_{i+1} + \cdots + c_m\boldsymbol{u}_m \quad ②$$

这些向量和 $\boldsymbol{V}$ 的差异只是 $\boldsymbol{u}_i$ 的系数符号不同.因 $c_i = \frac{1}{2}$ 或 $-\frac{1}{2}$,故

$$\boldsymbol{V} - \boldsymbol{V}_i = \boldsymbol{u}_i$$

从而
$$|\boldsymbol{V} - \boldsymbol{V}_i| = 1$$

即 $\boldsymbol{V}$ 和每一个 $\boldsymbol{V}_i$,它们终点的距离为 1.

如果 $\boldsymbol{V}$ 固定了,我们需要证明:

(1) 在 ② 中定义的 m 个向量是互异的;

(2) 在 S 中不能找到另一点,其相应向量 $\boldsymbol{W}$ 也满足 $|\boldsymbol{V} - \boldsymbol{W}| = 1$.

条件(1) 相当于 $\boldsymbol{V}_i - \boldsymbol{V}_j \neq 0, i \neq j$.自 ② 有

$$\boldsymbol{V}_i - \boldsymbol{V}_j = -2c_i\boldsymbol{u}_i + 2c_j\boldsymbol{u}_j$$

故只有当 $-c_i\boldsymbol{u}_i + c_j\boldsymbol{u}_j = 0$ 或 $\boldsymbol{u}_i, \boldsymbol{u}_j$ 共线时,$\boldsymbol{u}_i - \boldsymbol{u}_j$ 才会等于 0.为了避免这种情形,我们所选取的单位向量要适合如下的条件,即

$$\boldsymbol{u}_1, \boldsymbol{u}_2, \cdots, \boldsymbol{u}_m \quad ③$$

这 m 个向量两两不共线(适合上面条件的 $\boldsymbol{u}_i$ 可以归纳地选取,例如已取 $\boldsymbol{u}_1, \boldsymbol{u}_2, \cdots, \boldsymbol{u}_k$,其中两两不共线,则可取 $\boldsymbol{u}_{k+1}$ 使其异于 $\pm\boldsymbol{u}_1, \pm\boldsymbol{u}_2, \cdots, \pm\boldsymbol{u}_k$ 这 $2k$ 个向量中的任一个).

条件(2) 相当于 $|\boldsymbol{W} - \boldsymbol{V}| \neq 1$,其中 $\boldsymbol{W}$ 是任意的,不是由 ② 所定义的向量,但它的终点属于 S.因 $\boldsymbol{V}$ 和任一个 $\boldsymbol{V}_i$ 在表示式中只有一个相异的系数,所以 $\boldsymbol{W}$ 和 $\boldsymbol{V}$ 在表示式中至少要有两个相异的系数.于是这条件可写成

$$|\boldsymbol{W} - \boldsymbol{V}| = \left|\sum_{k=1}^{m} d_k\boldsymbol{u}_k\right| \neq 1, d_k \in \{-1, 0, 1\} \quad ④$$

其中,至少有两个 d_k 不等于 0.

现在我们用归纳法说明怎样选取 m 个单位向量使满足 ③ 和 ④.

若 $m = 2$,我们任取一个单位向量 $\boldsymbol{u}_1$,然后另取一个单位向量 $\boldsymbol{u}_2$,使适合如下的限制.

(1) $\boldsymbol{u}_1$ 和 $\boldsymbol{u}_2$ 不共线;

(2) $\boldsymbol{u}_2$ 的终点,异于以 $\boldsymbol{u}_1$, $-\boldsymbol{u}_1$ 的终点为圆心的两个单位圆与以原点为圆心的单位圆的四个交点.

这样所取的 $\boldsymbol{u}_1$ 和 $\boldsymbol{u}_2$ 显然满足 ③ 和 ④.

设满足③和④的 $\boldsymbol{u}_1,\boldsymbol{u}_2,\cdots,\boldsymbol{u}_{m-1}$ 已选出. 如果可以选出 $\boldsymbol{u}_m$ 使其异于任一个向量 $\sum_{i=1}^{m-1}d_i\boldsymbol{u}_i,d_i\in\{-1,0,1\}$，则 $\boldsymbol{u}_1,\boldsymbol{u}_2,\cdots,\boldsymbol{u}_m$ 满足③. 今由归纳假设

$$\boldsymbol{S}=\sum_{i=j}^{m-1}d_i\boldsymbol{u}_i\neq 0$$

如果向量 $\boldsymbol{S}+\boldsymbol{u}_m$ 的终点是以 $\boldsymbol{S}$ 的终点为圆心的单位圆和以原点为圆心的单位圆的交点之一，则 $|\boldsymbol{S}-\boldsymbol{u}_m|=1$. 对于每个 $\boldsymbol{S}$，我们可以适当地选取 $\boldsymbol{u}_m$ 使 $\boldsymbol{S}+\boldsymbol{u}_m$ 的终点不是上述两交点的任一点. 同样避免使 $|\boldsymbol{S}-\boldsymbol{u}_m|=1$. 由于终点在以原点为圆心的单位圆上的向量有无穷多个，而受到条件③和④所限制的 $\boldsymbol{u}_m$ 则是有限的，所以满足③和④的 $\boldsymbol{u}_m$ 必可选得.

证法 2 我们将对给定的自然数 m 作出一个由 2^m 个点组成的集合 S.

为此，首先在平面上考虑具有以下两条性质的矢量集合 $\{\boldsymbol{u}_1,\boldsymbol{u}_2,\cdots,\boldsymbol{u}_m\}$.

(1) $|\boldsymbol{u}_i|=\frac{1}{2}(i=1,2,\cdots,m)$；

(2) 当 $c_i\in\{-1,0,1\}$ 并且至少有两个 c_i 不为 0 时 $(1\leqslant i\leqslant m)$

$$|c_1\boldsymbol{u}_1+c_2\boldsymbol{u}_2+\cdots+c_m\boldsymbol{u}_m|$$

既不等于 0，又不等于 $\frac{1}{2}$. 其中 $|\boldsymbol{u}|$ 表示矢量 $\boldsymbol{u}$ 的长度.

上述的矢量集合可以用递归定义给出.

首先考虑由下式确定的矢量

$$\boldsymbol{u}_i=\left(x_i,\sqrt{\frac{1}{4}-x_i^2}\right),0\leqslant x_i\leqslant\frac{1}{2}$$

显然，这种矢量满足性质(1).

下面验证这种矢量是否满足性质(2).

设 $\boldsymbol{u}_1=\left(x_1,\sqrt{\frac{1}{4}-x_1^2}\right)$ 中的 x_1 已选定，并且 $0\leqslant x_1\leqslant\frac{1}{2}$.

我们证明，在区间 $\left[0,\frac{1}{2}\right]$ 中一定存在这样的 x_2，使得 $\boldsymbol{u}_2=\left(x_2,\sqrt{\frac{1}{4}-x_2^2}\right)$ 时，$|c_1\boldsymbol{u}_1+c_2\boldsymbol{u}_2|$ (其中，$c_i\in\{-1,1\},i=1,2$) 既不等于 0，又不等于 $\frac{1}{2}$. 事实上，由于

$$|c_1\boldsymbol{u}_1+c_2\boldsymbol{u}_2|^2=(c_1x_1+c_2x_2)^2+$$

$$\left(c_1\sqrt{\frac{1}{4}-x_1^2}+c_2\sqrt{\frac{1}{4}-x_2^2}\right)^2$$

中 x_1 已给定，c_1，c_2 只能取 -1 或 $+1$，因而只有有限个 x_2，使得

$$|c_1\boldsymbol{u}_1+c_2\boldsymbol{u}_2|=0$$

或

$$|c_1\boldsymbol{u}_1+c_2\boldsymbol{u}_2|=\frac{1}{2}$$

因此可以断定必存在一矢量

$$\boldsymbol{u}_2=\left(x_2,\sqrt{\frac{1}{4}-x_2^2}\right),0\leqslant x_2\leqslant\frac{1}{2}$$

使得 $|c_1\boldsymbol{u}_1+c_2\boldsymbol{u}_2|$ 既不等于 0，又不等于 $\frac{1}{2}$.

今设矢量 $\boldsymbol{u}_1,\boldsymbol{u}_2,\cdots,\boldsymbol{u}_m$ 已经给定，并且满足性质(1) 和性质(2)，我们说明，必存在一矢量

$$\boldsymbol{u}_{m+1}=\left(x_{m+1},\sqrt{\frac{1}{4}-x_{m+1}^2}\right),0\leqslant x_{m+1}\leqslant\frac{1}{2}$$

使得当 $c_i\in\{-1,0,1\}$，并且至少有两个 c_i 不为 0 时($1\leqslant i\leqslant m+1$)

$$|c_1\boldsymbol{u}_1+c_2\boldsymbol{u}_2+\cdots+c_m\boldsymbol{u}_m+c_{m+1}\boldsymbol{u}_{m+1}|$$

既不等于 0，又不等于 $\frac{1}{2}$.

$$|c_1\boldsymbol{u}_1+c_2\boldsymbol{u}_2+\cdots+c_m\boldsymbol{u}_m|$$

既不等于 0，又不等于 $\frac{1}{2}$. 其中，$|\boldsymbol{u}|$ 表示矢量 $\boldsymbol{u}$ 的长度.

上述矢量集合可以用归纳定义来作出.

首先，考虑由下式确定的矢量，即

$$\boldsymbol{u}_i=\left(\delta_i,\sqrt{\frac{1}{4}-\delta_i^2}\right),0\leqslant\delta_i\leqslant\frac{1}{2}$$

显然，这种矢量满足性质(1).

设 $\boldsymbol{u}_1=\left(\delta_1,\sqrt{\frac{1}{4}-\delta_1^2}\right)$ 中的 δ_1 已选定，并且 $0\leqslant\delta_1\leqslant\frac{1}{2}$. 现在来说明，在区间 $0\leqslant\delta_2\leqslant\frac{1}{2}$ 内一定存在这样的 δ_2，使得当取 $\boldsymbol{u}_2=\left(\delta_2,\sqrt{\frac{1}{4}-\delta_2^2}\right)$ 时，$|c_1\boldsymbol{u}_1+c_2\boldsymbol{u}_2|$（其中，$c_i\in\{-1,1\}$，$i=1,2$）既不等于 0，又不等于 $\frac{1}{2}$. 事实上，由于

$$|c_1\boldsymbol{u}_1+c_2\boldsymbol{u}_2|^2=(c_1\delta_1+c_2\delta_2)^2+\left(c_1\sqrt{\frac{1}{4}-\delta_1^2}+c_2\sqrt{\frac{1}{4}-\delta_2^2}\right)^2$$

中 δ_1 已给定，c_1，c_2 只能取 -1 或 1，因而只有有限个 δ_2，使得

$$|c_1\boldsymbol{u}_1+c_2\boldsymbol{u}_2|=0$$

或
$$|c_1\boldsymbol{u}_1+c_2\boldsymbol{u}_2|=\frac{1}{2}$$
因此可以断定必存在一矢量
$$\boldsymbol{u}_2=\left(\delta_2,\sqrt{\frac{1}{4}-\delta_2^2}\right),0\leqslant\delta_2\leqslant\frac{1}{2}$$
使得 $|c_1\boldsymbol{u}_1+c_2\boldsymbol{u}_2|$ 既不等于 0,又不等于$\frac{1}{2}$.

今设矢量 $\boldsymbol{u}_1,\boldsymbol{u}_2,\cdots,\boldsymbol{u}_m$ 已经给定,并且满足性质(1) 和性质(2).我们来说明,必存在一矢量
$$\boldsymbol{u}_{m+1}=\left(\delta_{m+1},\sqrt{\frac{1}{4}-\delta_{m+1}^2}\right),0\leqslant\delta_{m+1}\leqslant\frac{1}{2}$$
使得当 $c_i\in\{-1,0,1\}$,并且至少有两个 c_i 不为零时($1\leqslant i\leqslant m+1$)
$$|c_1\boldsymbol{u}_1+c_2\boldsymbol{u}_2+\cdots+c_m\boldsymbol{u}_m+c_{m+1}\boldsymbol{u}_{m+1}|$$
既不等于 0,又不等于$\frac{1}{2}$.

因为 $\boldsymbol{u}_1,\boldsymbol{u}_2,\cdots,\boldsymbol{u}_m$ 都是给定的矢量,并且 $c_i\in\{-1,0,1\}$,所以在区间 $0\leqslant\delta_{m+1}\leqslant\frac{1}{2}$ 内只有有限个 δ_{m+1} 使得
$$|c_1\boldsymbol{u}_1+c_2\boldsymbol{u}_2+\cdots+c_m\boldsymbol{u}_m+c_{m+1}\boldsymbol{u}_{m+1}|=0$$
或
$$|c_1\boldsymbol{u}_1+c_2\boldsymbol{u}_2+\cdots+c_m\boldsymbol{u}_m+c_{m+1}\boldsymbol{u}_{m+1}|=\frac{1}{2}$$
由此可知,必存在满足性质(1) 和(2) 的矢量 $\boldsymbol{u}_{m+1}$.这样便给出了上面所述的矢量集合.

其次,设点 M_0 为平面上的任意一个固定点,该点的矢径为 $\boldsymbol{r}_0$,又设集合 S 由下述 2^m 个点组成,这些点的矢径为
$$\boldsymbol{r}_0+\alpha_1\boldsymbol{u}_1+\cdots+\alpha_m\boldsymbol{u}_m,\alpha_i\in\{-1,1\},i=1,2,\cdots,m$$
于是,S 中的每一个点 A,对应一个 m 元有序数组$(\alpha_1,\alpha_2,\cdots,\alpha_m)$.

进而来讨论集合 S 中的点 N 与点 A 间的距离.设点 N 的矢径为
$$\boldsymbol{r}_0+\beta_1\boldsymbol{u}_1+\cdots+\beta_m\boldsymbol{u}_m$$
下面分两种情况来讨论:

i 当 m 元数组$(\beta_1,\beta_2,\cdots,\beta_m)$ 和$(\alpha_1,\alpha_2,\cdots,\alpha_m)$ 有两个或两个以上坐标不同时,则点 N 到点 A 的距离为
$$|(\alpha_1-\beta_1)\boldsymbol{u}_1+(\alpha_2-\beta_2)\boldsymbol{u}_2+\cdots+(\alpha_m-\beta_m)\boldsymbol{u}_m|=$$
$$2|c_1\boldsymbol{u}_1+c_2\boldsymbol{u}_2+\cdots+c_m\boldsymbol{u}_m|$$
其中,$c_i\in\{-1,0,1\}$,并且至少有两个不为零,故由性质(2) 可知,此时点 N 到点 A 的距离既不等于 0,又不等于 1.

ii 当 m 元数组$(\beta_1,\beta_2,\cdots,\beta_m)$ 和$(\alpha_1,\alpha_2,\cdots,\alpha_m)$ 仅有一个坐标不同时,则由性质(1) 和(2) 可知,点 N 到点 A 的距离为

$$|(\alpha_1-\beta_1)\boldsymbol{u}_1+(\alpha_2-\beta_2)\boldsymbol{u}_2+\cdots+(\alpha_m-\beta_m)\boldsymbol{u}_m|=$$
$$2|\boldsymbol{u}_i|=2\times\frac{1}{2}=1$$

又易知这样的 m 元数组 $(\beta_1,\beta_2,\cdots,\beta_m)$ 仅有 m 个，从而矢径为 $\boldsymbol{r}_0+\beta_1\boldsymbol{u}_1+\cdots+\beta_m\boldsymbol{u}_m$ 的点 N 也仅有 m 个.

这样就证明了，在 S 中有且仅有 m 个点到点 A 的距离为 1.

6 设 $\boldsymbol{A}=(a_{ij})(i,j=1,2,\cdots,n)$ 是以非负整数为元素的正方矩阵，又设对于任何一个 $a_{ij}=0$，其第 i 行与第 j 列诸元素的和大于等于 n. 求证：这正方矩阵的所有元素之和大于等于 $\frac{n^2}{2}$.

瑞典命题

证法 1　以 R_i 与 C_j 分别表示正方矩阵 $\boldsymbol{A}=(a_{ij})$ 中第 i 行与第 j 列诸元素之和，即

$$R_i=\sum_{j=1}^{n}a_{ij},i=1,2,\cdots,n$$
$$C_j=\sum_{i=1}^{n}a_{ij},j=1,2,\cdots,n$$

设 p 表示所有这些 R_i 与 C_j 的最小者，即

$$p=\min_{i,j}\{R_i,C_j\}$$

i　设 $p\geqslant\frac{n}{2}$，则正方矩阵中所有元素的和 S 至少是 $np\geqslant n\left(\frac{n}{2}\right)$，故 $S\geqslant\frac{n^2}{2}$，其论断是真的.

ii　设 $p<\frac{n}{2}$. 如果必要的话，我们把行与列交换并重新排列诸行使第一行诸元素的和为 p，又如必要的话，我们重新排列诸列使第一行首 q 个元素均非零而其余 $n-q$ 个元素均为零. 在而后以零为首元素的 $n-q$ 列中，每一列诸元素的和加上第一行诸元素的和 p，根据假设它大于等于 n. 故每列诸元素的和大于等于 $n-p$. 由此可知，$n-q$ 列所有元素的和大于等于 $(n-p)(n-q)$. 又首 q 列各元素的和至少是 pq. 所以正方矩阵 $\boldsymbol{A}$ 所有元素的和满足

$$S\geqslant(n-p)(n-q)+pq=n^2-np-nq+2pq=$$
$$\frac{1}{2}n^2+\frac{1}{2}(n-2p)(n-2q)$$

今从假设 $p<\frac{n}{2}$，得 $n-2p>0$. 又第一行中元素为正整数的个数不会多于 $\frac{n}{2}$，否则它们的和将会大于等于 $\frac{n}{2}$，与假设矛盾，这就是

说 $q \leqslant \frac{n}{2}$，或 $n-2q \geqslant 0$，于是得 $S \geqslant \frac{n^2}{2}$.

证法2 首先，同证法1一样，仍用 p 记所有行与列的元素和中最小的值，且不失一般性，设第一行的和为 p，且第一行恰有最前面的 q 个元素异于0.

如果 $\mathbf{A}$ 中所有元素的和

$$S < \frac{1}{2}n^2 = n \cdot \frac{n}{2}$$

那么必有 $p < \frac{n}{2}$. 由此，$q \leqslant p < \frac{n}{2}$.

但前面 q 列的所有元素的和至少是 pq，故后面 $n-q$ 列的所有元素的和应小于 $\frac{1}{2}n^2 - pq$. 于是，后面 $n-q$ 列元素中，至少有一列（不妨设是 $q+k$ 列，$1 \leqslant k \leqslant n-q$）的元素之和

$$a_{1,q+k} + a_{2,q+k} + \cdots + a_{n,q+k} < \frac{\frac{1}{2}n^2 - pq}{n-q}$$

而由 $p < \frac{n}{2}$，$q < \frac{n}{2}$ 可得

$$\frac{1}{2}n^2 - pq - (n-q)(n-p) = -\frac{1}{2}n^2 + np + nq - 2pq = -\frac{1}{2}(n-2p)(n-2q) < 0$$

所以 $$\frac{\frac{1}{2}n^2 - pq}{n-q} < n-p$$

于是 $$a_{1,q+k} + a_{2,q+k} + \cdots + a_{n,q+k} < n-p$$

$$a_{11} + a_{12} + \cdots + a_{1n} + a_{1,q+k} + a_{2,q+k} + \cdots + a_{n,q+k} < n$$

注意到 $a_{1,q+k} = 0$，即知上述结果与题设矛盾. 这就是说，$S < \frac{1}{2}n^2$ 是不可能的，故 $S \geqslant \frac{1}{2}n^2$.

第 13 届国际数学奥林匹克英文原题

The thirteenth International Mathematical Olympiad was held from July 10th to July 21st 1971 in the cities of Bratislava and Zilina.

1 Prove that the proposition: for any real numbers a_1, $a_2, \cdots, a_n$ the following inequality holds

$$(a_1-a_2)(a_1-a_3)\cdots(a_1-a_n)+$$
$$(a_2-a_1)(a_2-a_3)\cdots(a_2-a_n)+\cdots+$$
$$(a_n-a_1)(a_n-a_2)\cdots(a_n-a_{n-1})\geqslant 0$$

is true for $n=3$ or $n=5$. But it is not true for any other positive integer $n, n>2$.

(Hungary)

2 Let P_1 be a convex polyhedron with vertices in the points $A_1, A_2, \cdots, A_9$. The translations which transform the point A_1 in the points $A_2, A_3, \cdots, A_9$ transform P_1 in the polyhedrons $P_2, P_3, \cdots, P_9$, respectively.

Prove that there exist two polyhedrons in the set $\{P_1, P_2, \cdots, P_9\}$ which have a common interior point.

(USSR)

3 Prove that the sequence $\{2^n-3 \mid n=2,3,\cdots\}$ contains infinitely many pairs of relatively prime numbers.

(Poland)

4 Let $ABCD$ be a tetrahedron whose faces are acute triangles. Let us consider all closed polygonal lines $XYZTX$ where X, Y, Z, T are interior points on the segments AB, BC, CD, DA, respectively.

Prove the following properties:

a) if $\angle DAB+\angle BCD\neq\angle ABC+\angle CDA$ then does not exist a closed polygonal line of minimum length;

(Netherlands)

b) if $\angle DAB+\angle BCD=\angle ABC+\angle CDA$ then there exist infinitely many polygonal lines of minimum length and the minimum length of these lines is $2AC\sin\frac{\alpha}{2}$, where

$$\alpha=\angle BAC+\angle CAD+\angle DAB$$

(Netherlands)

5 Prove that for any positive integer m, there exists a finite set S of points in the plane such that for any point $A, A\in S$, there exist exactly points m in S at distance 1 apart from A.

(Bulgaria)

6 Let

$$\begin{matrix} a_{11} & a_{12} & \cdots & a_{1n} \\ a_{21} & a_{22} & \cdots & a_{2n} \\ \vdots & \vdots & & \vdots \\ a_{n1} & a_{n2} & \cdots & a_{nn} \end{matrix}$$

(Sweden)

be a square array of nonnegative integers. Suppose that if $a_{ij}=0$ then

$$a_{i1}+a_{i2}+\cdots+a_{in}+a_{1j}+a_{2j}+\cdots+a_{nj}\geqslant n$$

Show that the sum of elements of the array is at least $\frac{1}{2}n^2$.

第 13 届国际数学奥林匹克各国成绩表

1971，捷克斯洛伐克

名次	国家或地区	分数（满分 320）	奖牌 金牌	银牌	铜牌	参赛队人数
1.	匈牙利	255	4	4	—	8
2.	苏联	205	1	5	2	8
3.	德意志民主共和国	142	1	1	4	8
4.	波兰	118	1	—	4	8
5.	罗马尼亚	110	—	1	4	8
6.	英国	110	—	1	4	8
7.	奥地利	82	—	—	4	8
8.	南斯拉夫	71	—	—	2	8
9.	捷克斯洛伐克	55	—	—	1	8
10.	荷兰	48	—	—	2	8
11.	瑞典	43	—	—	2	7
12.	保加利亚	39	—	—	—	8
13.	法国	38	—	—	—	8
14.	蒙古	26	—	—	—	8
15.	古巴	9	—	—	—	4

第 13 届国际数学奥林匹克预选题

捷克斯洛伐克,1971

1 在坐标系中由 $0<i\leqslant n,0<j\leqslant m,m\leqslant n$ 给出了一组格点 $S(i,j)$,求以下正方形或矩形的数目

(1) 以上述格点为顶点边平行于坐标轴的矩形;

(2) 以上述格点为顶点边平行于坐标轴的正方形;

(3) 以上述格点为顶点的正方形的总数.

2 用 $s(n)=\sum\limits_{d\mid n}d$ 表示自然数 n 的因数的和(包括 1 和 n).

如果 n 至多有 5 个不同的素因子,证明 $s(n)<\frac{77}{16}n$,同时证明存在使得 $s(n)>\frac{77}{16}n$ 的自然数 n.

3 设 a,b,c 是正实数,$0<a\leqslant b\leqslant c$. 证明对任意正实数 x,y,z 成立以下不等式

$$(ax+by+cz)\left(\frac{x}{a}+\frac{y}{b}+\frac{z}{c}\right)\leqslant(x+y+z)^2\ \frac{(a+c)^2}{4ac}$$

4 设 $x_n=2^{2^n}+1$,并设 m 是 $x_2,x_3,\cdots,x_{1\,971}$ 的最小公倍数. 求 m 的末位数.

5 原题:考虑多项式的序列 $X_0(x),X_1(x),X_2(x),\cdots,X_n(x),\cdots$,其中 $X_0(x)=2,X_1(x)=x$,且对每个 $n\geqslant1$ 成立 $X_n(x)=\frac{1}{x}(X_{n+1}(x)+X_{n-1}(x))$,证明对所有的 $n\geqslant0$,$(x^2-4)[X_n^2(x)-4]$ 是一个多项式的平方.

第二轮预选题正式题:考虑多项式的序列 $P_0(x)$,$P_1(x),P_2(x),\cdots,P_n(x),\cdots$,其中 $P_0(x)=2,P_1(x)=x$,且对每个 $n\geqslant1$ 成立

$$P_{n+1}(x)+P_{n-1}(x)=xP_n(x)$$

证明对每个 $n\geqslant1$,存在三个实数 a,b,c 使得

$$(x^2-4)[P_n^2(x)-4]=[aP_{n+1}(x)+bP_n(x)+cP_{n-1}(x)]^2 \quad ①$$

证明 方法1:假设 ① 中的 a,b,c 存在,我们先求出它们的值应是什么. 由于 $P_2(x)=x^2-2$,所以当 $n=1$ 时,方程 ① 成为 $(x^2-4)^2=[a(x^2-2)-bx+2c]^2$. 因而 (a,b,c) 只有两个可能的解:$(1,0,-1)$ 和 $(-1,0,1)$. 在两种情况下我们都必须证明

$$(x^2-4)[P_n(x)^2-4]=[P_{n+1}(x)-P_{n-1}(x)]^2 \quad ②$$

只需对区间 $[-2,2]$ 中所有的 x 证明 ② 即可. 在此区间中,我们可设对某个实数 t,$x=2\cos t$. 我们用归纳法证明对所有的 n

$$P_n(x)=2\cos nt \quad ③$$

对 $n=0,1$,这是平凡的. 假设对 $n-1$ 和 n,式 ③ 成立. 那么

$$P_{n+1}(x)=4\cos t\cos nt-2\cos(n-1)t=2\cos(n+1)t$$

这就完成了归纳法.

现在 ② 已成为一个显然正确的等式

$$16\sin^2 t\sin^2 nt=(2\cos(n+1)t-2\cos(n-1)t)^2$$

方法 2:如果 x 是固定的,那么线性递推关系 $P_{n+1}(x)+P_{n-1}(x)=xP_n(x)$ 可以用标准方法解出. 特征多项式 t^2-xt+1 有两个根 $t_{1,2}$ 满足关系 $t_1+t_2=x,t_1t_2=1$,因此一般的 $P_n(x)$ 具有形式 $at_1^n+bt_2^n$,其中 a,b 是某两个常数. 从 $P_0=2$ 和 $P_1=x$,我们得出

$$P_n(x)=t_1^n+t_2^n$$

利用上式和 $t_1t_2=1$,我们容易验证 ②.

❻ 设在 $\triangle ABC$ 的边 BC,CA,AB 上各向外作一个正方形,而 A_1,B_1,C_1 分别是它们的中心. 再对 $\triangle A_1B_1C_1$ 施行类似的作法又得到一个 $\triangle A_2B_2C_2$. 如果用 S,S_1,S_2 分别表示 $\triangle ABC,\triangle A_1B_1C_1,\triangle A_2B_2C_2$ 的面积,证明 $S=8S_1-4S_2$.

❼ 在 $\triangle ABC$ 中,设 H 表示它的垂心,O 表示它的外接圆心,R 表示它的外接圆半径,证明:

(1) $|OH|=R\sqrt{1-8\cos\alpha\cos\beta\cos\gamma}$,其中 α,β,γ 是 $\triangle ABC$ 的角;

(2) 当且仅当 ABC 是等边三角形时,$O\equiv H$.

8 原题:证明对每个自然数 $n \geqslant 1$ 都存在平面上不同的点组成的无限点列 $M_1, M_2, \cdots, M_k, \cdots$,使得对所有的 i 都恰有 n 个到 M_i 的距离为 1 的点.

正式竞赛题:证明每个自然数 $m \geqslant 1$,都存在平面上的满足以下条件的有限点集 S_m:如果 A 是 S_m 中的任意一个点,那么在 S_m 中恰存在 m 个点,它们到 A 的距离等于 1.

证明 我们首先构造一个有 2^m 个点的那种集合.

在平面上取向量 $\boldsymbol{u}_1, \boldsymbol{u}_2, \cdots, \boldsymbol{u}_m$ 使得对任意选择的 c_i 有 $|\boldsymbol{u}_i| = \frac{1}{2}$,以及

$$|c_1\boldsymbol{u}_1 + c_2\boldsymbol{u}_2 + \cdots + c_n\boldsymbol{u}_n| \neq 0, \frac{1}{2}$$

其中 c_i 等于 0 或 ± 1. 对 m 用归纳法易于构造那种向量:对固定的 $\boldsymbol{u}_1, \cdots, \boldsymbol{u}_{m-1}$,只有有限个向量不满足上面的条件,因而我们可选任意其他长度等于 $\frac{1}{2}$ 的向量作为 $\boldsymbol{u}_m$.

设 S_m 是所有形如 $M_0 + \varepsilon_1\boldsymbol{u}_1 + \varepsilon_2\boldsymbol{u}_2 + \cdots + \varepsilon_m\boldsymbol{u}_m$ 的点的集合,其中 $\varepsilon_i = \pm 1, i = 1, 2, \cdots, m$,那么显然 S_m 满足问题的条件.

9 斜棱柱的底是 $\triangle ABC$,其一个顶点的正射影 B_1 是 BC 的中点. 它的过 BC 和 AB 的侧面所夹的二面角是 α,而棱柱的侧棱和底所夹的角是 β. 如果 r_1, r_2, r_3 是棱柱的竖直截面的旁切圆半径,并设在 $\triangle ABC$ 中,$\cos^2 A + \cos^2 B + \cos^2 C = 1$,$\angle A < \angle B < \angle C$ 且 $BC = a$,计算 $r_1r_2 + r_1r_3 + r_2r_3$.

10 在国际象棋盘中有多少种摆放三个骑士的方法,使得它们所能控制的格子最多?

11 证明 $n!$ 不可能是任何自然数的平方(译者注:除了 $n = 1$).

12 给了 n 个数 $x_1, x_2, \cdots, x_n$ 使得

$$x_1 = \log_{x_{n-1}} x_n, x_2 = \log_{x_n} x_1, \cdots, x_n = \log_{x_{n-2}} x_{n-1}$$

证明 $\prod_{k=1}^{n} x_k = 1$.

13 一个火星人,一个金星人和一个地球人都住在冥王星上. 有一天他们有一场谈话如下:

火星人:我在冥王星上已过了一生的$\frac{1}{12}$;

地球人:我也是;

金星人:我也是;

火星人:但是金星人和我在这都比你住的长,地球人;

地球人:没错,然而金星人和我的年龄一样;

金星人:是的,我已经在地球上活了 300 年;

火星人:金星人和我都在冥王星上住了 13 年.

已知地球人和火星人加起来已活了 104 个地球年,求火星人,金星人和地球人的年龄.(原书注:问题中的数不一定以 10 为底)

14 注意 $8^3-7^3=169=13^2$,而 $13=2^2+3^2$. 证明如果两个连续的数的立方的差是一个数的平方,那么这个数本身又是两个连续数的平方和.

15 设 $ABCD$ 是一个凸四边形,其对角线在 O 点相交成 θ 角. 设 $OA=a$,$OB=b$,$OC=c$ 以及 $OD=d$,$c>a>0$,$d>b>0$.

证明如果存在一个具有以下性质的顶点为 V 的直圆锥:

(1) 其轴通过 O;

(2) 其锥面过 A,B,C 和 D,那么

$$OV^2=\frac{d^2b^2(c+a)^2-c^2a^2(d+b)^2}{ca(d-b)^2-db(c-a)^2}$$

同时证明如果$\frac{c+a}{d+b}$介于$\frac{ca}{db}$和$\sqrt{\frac{ca}{db}}$之间,并且$\frac{c-a}{d-b}=\frac{ca}{db}$,那么对适当选择的 θ,必存在一个具有性质(1) 和(2) 的直圆锥.

16 原题:给了两个(相交) 的圆和一个点 P. 通过这点可作一条直线使得它在这两个圆上截出两条相等的弦. 描述用圆规和直尺作出这条直线的作法并证明这一作法是正确的.

第二轮预选题正式题:在平面上给了两个互相外切的圆,其半径分别为 r_1 和 r_2. 一条直线交这两个圆于四个点,它们确定了三条相等的线段. 求出作为 r_1 和 r_2 的函数的这些线段的长度以及问题有解的条件.

证明 在平面上建立一个坐标系,使得 x 轴通过两圆的圆心,而 y 轴是它们的公切线. 那么在此坐标系中,两圆的方程分别是

$$x^2+y^2+2r_1x=0,x^2+y^2-2r_2x=0$$

设所需直线 p 的方程为 $y=ax+b$,那么 p 和两圆的交点的横坐标满足以下方程之一

$$(1+a^2)x^2+2(ab+r_1)x+b^2=0$$

$$(1+a^2)x^2+2(ab-r_2)x+b^2=0$$

设用 d 和 d_1 分别表示所截出的弦的长度以及它们在 x 轴上的投影的长度.从以上方程得出

$$d_1^2=\frac{4\ (ab+r_1)^2}{(1+a^2)^2}-\frac{4b^2}{1+a^2}=\frac{4\ (ab-r_2)^2}{(1+a^2)^2}-\frac{4b^2}{1+a^2} \qquad ①$$

考虑 p 和 y 轴的交点.这个点对两个圆有相等的幂,因此如果设那个点在 p 上所分的两条由两个圆所确定的线段的长度分别是 x 和 y,则上述相等的幂就是 $x(x+d)=y(y+d)$,这蕴含 $x=y=\frac{d}{2}$.那样,① 中的每个方程都有两个根,其中一个是另一个的三倍.由此得出 $(ab+r_1)^2=\frac{4(1+a^2)b^2}{3}$.从 ① 和此式子得出

$$ab=\frac{r_2-r_1}{2},4b^2+a^2b^2=3[(ab+r_1)^2-a^2b^2]=3r_1r_2$$

$$a^2=\frac{4\ (r_2-r_1)^2}{14r_1r_2-r_1^2-r_2^2},b^2=\frac{14r_1r_2-r_1^2-r_2^2}{16}$$

$$d_1^2=\frac{(14r_1r_2-r_1^2-r_2^2)^2}{36\ (r_1+r_2)^2}$$

最后,由于 $d^2=d_1^2(1+a^2)$,我们就得出

$$d^2=\frac{1}{12}(14r_1r_2-r_1^2-r_2^2)$$

而此问题当且仅当 $7-4\sqrt{3}\leqslant\frac{r_1}{r_2}\leqslant 7+4\sqrt{3}$ 时有解.

17 原题:求方程组

$$x+y+z=3$$

$$x^3+y^3+z^3=15$$

$$x^5+y^5+z^5=83$$

的所有的解.

第二轮预选题正式题:已知方程组

$$x+y+z=3$$

$$x^3+y^3+z^3=15$$

$$x^4+y^4+z^4=35$$

有一个使得 $x^2+y^2+z^2<10$ 的实数解 x,y,z,求 $x^5+y^5+z^5$ 的值.

解 设 x,y,z 是方程组使得 $x^2+y^2+z^2=\alpha<10$ 的解.那么

$$xy+yz+zx=\frac{(x+y+z)^2-(x^2+y^2+z^2)}{2}=\frac{9-\alpha}{2}$$

此外

$$3xyz=x^3+y^3+z^3-(x+y+z)(x^2+y^2+z^2-xy-yz-zx)$$

由此可得

$$xyz=\frac{3(9-\alpha)}{2}-4$$

现在我们有

$$35=x^4+y^4+z^4=(x^3+y^3+z^3)(x+y+z)-(x^2+y^2+z^2)(xy+yz+zx)+xyz(x+y+z)=45-\frac{\alpha(9-\alpha)}{2}+\frac{9(9-\alpha)}{2}-12$$

上面的关于 α 的方程的解是 $\alpha=7$ 和 $\alpha=11$.因此 $\alpha=7$,$xyz=-1$,$xy+yz+zx=1$,并且

$$x^5+y^5+z^5=(x^4+y^4+z^4)(x+y+z)-(x^3+y^3+z^3)(xy+yz+zx)+xyz(x^2+y^2+z^2)=35\times 3-15\times 1+7\times(-1)=83$$

18 设 $a_1,a_2,\cdots,a_n$ 都是正数.$m_g=(a_1a_2\cdots a_n)^{\frac{1}{n}}$ 是它们的几何平均,而 $m_a=\frac{a_1+a_2+\cdots+a_n}{n}$ 是它们的算数平均.证明

$$(1+m_g)^n\leqslant(1+a_1)\cdots(1+a_n)\leqslant(1+m_a)^n$$

19 在 $\triangle P_1P_2P_3$ 中设 P_iQ_i 是从 $P_i(i=1,2,3)$ 发出的高(Q_i 是高的垂足).以 P_iQ_i 为直径的圆和两个对应的边相交于两个与 P_i 不同的点.用 l_i 表示以这两个点为端点的线段的长度,证明 $l_1=l_2=l_3$.

20 设 M 是 $\triangle ABC$ 的外接圆圆心,通过点 M 并垂直于 CM 的直线分别和 CA 与 CB 相交于两点 Q 和 P.证明

$$\frac{\overline{CP}}{\overline{CM}}\cdot\frac{\overline{CQ}}{\overline{CM}}\cdot\frac{\overline{AB}}{\overline{PQ}}=2$$

21 设 a,b,c,d,e 是实数,证明下面的表达式是非负的

$$\begin{aligned}&(a-b)(a-c)(a-d)(a-e)+\\&(b-a)(b-c)(b-d)(b-e)+\\&(c-a)(c-b)(c-d)(c-e)+\\&(d-a)(d-b)(d-c)(d-e)+\\&(e-a)(e-b)(e-c)(e-d)\end{aligned}$$

证明 不失一般性,可设 $a\geqslant b\geqslant c\geqslant d\geqslant e$,那么

$$a-b=-(b-a)\geqslant 0,a-c\geqslant b-c\geqslant 0$$
$$a-d\geqslant b-d\geqslant 0,a-e\geqslant b-e\geqslant 0$$

因此

$$\begin{aligned}&(a-b)(a-c)(a-d)(a-e)+\\&(b-a)(b-c)(b-d)(b-e)\geqslant 0\end{aligned}$$

类似地

$$\begin{aligned}&(d-a)(d-b)(d-c)(d-e)+\\&(e-a)(e-b)(e-c)(e-d)\geqslant 0\end{aligned}$$

最后,作为两个非负数的乘积

$$(c-a)(c-b)(c-d)(c-e)\geqslant 0$$

由此就得出问题中要证的不等式.

原书注:提交给 IMO 的另一个备选题是证明对任意实数 a_i,类似的不等式

$$\begin{aligned}&(a_1-a_2)(a_1-a_3)\cdots(a_1-a_n)+\\&(a_2-a_1)(a_2-a_3)\cdots(a_2-a_n)+\cdots+\\&(a_n-a_1)(a_n-a_2)\cdots(a_n-a_{n-1})\geqslant 0\end{aligned}$$

当且仅当 $n=3$ 或 $n=5$ 时成立.

$n=3$ 的情况类似于 $n=5$ 的情况. 对 $n=4$,一个反例是 $a_1=0$,$a_2=a_3=a_4=1$,而对 $n>5$,可取 $a_1=a_2=\cdots=a_{n-4}=0$,$a_{n-3}=a_{n-2}=a_{n-1}=2$,$a_n=1$ 作为反例.

22 给了一个 $n\times n$ 的方格表,其中 n 是奇数. 在表的每个方格中写上 $+1$ 或 -1. 设 a_k 和 b_k 分别表示第 k 行和第 k 列中所有的数的乘积. 证明和

$$a_1+a_2+\cdots+a_n+b_1+b_2+\cdots+b_n$$

不可能等于 0.

23 求出方程

$$x^2+y^2=(x-y)^3$$

的所有整数解.

24 设 A,B,C 分别表示一个三角形的三个角.如果

$$\sin^2 A+\sin^2 B+\sin^2 C=2$$

证明这个三角形是直角三角形.

25 设 $\triangle ABC,\triangle AA_1A_2,\triangle BB_1B_2,\triangle CC_1C_2$ 是平面上四个正定向的(即顺时针方向的)等边三角形.分别用 P,Q,R 表示线段 A_2B_1,B_2C_1,C_2A_1 的中点.证明 $\triangle PQR$ 也是等边的.

26 在坐标系的第一象限中给出了有限个边平行于坐标轴,并且均以原点为其一个顶点的格点矩形(即这些矩形的顶点坐标为$(0,0),(p,0),(p,q),(0,q)$,其中 p,q 为正整数).证明其中必存在两个矩形,使得一个矩形包含另一个矩形.

27 设 $n(n\geqslant 2)$ 是一个自然数,又给了一个正 2^n 边形,找出一种给此多边形的每一个顶点标上一个自然数的方法,满足以下条件:

(1) 只使用数字 1 和 2;

(2) 每个数恰由 n 个数字组成;

(3) 每个顶点所标的数字都不同;

(4) 相邻的顶点所标的数只有一个数字不同.

证明 对 n 作归纳法.对 $n=2$,下述标记数的方法就满足条件(1)到(4):$C_1=11,C_2=12,C_3=22,C_4=21$.

设 $n>2$,并设对正 2^{n-1} 边形,按照转圈循环的顺序已标记了符合条件(1)到(4)的数 $C_1,C_2,\cdots,C_{2^{n-1}}$,那么我们可对正 2^n 边形的顶点按照下述方式以轮环的顺序标记数

$$\overline{1C_1},\overline{1C_2},\cdots,\overline{1C_{2^{n-1}}},\overline{2C_{2^{n-1}}},\cdots,\overline{2C_2},\overline{2C_1}$$

条件(1),(2)显然成立,而条件(3)和(4)可从归纳法假设得出.

28 原题：给了一个四面体 $ABCD$. 用 α 表示四面体在顶点 A 处的角度（即 $\angle BAC$，$\angle CAD$，$\angle DAB$）之和，类似地可定义 β，γ，δ. 设 P，Q，R，S 是四面体棱上变动的点：P 在 AD 上，Q 在 BD 上，R 在 BC 上. 而 S 在 AC 上且这些点均不与四面体的顶点重合. 证明：

(1) 如果 $\alpha+\beta\neq 2\pi$，那么 $PQ+QR+RS+SP$ 没有最小值；

(2) 如果 $\alpha+\beta=2\pi$，那么

$$AB\sin\frac{\alpha}{2}=CD\sin\frac{\gamma}{2}$$

并且

$$PQ+QR+RS+SP\geqslant 2AB\sin\frac{\alpha}{2}$$

正式竞赛题：四面体 $ABCD$ 的所有的面都是锐角三角形，设

$$\sigma=\angle DAB+\angle BCD-\angle ABC-\angle CDA$$

考虑顶点 X，Y，Z，T 分别在线段 AB，BC，CD，DA 内部的闭折线 $XYZTX$，证明：

(1) 如果 $\sigma\neq 0$，那么不存在长度最小的折线 $XYZT$；

(2) 如果 $\sigma=0$，那么存在无限条长度最小的那种折线，其长度等于 $2AC\sin\frac{\alpha}{2}$，其中

$$\alpha=\angle BAC+\angle CAD+\angle DAB$$

证明 (1) 设 X，Y，Z 是线段 AB，BC，CD 上固定的点. 那么可用标准的方法证明，如果 $\angle ATX\neq\angle ZTD$，则 $ZT+TX$ 可减小. 由此得出如果折线 $XYZTX$ 存在最小长度，那么下述条件必须成立

$$\angle DAB=\pi-\angle ATX-\angle AXT$$

$$\angle ABC=\pi-\angle BXY-\angle BYX=\pi-\angle AXT-\angle CYZ$$

$$\angle BCD=\pi-\angle CYZ-\angle CZY$$

$$\angle CDA=\pi-\angle DTZ-\angle DZT=\pi-\angle ATX-\angle CZY$$

因此 $\sigma=0$.

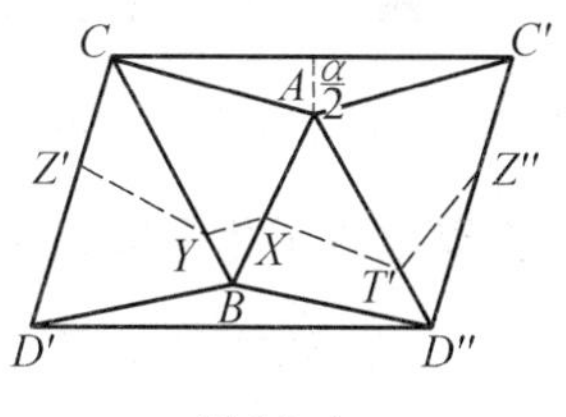

图 13.6

(2) 现在设 $\sigma=0$. 我们沿着棱 AC，CD 和 DB 把四面体割开，并将四面体展成一个平面. 考虑所获得的由 $\triangle BCD'$，$\triangle ABC$，$\triangle ABD''$ 和 $\triangle AC'D''$ 组成的平面图形 $S=ACD'BD''C'$，其中 Z'，T'，Z'' 分别在 CD'，AD''，$C'D''$ 上（其中 C' 对应于 C，等等）. 如图 13.6，由于有向角

$$\angle C'D''A+\angle D''AB+\angle ABC+\angle BCD'=0(\sigma=0)$$

因此线段 CD' 和 $C'D''$ 平行且有向相等，即 $CD'D''C'$ 是平行四边形.

当且仅当 Z''，T'，X，Y，Z' 共线时（其中 $Z'Z'' \parallel CC'$），折线 $XYZTX$ 有最小值，且这个最小值等于 $Z'Z''=CC'=2AC\sin\frac{\alpha}{2}$. 有无限条那种路线，每一条这种路线 $Z'Z''$ 都平行于 CC' 且和线段 CB，BA，AD'' 相交于位于它们内部的点. 存在那种 $Z'Z''$，实际上，$\triangle CAB$ 和 $\triangle D''AB$ 都是锐角三角形，因此线段 AB 和平行四边形 $CD'D''C'$ 有公共内点. 这就得出了所要的结果.

29 给了一个菱形和其内切圆. 在菱形的每个顶点作一个圆和内切圆以及菱形的两条边相切，这些圆的半径为 r_1，r_2，而内切圆的半径为 r. 设 r_1 和 r_2 都是自然数且 $r_1r_2=r$. 求 r_1，r_2 和 r.

30 证明方程组

$$2yz+x-y-z=a$$
$$2xz-x+y-z=a$$
$$2xy-x-y+z=a$$

不可能有 5 组不同的解，其中 a 是一个参数. 对 a 取什么值，方程组有 4 组不同的整数解？

31 确定是否存在不同的实数 a，b，c，t 使得：

(1) 方程 $ax^2+btx+c=0$ 有两个不同的实根 x_1，x_2；

(2) 方程 $bx^2+ctx+a=0$ 有两个不同的实根 x_2，x_3；

(3) 方程 $cx^2+atx+b=0$ 有两个不同的实根 x_3，x_1.

解 设 a，b，c，t 满足所有的条件. 那么 $abc\neq 0$，并且

$$x_1x_2=\frac{c}{a},x_2x_3=\frac{a}{b},x_3x_1=\frac{b}{c}$$

将以上式子相乘得到 $x_1^2x_2^2x_3^2=1$，因而 $x_1x_2x_3=\varepsilon=\pm 1$. 由此得出

$$x_1=\frac{\varepsilon b}{a},x_2=\frac{\varepsilon c}{b},x_3=\frac{\varepsilon a}{c}$$

把 x_1 代入第一个方程得出 $\frac{ab^2}{a^2}+\frac{t\varepsilon b^2}{a}+c=0$，这给出

$$b^2(1+t\varepsilon)=-ac \qquad ①$$

类似地有

$$c^2(1+t\varepsilon)=-ab \text{ 和 } a^2(1+t\varepsilon)=-bc$$

因此

$$(1+t\varepsilon)^3=-1$$

由于式子中的数都是实数，故 $1+t\varepsilon=-1$，这个式子和 ① 一起蕴含

$$b^2=ac,c^2=ab,a^2=bc$$

因此

$$a=b=c$$

这样，问题中的三个方程都相等，这是不可能的，因而题中要求的 a,b,c,t 不存在.

32 两条从点 O 发出的半直线 a 和 b 相交成 α 角，设 a 上一点 A 和 b 上一点 B 使得 $OA=OB$，设 b' 是通过 A 平行于 b 的直线，Γ 是以 B 为圆心，BO 为半径的圆. 按照以下方式在角 α 内作半直线的叙列 $c_1,c_2,c_3,\cdots$.

(1) c_1 是任意给定的；

(2) 对每个自然数 k，圆 Γ 交 c_k 于一个和被 a 与 c_{k+1} 在 b' 上截出来的线段长度相等的线段.

证明当 k 趋于无穷时 c_k 和 b 所夹的角有极限并求出这个极限.

33 给了一个 $2n\times 2n$ 的网格，考虑所有可能的从网格中心到边界的由网格线组成的路径使得：

(1) 路径所经过的格点不超过一次；

(2) 每一个以网格中心为中心的和网格相似的正方形都只经过一次.

现解以下问题：

(1) 证明所有那种路径的总数是 $4\sum\limits_{i=2}^{n}(16i-9)$；

(2) 求出所有把网格分成两个全等图形的路径的总数；

(3) 有多少个把网格分成四个全等图形的四叉路径？

34 设 $T_k=k-1,k=1,2,3,4$

$$T_{2k-1}=T_{2k-2}+2^{k-2},T_{2k}=T_{2k-5}+2^k,k\geqslant 3$$

证明对所有的 k 有

$$1+T_{2n-1}=\left[\frac{12}{7}2^{n-1}\right],1+T_{2n}=\left[\frac{17}{7}2^{n-1}\right]$$

其中 $[x]$ 表示不超过 x 的最大整数.

证明 用归纳法. 由于 $T_1=0,T_2=1,T_3=2,T_4=3,T_5=5,T_6=8$，故命题对 $n=1,2,3$ 成立. 设两个公式对 $n\geqslant 3$ 成立. 那么

$$T_{2n+1}=1+T_{2n}+2^{n-1}=\left[\frac{17}{7}2^{n-1}+2^{n-1}\right]=\left[\frac{12}{7}2^{n}\right]$$

$$T_{2n+2}=1+T_{2n-3}+2^{n+1}=\left[\frac{12}{7}2^{n-2}+2^{n+1}\right]=\left[\frac{17}{7}2^{n}\right]$$

因此公式对 $n+1$ 也成立，这就完成了归纳法.

35 证明序列 $2^n-3(n>1)$ 包含一个两两互素的子序列.

证明 用归纳法. 设在 $a_1=2^{n_1}-3, a_2=2^{n_2}-3, \cdots, a_k=2^{n_k}-3$，其中 $2=n_1<n_2<\cdots<n_k$ 中，每两个数都互素. 则我们可用下述方法构造数 $a_{k+1}=2^{n_{k+1}}-3$.

设 $s=a_1a_2\cdots a_k$，在数 $2^0, 2^1, \cdots, 2^s$ 中，必有两个数对 s 同余. 比如说 $s\mid 2^\alpha-2^\beta$. 由于 s 是奇数，因此，不失一般性，可设 $\beta=0$（实际上，这是 Euler 定理的（译者注：又称 Fermat 小定理）直接推论）. 设 $2^\alpha-1=qs, q\in\mathbf{N}$. 由于 $2^{\alpha+2}-3=4qs+1$ 与 s 互素，因此可取 $n_{k+1}=\alpha+2$. 显然 $n_{k+1}>n_k$.

36 矩阵

$$\begin{pmatrix} a_{11} & \cdots & a_{1n} \\ \vdots & & \vdots \\ a_{n1} & \cdots & a_{nn} \end{pmatrix}$$

对 x_i 的每种选择满足不等式 $\sum_{j=1}^{n}\mid a_{j1}x_1+\cdots+a_{jn}x_n\mid\leqslant M$，其中 $x_i=1$ 或 -1. 证明

$$\mid a_{11}+a_{22}+\cdots+a_{nn}\mid\leqslant M$$

证明 用归纳法. 命题对 $n=1$ 是平凡的. 设命题对 $n=k$ 成立，考虑 $n=k+1$ 时的情况. 从所给的条件我们有

$$\sum_{j=1}^{k}\mid a_{j,1}x_1+\cdots+a_{j,k}x_k+a_{j,k+1}\mid+$$
$$\mid a_{k+1,1}x_1+\cdots+a_{k+1,k}x_k+a_{k+1,k+1}\mid\leqslant M$$
$$\sum_{j=1}^{k}\mid a_{j,1}x_1+\cdots+a_{j,k}x_k-a_{j,k+1}\mid+$$
$$\mid a_{k+1,1}x_1+\cdots+a_{k+1,k}x_k-a_{k+1,k+1}\mid\leqslant M$$

对每种 $x_i=\pm1$ 的选择，由于对所有的 a,b，$\mid a+b\mid+\mid a-b\mid\geqslant 2\mid a\mid$，因此有

$$2\sum_{j=1}^{k}\mid a_{j,1}x_1+\cdots+a_{j,k}x_k\mid+2\mid a_{k+1,k+1}\mid\leqslant 2M$$

这就是

$$\sum_{j=1}^{k}|a_{j,1}x_1+\cdots+a_{j,k}x_k|\leqslant M-|a_{k+1,k+1}|$$

现在由归纳法假设 $\sum_{j=1}^{k}|a_{jj}|\leqslant M-|a_{k+1,k+1}|$，这就等价于所要的不等式.

37 设 S 是一个圆，而 $\alpha=\{A_1,\cdots,A_n\}$ 是 S 上的一族开弧. 设 $N(\alpha)=n$ 表示 α 中元素的数目，称 α 是 S 的一个覆盖，如果 $\bigcup_{k=1}^{n}A_k\supset S$.

设 $\alpha=\{A_1,\cdots,A_n\}$ 和 $\beta=\{B_1,\cdots,B_m\}$ 是 S 的两个覆盖，证明我们可从所有集合

$$A_i\cap B_j,i=1,2,\cdots,n,j=1,2,\cdots,m$$

的族中选出一个 S 的覆盖 γ，使得 $N(\gamma)\leqslant N(\alpha)+N(\beta)$.

38 设 A,B,C 是平面上三个坐标为整数的点，而 K 是一个半径为 R 的通过点 A，点 B，点 C 的圆，证明 $AB\times BC\times CA\geqslant 2R$，而如果 K 的中心是坐标原点，则 $AB\times BC\times CA\geqslant 4R$.

39 在平面上给了两个全等的等边 $\triangle ABC$ 和等边 $\triangle A'B'C'$，证明线段 AA',BB',CC' 的中点或者共线或者也构成一个等边三角形.

证明 从情况 $A=A'$ 开始. 如果 $\triangle ABC$ 和 $\triangle A'B'C'$ 定向相反，则它们关于某个轴对称，因此命题成立. 现在设它们是相同定向的，那么存在一个60° 的旋转，把 ABB' 映成 ACC'. 这个旋转也把 BB' 的中点 B_0 映成 CC' 的中点 C_0，因此 $\triangle AB_0C_0$ 是等腰的.

在 $A\neq A'$ 的一般情况下，用 T 表示把 A 映成 A' 的平移. 设 X' 是点 X 在(唯一的)把 ABC 映为 $A'B'C'$ 的保距映射下的像，而 X'' 是 X 在 T 下的像. 此外设 $X_0,X_0{}'$ 是线段 $XX',X'X''$ 的中点. 那么 X_0 是 $X_0{}'$ 在 $-\frac{1}{2}T$ 下的像. 然而由于已证 $\triangle A'_0B'_0C'_0$ 是等腰的，因此它在 $-\frac{1}{2}T$ 下的像 $\triangle A_0B_0C_0$ 也是等腰的. 问题中的命题已得证.

40 证明

$$\left(1-\frac{1}{2^3}\right)\left(1-\frac{1}{3^3}\right)\left(1-\frac{1}{4^3}\right)\cdots\left(1-\frac{1}{n^3}\right)>\frac{1}{2},n=2,3,\cdots$$

41 考虑平面上的格点(m,n)的集合，其中m,n都是整数. 设σ是此集合的一个有限子集并且定义

$$S(\sigma)=\sum_{(m,n)\in\sigma}(100-|m|-|n|)$$

求当(m,n)遍历所有的子集时，S的最大值.

42 设$L_i,i=1,2,3$是是一个等边三角形的边上的直线段，每个边上各有一个线段，其长度分别为$l_i,i=1,2,3$. 用L_i^*表示中点位于三角形对应边中点的长度为l_i的线段. 设$M(L)$是平面上在三角形的边上的正交投影分别在L_1,L_2和L_3内的点的集合；对应的可定义$M(L^*)$，证明如果$l_1\geqslant l_2+l_3$，则$M(L)$的面积小于或等于$M(L^*)$的面积.

43 证明对非负实数a,b和整数$n\geqslant 2$

$$\frac{a^n+b^n}{2}\geqslant\left(\frac{a+b}{2}\right)^n$$

等号什么时候成立?

44 考虑具有以下性质的$n\times n$的非负整数的表

$$\begin{pmatrix}a_{11} & a_{12} & \cdots & a_{1n}\\ a_{21} & a_{22} & \cdots & a_{2n}\\ \vdots & \vdots & & \vdots\\ a_{n1} & a_{n2} & \cdots & a_{nn}\end{pmatrix}$$

如果元素a_{ij}是0，则第i行与第j列的元素之和大于或等于n.

证明表中所有元素之和大于或等于$\frac{1}{2}n^2$.

证明 设p是所有的一行之中的元素的和或一列之中元素的和中的最小者. 如果$p\geqslant\frac{n}{2}$，那么表中所有的元素之和$s\geqslant np\geqslant\frac{n^2}{2}$. 现在设$p<\frac{n}{2}$，不失一般性，我们可设第一行的元素之和是$p$且其前$q$个元素不等于0. 那么后$n-q$列中的元素之和将大于或等于$(n-p)(n-q)$. 此外前$q$列中的元素之和要大于或等于$pq$，那么由于$n\geqslant 2p\geqslant 2q$，这就蕴含表中所有的元素之和是

$$s \geqslant (n-p)(n-q)+pq=\frac{1}{2}n^2+(n-2p)(n-2q) \geqslant \frac{1}{2}n^2$$

45 设 m 和 n 表示大于 1 的整数，而 $\nu(n)$ 是小于或等于 n 的素数的数目. 证明如果方程 $\frac{n}{\nu(n)}=m$ 有解，则方程 $\frac{n}{\nu(n)}=m-1$ 也有解.

46 在一个 50×50 的正方形中画了一条折线 $A_1A_2\cdots A_n$ 使得从正方形的任意一点到此折线的距离都小于 1. 证明折线的总长度大于 1 248.

证明 用 V 表示一个半径为 1 的圆当圆心沿着折线移动时所得的图形. 从条件可知，V 包含整个的 50×50 的正方形，那样其面积 $S(V)$ 不小于 2 500. 设 L 是折线的长度，我们将证明 $S(V) \leqslant 2L+\pi$. 由此将得出 $L \geqslant 1\ 250-\frac{\pi}{2}>1\ 248$. 对折线的每个线段 $l_i=A_iA_{i+1}$，考虑当半径为 1 的圆的圆心沿此线段移动时所得的图形 V_i，并设 $\overline{V_i}$ 是去掉圆心在 l_i 起点处的半径为 1 的圆所得的图形. $\overline{V_i}$ 的面积是 $2A_iA_{i+1}$，显然所有 $\overline{V_i}$ 的并再加上圆心在 A_1 的半圆和圆心在 A_n 的半圆完全包含了 V，因此

$$S(V) \leqslant \pi+2A_1A_2+2A_2A_3+\cdots+2A_{n-1}A_n=\pi+2L$$

这就完成了证明.

47 在 99 张卡片上分别写一个 1 到 99 的自然数(不一定是不同的). 已知这套卡片的任意一个子集(包括所有卡片的集合)上的数字之和不能被 100 整除. 证明所有的卡片上写的数字都相同.

证明 假设不然，在卡片上写上 1 到 99 的自然数后，并设在第 i 张卡片上写上的数是 n_i，我们就可使得 $n_{98} \neq n_{99}$. 用 x_i 表示和 $n_1+n_2+\cdots+n_i$ 被 100 除所得的余数，$i=1,2,\cdots,99$. 所有的 x_i 都必须不相同：实际上，如果 $x_i=x_j$，$i<j$，那么 $n_{i+1}+\cdots+n_j$ 将可被 100 整除，而这是不可能的. 同时，x_i 都不能等于 0，那样，数 $x_1,x_2,\cdots,x_{99}$ 就只不过恰好是数 1 ,2 ,…,99 的某个另一种次序的排列.

设 x 是 $n_1+n_2+\cdots+n_{97}+n_{99}$ 被 100 除所得的余数. 它不是 0，因此它必须等于某个 x_k，其中 $k \in \{1,2,\cdots,99\}$. 可能出现 3 种

情况：

(1)$x=x_k$, $k\leqslant 97$,那么 $n_{k+1}+n_{k+2}+\cdots+n_{97}+n_{99}$ 可被 100 整除,矛盾；

(2)$x=n_{98}$,那么 $n_{98}=n_{99}$,矛盾；

(3)$x=n_{99}$,那么 n_{98} 可被 100 整除,矛盾.

因此,所有的卡片上写的数都一样.

48 由 $x_1=0, x_{i+1}=x_i+\frac{1}{30\ 000}\sqrt{1-x_i^2}$, $i=1,2,\cdots$,给出了一个实数序列 $x_1,x_2,\cdots,x_n$,如果 $x_n<1$,n 是否能等于 50 000?

49 凸四边形 $ABCD$ 的对角线交于点 O,设 $\angle OBA=30°$, $\angle OCB=45°$, $\angle ODC=45°$ 以及 $\angle OAD=30°$,求出这个四边形的所有的角.

50 给了一个有 9 个顶点 $A_1,\cdots,A_9$ 的凸多面体 P_1,用 P_2, $P_3,\cdots,P_9$ 分别表示 P_1 在把 A_1 变为 $A_2,A_3,\cdots,A_9$ 的平移变换下的象.证明多面体 $P_1,\cdots,P_9$ 至少有一个公共的内点.

证明 用 P' 表示那样一个多面体,它是 P 在中心为 A_1,相似系数为 2 的位似变换下的像.容易看出所有的 P_i, $i=1,2,\cdots,9$ 都被包含在 P' 中(实际上,如果 $M\in P_k$,那么对某个 $M'\in P$, $\frac{1}{2}\overrightarrow{A_1M}=\frac{1}{2}(\overrightarrow{A_1A_k}+\overrightarrow{A_1M'})$,由 P 的凸性就得出所说的断言).但是 P' 的体积恰是 P 的体积的 8 倍,而所有的 P_i 的体积之和是 P 的体积的 9 倍,这就得出它们不可能都没有公共内点.

51 设凸四边形 $ABCD$ 的边 AB 和 DC 不平行,在 BC 和 AD 边上分别选一个点对(M,N)和(K,L)使得 $BM=MN=NC$ 和 $AK=KL=LD$.证明 $\triangle OKM$ 和 $\triangle OLN$ 的面积是不同的,其中 O 是 AB 和 CD 的交点.

52 证明不等式

$$\frac{a_1+a_3}{a_1+a_2}+\frac{a_2+a_4}{a_2+a_3}+\frac{a_3+a_1}{a_3+a_4}+\frac{a_4+a_2}{a_4+a_1}\geqslant 4$$

其中 $a_i>0$, $i=1,2,3,4$.

证明 我们应用显然的不等式$(a+b)^2\geqslant 4ab$.

$$\frac{1}{(a_1+a_2)(a_3+a_4)}\geqslant\frac{4}{(a_1+a_2+a_3+a_4)^2}$$

$$\frac{1}{(a_1+a_4)(a_2+a_3)}\geqslant\frac{4}{(a_1+a_2+a_3+a_4)^2}$$

现在我们有

$$\frac{a_1+a_3}{a_1+a_2}+\frac{a_2+a_4}{a_2+a_3}+\frac{a_3+a_1}{a_3+a_4}+\frac{a_4+a_2}{a_4+a_1}=$$

$$\frac{(a_1+a_3)(a_1+a_2+a_3+a_4)}{(a_1+a_2)(a_3+a_4)}+\frac{(a_2+a_4)(a_1+a_2+a_3+a_4)}{(a_1+a_4)(a_2+a_3)}\geqslant$$

$$\frac{4(a_1+a_3)}{a_1+a_2+a_3+a_4}+\frac{4(a_2+a_4)}{a_1+a_2+a_3+a_4}=4$$

53 用$x_n(p)$表示数$n!$的标准分解式中素数p的指数. 证明$\frac{x_n(p)}{n}<\frac{1}{p-1}$且$\lim\limits_{n\to\infty}\frac{x_n(p)}{n}=\frac{1}{p-1}$.

54 集合M中有$\binom{2n}{n}$个人. 证明:我们可以选择集合M的一个有$n+1$个人组成的子集P,满足以下条件:

(1) 集合P中每个成员都认识P的其他成员;

(2) 集合P中没有一个成员认识集合P的其他成员.

55 证明如果λ,μ,ν是满足以下条件的实数

$$|\lambda|+|\mu|+|\nu|\leqslant\sqrt{2}$$

则多项式

$$x^4+\lambda x^3+\mu x^2+\nu x+1$$

没有实数根.

第四编
第 14 届国际数学奥林匹克

第 14 届国际数学奥林匹克题解

波兰，1972

苏联命题

1 证明：从十进制的十个不同的二位数的集中恒可选出两个无共同元素的子集，使两子集中各数的和相等.

证明 设 $S=\{a_1,a_2,\cdots,a_n\}$ 为含 n 个元素的集，S 的子集的个数（包含空集与 S 本身）为 2^n. 设 T 为 S 的一子集，则对每一个 i 或 $a_i\in T$ 或 $a_i\notin T$. 故 T 的可能数为 $2\times2\times\cdots\times2=2^n$. 特别地，含有十个数的已知集 S，其子集的个数是 $2^{10}=1\ 024$.

S 中的各数均小于或等于 99. 因此，S 的任何子集的各数的和小于或等于 $10\times99=990$（事实上，因 S 有相异的元素，故最大的可能的和仅为 $99+98+97+96+95+94+93+92+91+90=945$）. 故所有可能的和比其子集的数少，由抽屉原则得至少有两个相异子集，设为 S_1 与 S_2，必有同和. 若 S_1 与 S_2 是不相交的，则本题已解. 否则，从 S_1 与 S_2 中除去它们所有共同元素，得到 S 的不相交子集 S'_1 与 S'_2. 于是 S'_1 中各数的和仍等于 S'_2 中各数的和.

荷兰命题

2 证明：每一个有外接圆的四边形总可以分解为 $n(n\geqslant4)$ 个都有外接圆的四边形.

证法 1 设四边形 $ABCD$ 为一圆内接四边形，且 $\angle A$ 为其最小的角.（若有数个最小的角，四边形 $ABCD$ 为一等腰梯形，且分成 n 个内接四边形仅由 $n-1$ 条线段平行于底而成）. 如图 14.1 所示，设 P 为四边形内部的一点，引 $PE\parallel AB$，$PF\parallel AD$. 若 P 很靠近 A，则 E 将在 B 与 C 中间，而 F 在 C 与 D 之间. 又引 PG，使 $\angle PGD=\angle D$，引 PH，使 $\angle PHB=\angle B$. 既然 $\angle B>\angle A$，当 P 很靠近 A 时，H 将在 A 与 B 之间. 同理 G 将在 A 与 D 之间.

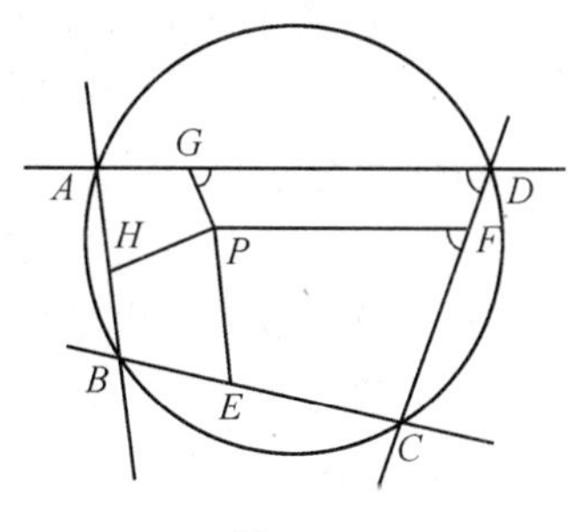

图 14.1

四边形 $PECF$ 可内接于圆，因它与四边形 $ABCD$ 有等角. 四边形 $AHPG$ 可内接于圆，因

$$\angle AHP+\angle AGP=(180^\circ-\angle B)+(180^\circ-\angle D)=180^\circ$$

所以四边形 $PHBE$ 与四边形 $PFDG$ 均为等腰梯形，故可内接于圆. 我们已把四边形 $ABCD$ 分成四个内接四边形. 如欲再细分之，

只需在一等腰梯形内引一些线平行其底即可.

证法 2　设四边形 $ABCD$ 有外接圆,如图 14.2 所示.

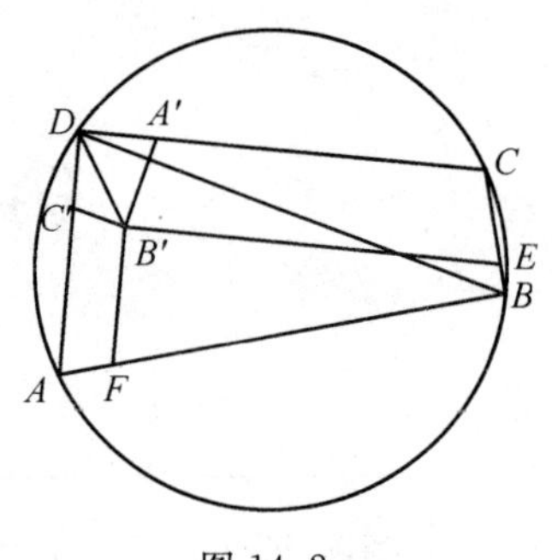

图 14.2

当 $n=4$ 时,我们分别在线段 DC 内取一点 A',线段 AD 内取一点 C',作四边形 $A'B'C'D$,使点 B' 在 $\triangle ACD$ 内部,并且使

$$\angle DA'B'=\angle DAB, \angle DC'B'=\angle DCB$$

于是,四边形 $A'B'C'D$ 与四边形 $ABCD$ 的内角分别对应相等.由于点 B' 可以取得与点 D 充分靠近,因此,总可以过点 B' 作 DC 边的平行线交 BC 边于 E,过点 B' 作 DA 边的平行线交 AB 边于 F.于是四边形 $A'B'C'D$,$B'ECA'$,$FBEB'$ 和 $AFB'C'$ 就是所求的四个四边形.因为,由四边形 $A'B'C'D$ 和 $FBEB'$ 的内角分别与四边形 $ABCD$ 的内角对应相等可知,这两个四边形有外接圆;又由

$$\angle CA'B'=180°-\angle DA'B'=180°-\angle DAB=\angle BCD$$

和　$$\angle AC'B'=180°-\angle DC'B'=180°-\angle DCB=\angle DAB$$

可知,梯形 $B'ECA'$ 和梯形 $AFB'C'$ 都是等腰梯形,因而这两个四边形也有外接圆.

当 $n\geqslant 5$ 时,应用上述的结果,可以得出一般性的简单解法:将两个等腰梯形中的一个,用平行于底边的平行线分成 $n-3$ 个小的等腰梯形,每个小梯形都有外接圆,于是就将原来的四边形分成了 n 个四边形,并且每个四边形都有外接圆.

英国命题

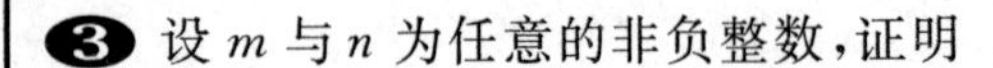
❸ 设 m 与 n 为任意的非负整数,证明

$$\frac{(2m)!\ (2n)!}{m!\ n!\ (m+n)!}$$

为一整数.(假定 $0!=1$)

证法 1　要证明所给的式子是一整数,我们可证明分母

$$D=m!\ n!\ (m+n)!$$

可除尽分子

$$N=(2m)!\ (2n)!$$

设素数 p 能除尽 D 者其最高次项为 p^a,而 p 能除尽 N 者其最高次项为 p^b,则对于每一素数 p,若 $a\leqslant b$,则 D 能除尽 N.

根据初等数论,$k!$ 中素数 p 的最高次乘幂是

$$a=\sum_{j=1}^{\infty}\left[\frac{k}{p_j}\right]$$

其中,$[x]$ 是 x 的整数部分.

设在 D 与 N 的分解因子中,素数 p 各出现 a 次与 b 次,则

$$a=\sum_{j=1}^{\infty}\left[\frac{m}{p_j}\right]+\sum_{j=1}^{\infty}\left[\frac{n}{p_j}\right]+\sum_{j=1}^{\infty}\left[\frac{m+n}{p_j}\right]=$$

$$\sum_{j=1}^{\infty}\left(\left[\frac{m}{p_j}\right]+\left[\frac{n}{p_j}\right]+\left[\frac{m+n}{p_j}\right]\right) \quad ①$$

与

$$b=\sum_{j=1}^{\infty}\left[\frac{2m}{p_j}\right]+\sum_{j=1}^{\infty}\left[\frac{2n}{p_j}\right]=\sum_{j=1}^{\infty}\left(\left[\frac{2m}{p_j}\right]+\left[\frac{2n}{p_j}\right]\right) \quad ②$$

要证 $a \leqslant b$，只要指出式 ① 的每一项均小于或等于式 ② 的对应项，即

$$\left[\frac{m}{p_j}\right]+\left[\frac{n}{p_j}\right]+\left[\frac{m+n}{p_j}\right] \leqslant \left[\frac{2m}{p_j}\right]+\left[\frac{2n}{p_j}\right] \quad ③$$

我们将证明不等式

$$[r]+[s]+[r+s] \leqslant [2r]+[2s] \quad ④$$

对于任一非负实数 r 与 s 皆成立，然后令 $r=\frac{m}{p^j}$，$s=\frac{n}{p^j}$ 而导出 ③. 为此，我们只要证明 ④ 在 $0 \leqslant r \leqslant 1$ 与 $0 \leqslant s < 1$ 时成立即可，因为若 r 或 s 增加 1，④ 的两边均增加 2.

当 $0 \leqslant r < 1$ 与 $0 \leqslant s < 1$ 时，便得 $[r]=[s]=0$，因此，我们证明 $[r+s] \leqslant [2r]+[2s]$ 在这范围内成立. 当 $r+s<1$ 时，这是明显的. 若 $r+s \geqslant 1$，则 $r \geqslant \frac{1}{2}$ 或 $s \geqslant \frac{1}{2}$. 在这种情形下，$[r+s]=1$，而 $\lfloor 2r \rfloor + \lfloor 2s \rfloor \geqslant 1$.

证法 2 设

$$f(m,n)=\frac{(2m)!\ (2n)!}{m!\ n!\ (m+n)!}$$

首先，证明当 $n \neq 0$ 时

$$f(m,n)=4f(m,n-1)-f(m+1,n-1) \quad ⑤$$

事实上

$$4f(m,n-1)-f(m+1,n-1)=$$

$$\frac{4(2m)!\ (2n-2)!}{m!\ (n-1)!\ (m+n-1)!}-\frac{(2m+2)!\ (2n-2)!}{(m+1)!\ (n-1)!\ (m+n)!}=$$

$$\frac{(2m)!\ (2n-2)!}{m!\ (n-1)!\ (m+n-1)!}\left(4-\frac{(2m+2)(2m+1)}{(m+1)(m+n)}\right)=$$

$$\frac{(2m)!\ (2n-2)!}{m!\ (n-1)!\ (m+n-1)}\cdot\frac{4n-2}{m+n}=$$

$$\frac{(2m)!\ (2n)!}{m!\ n!\ (m+n)!}=f(m,n)$$

其次，证明

$$f(m,n)=\sum_{k=0}^{n}C_k f(m+k,0) \quad ⑥$$

其中，C_k 是确定的整数.

对 n 用数学归纳法. 当 $n=0$ 时，$f(m,0)=f(m+0,0)$，当 $n=1$

时，由 ⑤ 可知

$$f(m,1)=4f(m,0)+(-1)f(m+1,0)$$

故命题对 $n=0,n=1$ 为真；设命题对 $n-1$ 为真，于是由 ⑤ 可知

$$f(m,n)=4f(m,n-1)-f(m+1,n-1)=$$

$$4\sum_{k=0}^{n-1}C_kf(m+k,0)-\sum_{k=0}^{n-1}C_kf(m+1+k,0)=$$

$$4C_0f(m,0)+4\sum_{k=1}^{n-1}C_kf(m+k,0)-$$

$$\sum_{k=1}^{n-1}C_{k-1}f(m+k,0)-C_{n-1}f(m+n,0)=$$

$$4C_0f(m,0)+\sum_{k=1}^{n-1}(4C_k-C_{k-1})f(m+k,0)-$$

$$C_{n-1}f(m+n,0)$$

令

$$4C_0=C'_0$$

$$4C_k-C_{k-1}=C'_k,1\leqslant k\leqslant n-1$$

$$-C_{n-1}=C'_n$$

即得

$$f(m,n)=\sum_{k=0}^{n}C'_kf(m+k,0)$$

故命题对 n 为真.

因为在 ⑥ 中

$$f(m+k,0)=\frac{(2(m+k))!\ (2\times 0)!}{(m+k)!\ 0!\ (m+k)!}=$$

$$\frac{(2(m+k))!}{(m+k)!\ (m+k)!}=C_{2(m+k)}^{m+k}$$

是整数，并且 C_k 亦为整数，故 $f(m,n)$ 为整数，即

$$\frac{(2m)!\ (2n)!}{m!\ n!\ (m+n)!}$$

为整数.

4 求下列不等式组的一切正实数解 (x_1,x_2,x_3,x_4,x_5)

$$\begin{cases}(x_1^2-x_3x_5)(x_2^2-x_3x_5)\leqslant 0 & ①\\(x_2^2-x_4x_1)(x_3^2-x_4x_1)\leqslant 0 & ②\\(x_3^2-x_5x_2)(x_4^2-x_5x_2)\leqslant 0 & ③\\(x_4^2-x_1x_3)(x_5^2-x_1x_3)\leqslant 0 & ④\\(x_5^2-x_2x_4)(x_1^2-x_2x_4)\leqslant 0 & ⑤\end{cases}$$

荷兰命题

解法 1 每一个不等式可转化为

$$(x_i^2-x_{i+2}x_{i+4})(x_{i+1}^2-x_{i+2}x_{i+4})\leqslant 0$$

其中各下标是模 5 的余数，即 $x_{j+5}=x_j$，若把各式左边相乘，然后

把所有不等式加起来，便得 10 项 $x_i^2x_j^2$ 形，10 项“交叉项”，5 项 $-x_i^2x_{i+1}x_{i+j}$ 形，5 项 $-x_i^2x_{i+2}x_{i+4}$ 形. 这便是一平方和形式 $\frac{1}{2}(y_1^2+y_2^2+y_3^2+\cdots+y_{10}^2)$，这里每一“交叉项”用一个 y 同它联系. 例如，对于“交叉项”$x_2^2x_3x_5$ 我们以 $y_1=x_2x_3-x_2x_5$ 同它联系，可知 $x_2^2x_3^2$，$x_2^2x_5^2$ 项出现在 y_1^2 中，也出现在我们的和式中. 于是我们的已知不等式的和式可表示成

$$0\geqslant\sum_{i=1}^{5}(x_i^2-x_ix_{i+2}x_{i+4})(x_{i+1}^2-x_{i+2}x_{i+4})=$$

$$\frac{1}{2}\sum_{i=1}^{5}((x_ix_{i+1}-x_ix_{i+3})^2+(x_{i-1}x_{i+1}-x_{i-1}x_{i+3})^2)$$

既然这平方和不能为负，我们断言它是零，这意味着其各项消失，即 $x_1=x_2=x_3=x_4=x_5$. 所以，每组五个相等的正实数是已知的不等式组的一解.

解法 2 设 x_i 是任意正实数. 若

$$x_1=x_2=x_3=x_4=x_5 \quad ⑥$$

则所给的不等式组显然能成立，所以 ⑥ 是所求的一解.

若不是所有 x_i 都彼此相等，则

$$x_1\neq x_3, x_3\neq x_5, x_5\neq x_2, x_2\neq x_4, x_4\neq x_1$$

至少有一个成立.

因为不等式组中各 x_i 的下标经循环调换后，即 $x_1\to x_2\to x_3\to x_4\to x_5\to x_1$，是重复的，且若 (x_1,x_2,x_3,x_4,x_5) 是解，则 $(x_1^{-1},x_2^{-1},x_3^{-1},x_4^{-1},x_5^{-1})$ 也是解，故不失一般性，首先假定 $x_3\neq x_5$，$x_3<x_5$.

ⅰ 若 $x_1\leqslant x_2$，则由 ① 得

$$x_1\leqslant\sqrt{x_3x_5}<x_5 \quad ⑦$$

$$x_2\geqslant\sqrt{x_3x_5}>x_3 \quad ⑧$$

在 ⑦ 中，由 $\sqrt{x_3x_5}<x_5$ 可得 $x_3x_5<x_5^2$，又由 $x_1<x_5$ 可得 $x_3x_1<x_3x_5$，即有 $x_5^2>x_3x_5>x_3x_1$. 由此可见，在 ④ 中有

$$x_4^2\leqslant x_1x_3<x_3x_5 \quad ⑨$$

在 ⑧ 中，由 $\sqrt{x_3x_5}>x_3$ 可得 $x_3x_5>x_3^2$，又由 $x_3<x_2$ 可得 $x_3x_5<x_2x_5$，即有 $x_3^2<x_3x_5<x_2x_5$. 由此可见，在 ③ 中有

$$x_4^2>x_5x_2>x_3x_5 \quad ⑩$$

这样就得出两个矛盾的式子 ⑨ 和 ⑩. 也就是说，$x_1\leqslant x_2$ 不可能.

ⅱ 若 $x_1>x_2$，则由不等式 ① 推出

$$x_1\geqslant\sqrt{x_3x_5}>x_3, x_2\leqslant\sqrt{x_3x_5}<x_5$$

由此，从不等式 ② 推得

$$x_4x_1 \leqslant \max(x_2^2, x_3^2) \leqslant x_3x_5 \quad ⑪$$

再利用不等式 ⑤ 得

$$x_2x_4 \geqslant \min(x_5^2, x_1^2) \geqslant x_3x_5 \quad ⑫$$

又由 ⑪,⑫ 可知 $x_4x_1 \leqslant x_2x_4, x_1 \leqslant x_2$,这与假定矛盾. 所以所给的不等式组除 ⑥ 外没有其他解答.

保加利亚命题

5 设 f 与 g 是对于一切 x 与 y 的实值皆有定义的实函数,且一切 x 与 y 满足方程

$$f(x+y)+f(x-y)=2f(x)g(y)$$

证明:若 $f(x)$ 不恒等于零且对于一切 x 有 $|f(x)| \leqslant 1$,则对于一切 y 有 $|g(y)| \leqslant 1$.

证法 1 设 M 是 $f(x)$ 的最大值. 假定存在一个 y_0,有

$$g(y_0)=1+r, r>0$$

则对于所有 x 有

$$2|f(x)||g(y_0)|=|f(x+y_0)+f(x-y_0)| \leqslant |f(x+y_0)|+|f(x-y_0)| \leqslant 2M$$

这样就有

$$|f(x)| \leqslant \frac{M}{|g(y_0)|}=\frac{M}{1+r}=M-\delta, \delta>0$$

这和 M 的定义矛盾,进而证明了结论.

证法 2 既然 f 不恒等于 0,便有一数 a 使 $f(a) \neq 0$. 令 $x=a+ny$,并将它代入已知方程,经移项得

$$f(a+(n+1)y)-2f(a+ny)g(y)+f(a+(n-1)y)=0 \quad ①$$

设想 y 固定,我们简记 $f(a+ny)$ 为 f_n,则 ① 变成差分方程

$$f_{n+1}-2gf_n+f_{n-1}=0 \quad ②$$

并具有如下形式的解,即

$$f_n=b_1r_1^n+b_2r_2^n \quad ③$$

如果其有关二次方程

$$r^2-2gr+1=0$$

的两根 r_1, r_2 是相异的. 令 $r_1=g+\sqrt{g^2-1}, r_2=g-\sqrt{g^2-1}$. 若 $g \neq \pm 1$,则这两值是相异的.

设在某点 $y_0, g(y_0)>1$,则对于 $y=y_0, r_1>1$,且若 $b_1 \neq 0$,当 $n \to \infty$ 时变成无界的,这同假设矛盾. 若 $b_1=0$,则 $b_2 \neq 0$(因 $f(a)=b_2 \neq 0$). 因 $r_1r_2=1$,故 $0<r_2<1$. 式 ③ 告诉我们当 $n \to -\infty$ 时 f_n 是无界的,这与对一切 x 有 $|f(x)| \leqslant 1$ 的事实矛盾. 对于某点 y_0,若 $g(y_0)<-1$,可以类似地得出矛盾,故得 $|g(y)| \leqslant 1$.

6 已知四个相异的平行平面，证明：存在着一个正四面体，它的顶点分别在这四个平面上.

英国命题

证明 设 E_1, E_2, E_3, E_4 是所考虑的平面，且编号的选择是：使 E_2, E_3, E_4 按这一次序位于 E_1 的法向量方向上，这里 d_i 是平面 E_{i+1} 到 E_i 的距离，$i=1,2,3$. 设 E_i 上的点 P_i 已找到，它们构成正四面体，$i=1,2,3,4$.

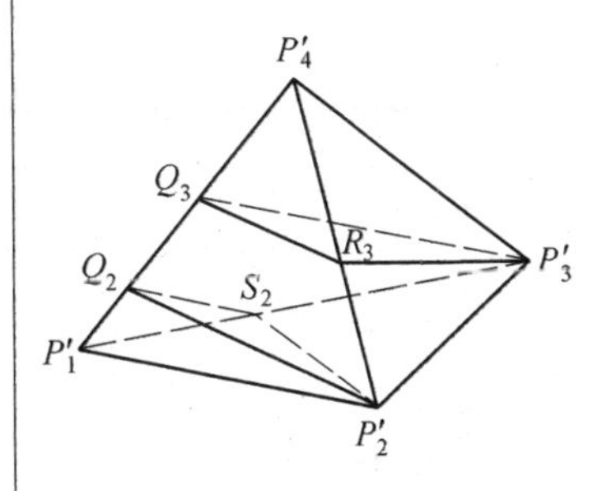

图 14.3

如图 14.3 所示，已知任一正四面体 $P'_1P'_2P'_3P'_4$，我们以比 $d_1 : d_2 : d_3$ 分线段 $P'_1P'_4$，且得到 $P'_1P'_4$ 上的分点 Q_2, Q_3，把线段 $P'_3P'_4$ 分为比 $d_2 : d_3$，把线段 $P'_1P'_3$ 分为比 $d_1 : d_2$，而得分点 R_3 与 S_2，则对于线段的长，有

$$P'_4Q_3 : P'_4Q_2 = P'_4Q_3 : P'_4P'_2$$

且由射线定理的逆定理有 $Q_3R_3 \parallel Q_2P'_2$. 类似地，由

$$P'_1Q_2 : P'_1Q_3 = P'_1S_2 : P'_1P'_3$$

可得 $Q_2S_2 \parallel Q_3P'_3$. 所以，过 Q_2, P'_2, S_2 的平面 E'_2 与过 Q_3, R_3, P'_3 的平面 E'_3 平行.

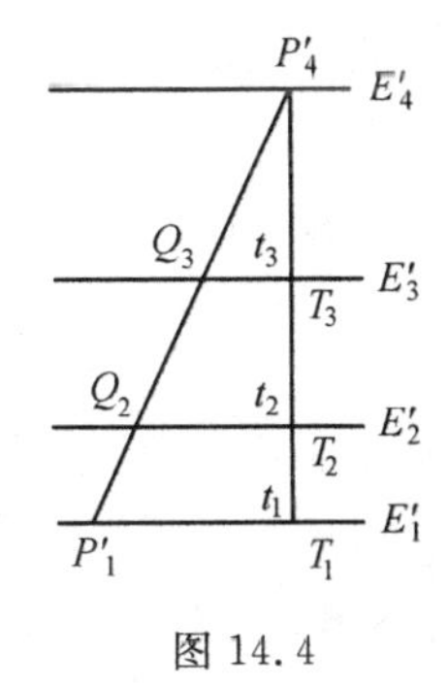

图 14.4

如图 14.4 所示，设 E'_1 与 E'_4 分别是过 P'_1 与 P'_4 而平行于 E'_2 的平面. 从 P'_4 引 E'_i 上的垂线交平面 E'_i 于 T_i，$i=1,2,3$. 则由射线定理，对于距离 t_1, t_2, t_3 有

$$t_1 : t_2 : t_3 = P'_1Q_2 : Q_2Q_3 : Q_3P'_4 = d_1 : d_2 : d_3 \qquad ①$$

在空间中扩展由 ① 确定的倍数，把平面 E'_1, E'_2, E'_3, E'_4 变到平面 $E''_1, E''_2, E''_3, E''_4$，后者之间仍有原来的距离，并把 $P'_1P'_2P'_3P'_4$ 仍变为正四面体 $P''_1P''_2P''_3P''_4$，这里 P''_i 在 E''_i 中，$i=1,2,3,4$.

由此显然可得，对于空间中那些彼此间有原来距离的四个平行平面，可以确定一个正四面体，其顶点在每个平面上，这就解答了本题.

第 14 届国际数学奥林匹克英文原题

The fourteenth International Mathematical Olympiad was held from July 5th to July 17th 1972 in the cities of Warsaw and Torun.

❶ Let M be a set of 10 distinct positive integers, all of them being two-digits numbers. Show that it is possible to find in M two disjoint subsets such that the sum of elements in each subset are equal. (USSR)

❷ Prove that any cyclic quadrilateral can be decomposed into $n, n\geqslant 4$, cyclic quadrilaterals. (Netherlands)

❸ Show that for all nonnegative integers m, n the number

$$\frac{(2m)!\,(2n)!}{m!\,n!\,(m+n)!}$$

is also an integer number. (United Kingdom)

❹ Find all nonnegative solutions $(x_1, x_2, x_3, x_4, x_5)$, $x_i \geqslant 0$, of the system of inequations

$$(x_1^2 - x_3x_5)(x_2^2 - x_3x_5) \leqslant 0$$
$$(x_2^2 - x_4x_1)(x_3^2 - x_4x_1) \leqslant 0$$
$$(x_3^2 - x_5x_2)(x_4^2 - x_5x_2) \leqslant 0$$
$$(x_4^2 - x_1x_3)(x_5^2 - x_1x_3) \leqslant 0$$
$$(x_5^2 - x_2x_4)(x_1^2 - x_2x_4) \leqslant 0$$

(Netherlands)

❺ Let f, g be functions $f: \mathbf{R} \to \mathbf{R}$, $g: \mathbf{R} \to \mathbf{R}$ which satisfy the condition

$$f(x+y) + f(x-y) = 2f(x)g(y)$$

for any real numbers x, y, Prove that if f is a non-zero function and $|f(x)| \leqslant 1$ for all real x, then $|g(y)| \leqslant 1$, for all real y. (Bulgaria)

6 Given four parallel planes, prove that there exists a regular tetrahedron having its vertices in those planes.

(United Kingdom)

第 14 届国际数学奥林匹克各国成绩表

1972,波兰

名次	国家或地区	分数	奖牌			参赛队
		(满分 320)	金牌	银牌	铜牌	人数
1.	苏联	270	2	4	2	8
2.	匈牙利	263	3	3	2	8
3.	德意志民主共和国	239	1	3	4	8
4.	罗马尼亚	206	1	3	1	8
5.	英国	179	—	2	4	8
6.	波兰	160	1	1	1	8
7.	奥地利	136	—	—	5	8
8.	南斯拉夫	136	—	—	3	8
9.	捷克斯洛伐克	130	—	—	4	8
10.	保加利亚	120	—	—	2	8
11.	瑞典	60	—	—	2	8
12.	荷兰	51	—	—	—	8
13.	蒙古	49	—	—	—	8
14.	古巴	14	—	—	1	3

第 14 届国际数学奥林匹克预选题

波兰，1972

1 求方程

$$1+x+x^2+x^3+x^4=y^4$$

的整数解.

2 求出参数 a 的使得方程组

$$x^4=yz-x^2+a$$
$$y^4=zx-y^2+a$$
$$z^4=xy-z^2+a$$

至多有一个实数解的值.

3 在一条直线上，给出了一个总长度小于 n 的线段的集合，证明直线上每个有 n 个点的集合都可以在直线上沿着某个方向移动一个小于 $\frac{n}{2}$ 的距离，使得线段上没有剩余的点.

4 任给一个三角形，证明它的内角的三对最靠近两边的三等分线的交点是一个等边三角形的顶点.（译者注：本题的结果一般称为莫雷(Morley) 定理）

5 棱锥的底是一个内接于圆的 n 边形. 设 H 是棱锥的顶点在底面中的投影，证明 H 在棱锥的侧棱上的投影共圆.

6 对所有的自然数 $n\geqslant 2$，证明不等式

$$(n+1)\cos\frac{\pi}{n+1}-n\cos\frac{\pi}{n}>1$$

7 设 f 和 φ 是定义在集合 $\mathbf{R}$ 上的对任意实数 x,y 满足以下函数方程的实函数

$$f(x+y)+f(x-y)=2\varphi(y)f(x)$$

（给出那种函数的例子）. 证明如果 $f(x)$ 不恒等于 0 并且对所有的 x，$|f(x)|\leqslant 1$，那么对所有的 x，$|\varphi(x)|\leqslant 1$.

证明 方法 1：设 $f(x_0)\neq 0$，对任意给定的 y，由下式定义一个序列 x_k

$$x_{k+1}=\begin{cases}x_k+y, \text{如果} \mid f(x_k+y) \mid \geqslant \mid f(x_k-y) \mid \\ x_k-y, \text{其他}\end{cases} \quad ①$$

从 ① 得出 $|f(x_{k+1})| \geqslant |\varphi(y)||f(x_k)|$，因此由归纳法可得 $|f(x_k)| \geqslant |\varphi(y)|^k |f(x_0)|$，由于对所有的 k，$|f(x_k)| \leqslant 1$，所以就得出 $|\varphi(y)| \leqslant 1$.

方法 2：设 $M=\sup f(x) \leqslant 1$，而 x_k 是任意一个当 $k \to \infty$时使得 $f(x_k) \to M$ 的序列(可能为常数). 那么对所有的 k，当 $k \to \infty$时

$$|\varphi(y)|=\frac{|f(x_k+y)+f(x_k-y)|}{2|f(x_k)|} \leqslant \frac{2M}{2|f(x_k)|} \to 1$$

8 在平面上给了 $3n$ 个点 $A_1, A_2, \cdots, A_{3n}$，无三点共线. 证明我们可以以这些点为顶点，作 n 个不相交的三角形.

证明 用归纳法证明. 对 $n=1$，命题是显然的. 假设命题对正整数 n 成立. 设 $A_1, A_2, \cdots, A_{3n+3}$ 是所给的 $3n+3$ 个点. 不失一般性，设 $A_1A_2\cdots A_m$ 是它们的凸包.

在所有不同于 A_1, A_2 的点 A_i 中选一个点，比如说 A_k，使得 $\angle A_kA_1A_2$ 最小(由于无三点共线，这个点是唯一确定的). 直线 A_1A_k 把平面分成了两个半平面，其中之一只包含 A_2，而另一半包含其余的 $3n$ 个点. 由归纳法假设，我们可以以这 $3n$ 个点为顶点，作 n 个互不相交的三角形，再加上 $\triangle A_1A_2A_k$ 就构成了所需的三角形组.

9 给了自然数 k 和 n，$k \leqslant n$，$n \geqslant 3$，求所有区间$(0,\pi)$中的那种值的集合，它们是在一个凸 n 边形的内角中可取的第 k 个最大角的值.(译者注：此题的含义不清)

10 在平面上给了 5 个点，无三点共线. 证明至少可以找出两个以这些点为顶点的钝角三角形. 作一个恰有两个钝角三角形的例子.

11 设 $x_1, x_2, \cdots, x_n$ 是实数，满足条件 $x_1+x_2+\cdots+x_n=0$. 设 m 和 M 是它们中的最小数和最大数. 证明

$$x_1^2+x_2^2+\cdots+x_n^2 \leqslant -nmM$$

证明 对每个 $k=1,2,\cdots,n$，我们有 $m \leqslant x_k \leqslant M$，由此得出 $(M-x_k)(x_k-m) \leqslant 0$，由此直接得出

$$0 \geqslant \sum_{k=1}^{n}(M-x_k)(m-x_k)=nmM-$$

$$(m+M)\sum_{k=1}^{n}x_k+\sum_{k=1}^{n}r_k^2$$

再由 $\sum_{k=1}^{n}x_k=0$ 即可得出所需的不等式.

12 设给了圆 $k(S,r)$ 和内接于它的六边形 $AA'BB'CC'$. 六边形的边长满足 $AA'=A'B, BB'=B'C, CC'=C'A$. 证明 $\triangle ABC$ 的面积 P 不大于 $\triangle A'B'C'$ 的面积 P'，什么时候成立 $P=P'$?

13 给了球面 K，确定所有那种点 A 的集合，其中 A 是某个平行四边形 $ABCD$ 的顶点，而 $ABCD$ 满足条件 $AC\leqslant BD$，且整个的对角线 BD 都被包含在 K 内.

14 原题：

(1) 平面 π 通过正四面体 $OPQR$ 的顶点 O. 定义 p,q,r 是沿 π 的法线方向从 π 到 P,Q,R 的有向距离. 证明

$$p^2+q^2+r^2+(q-r)^2+(r-p)^2+(p-q)^2=2a^2$$

其中 a 是四面体的棱长.

(2) 给了四个互相平行的且互不重合的平面，证明存在一个正四面体，其顶点分别位于这些平面上.

正式竞赛题：只取原题中的第(2)部分.

证明 (1) 如图 14.5，考虑边长为 $b=\frac{\sqrt{2}}{2}a$ 的外接立方体 $OQ_1PR_1O_1QP_1R$(即以四面体的棱为小对角线的立方体). 题中等号左边的式子是四面体的棱在垂直于 π 的 l 上的投影的平方和. 另一方面，如果 l 分别和 OO_1, OQ_1, OR_1 构成角 $\varphi_1,\varphi_2,\varphi_3$，那么 OP 和 QR 在 l 上的投影的长度为 $b(\cos\varphi_2+\cos\varphi_3)$ 和 $b\mid\cos\varphi_2-\cos\varphi_3\mid$，把所有这些表达式加起来就得出

$$4b^2(\cos^2\varphi_1+\cos^2\varphi_2+\cos^2\varphi_3)=4b^2=2a^2$$

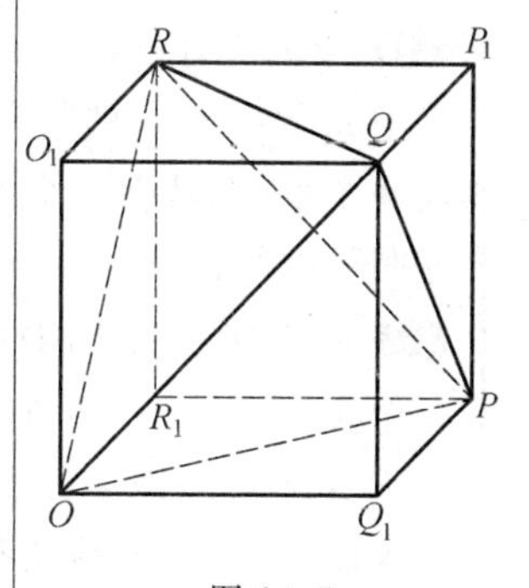

图 14.5

(2) 我们作一个所需的四面体，其棱长 a 就是(1)中给出的长度. 在 π_0 上任取一点 O，并设 p,q,r 分别是从 O 到 π_1,π_2,π_3 的距离. 由于 $a>p,q,r,\mid p-q\mid$，我们可选 π_1 上任何一个到 O 的距离为 a 的点作为 P，而选 π_2 上两个到 O 和 P 的距离为 a 的点中的一个点作为 Q. 考虑四面体的第四个顶点：它到 π_0 的距离将满足(1)中的方程，即存在此距离的两个值，显然，其中之一就是把 R 放在 π_3 上的 r.

15 原题:设 m 和 n 是非负整数,证明 $m!\ n!\ (m+n)!$ 整除 $(2m)!\ (2n)!$.

正式竞赛题:设 m 和 n 是非负整数,证明 $\frac{(2m)!\ (2n)!}{m!\ n!\ (m+n)!}$ 是一个整数($0!=1$).

证明 方法 1:设 $f(m,n)=\frac{(2m)!\ (2n)!}{m!\ n!\ (m+n)!}$,那么可直接验证

$$f(m,n)=4f(m,n-1)-f(m+1,n-1)$$

因而 n 可以连续的减到 1,因此就得出

$$f(m,n)=\sum_r c_r f(r,0)$$

现在 $f(r,0)$ 是一个二项式系数,而 c_r 是整数.

方法 2:对每个素数 p,p 在分子 $(2m)!\cdot(2n)!$ 和分母 $m!\cdot n!\cdot(m+n)!$ 中的最大指数分别是

$$\sum_{k>0}\left(\left[\frac{2m}{p^k}\right]+\left[\frac{2n}{p^k}\right]\right) \text{和} \sum_{k>0}\left(\left[\frac{m}{p^k}\right]+\left[\frac{n}{p^k}\right]+\left[\frac{m+n}{p^k}\right]\right)$$

因此只需证明对每个 p,第一个指数不小于第二个指数即可.这可从以下事实得出:对每个实数 x,$[2x]+[2y]\geqslant[x]+[y]+[x+y]$,此式可直接证明.(例如,利用 $[2x]=[x]+\left[x+\frac{1}{2}\right]$)

16 考虑所有不是 5 的倍数且小于 $30m$ 的正奇数的集合 S,其中 m 是一个正整数.求使得 S 的任意 k 个整数的子集必存在两个整数,其中一个可以整除另一个成立的最小的整数 k.证明你的结论.

17 一个实心的正圆柱的高为 h,底面半径是 r.它上面放着一个实心的半径为 r 的半球,半球的球心 O 位于圆柱的轴上.设 P 是半球表面上任意一点,而 Q 是圆柱底面圆周上距离 P 最远的一点(沿着圆柱和半球所组成的曲面的表面测量).在 P 和 Q 直线上连一根线使其尽可能的短.证明如果那根线不在一个平面中,当它缩紧时将产生一条切割圆柱曲面的直线 PO.

18 一个锦标赛共有 p 位赛手参加，没有抽签，每个赛手都恰和其他赛手比赛一次. 每胜一次得一分. 给出一个非负整数的序列 $s_1 \leqslant s_2 \leqslant s_3 \leqslant \cdots \leqslant s_p$. 这个序列可成为这个锦标赛的参赛选手的成绩表的充分必要条件是：

(1) $\sum_{i=1}^{p} s_i = \frac{1}{2}p(p-1)$；

(2) 对所有的 $k < p$，$\sum_{i=1}^{k} s_i \geqslant \frac{1}{2}k(k-1)$.

19 设 S 是一个实数的子集，具有以下性质：

(1) 如果 $x \in S$ 且 $y \in S$，则 $x - y \in S$；

(2) 如果 $x \in S$ 且 $y \in S$，则 $xy \in S$；

(3) S 包含一个例外元素 x'，使得 S 中没有 y 满足 $x'y + x' + y = 0$；

(4) 如果 $x \in S$ 并且 $x \neq x'$，那么有一个 S 中的 y 使得 $xy + x + y = 0$.

证明：

(1) S 中有不止一个元素；

(2) $x' \neq -1$ 导致矛盾；

(3) $x \in S$ 以及 $x \neq 0$ 蕴含 $\frac{1}{x} \in S$.

20 设 n_1 和 n_2 是正整数，考虑平面 E 上两个不相交的点集 M_1 和 M_2，它们各由 $2n_1$ 个点和 $2n_2$ 个点组成并且在 $M_1 \cup M_2$ 中无三点共线. 证明存在一条具有以下性质的直线 g：在 E 中由 g 确定的两个半平面（g 不属于任何一个半平面）中一个恰含 M_1 中一半的点，而另一个含 M_2 中一半的点.

证明 在 E 中选一条以点 O 为起始点的半直线 s. 对区间 $[0, 180°]$ 中的每个 α，用 $s(\alpha)$ 表示 s 绕点 O 旋转 α 角所得的直线，用 $g(\alpha)$ 表示包含按照正方向定义的 $s(\alpha)$ 在内的有向直线. 对 $M_i(i=1,2)$ 上的每个 P，设 $P(\alpha)$ 表示从点 P 向 $g(\alpha)$ 所作的垂足，而 $l_P(\alpha)$ 是从 O 到 $P(\alpha)$ 的有向距离（正数，负数或 0）. 那么对 $i=1$，2，我们可把 $l_P(\alpha)(P \in M_i)$ 按递增的顺序排成 $l_1(\alpha), l_2(\alpha), \cdots, l_{2n_i}(\alpha)$，称区间 $[l_{n_i}(\alpha), l_{n_i+1}(\alpha)]$ 为 $J_i(\alpha)$，容易看出任意垂直于 $g(\alpha)$ 且通过一个到点 O 的距离等于 l 的点的直线将把集合 M_i 分成两个元素数量相等的子集，其中 l 属于区间 $J_i(\alpha)$ 的内部. 因此

剩下的事就是证明对某个 α，区间 $J_1(\alpha)$ 和 $J_2(\alpha)$ 的内部有公共点. 如果这对 $\alpha=0$ 成立，那么命题已得证. 不失一般性，不妨设在 $g(0)$ 上，$J_1(0)$ 位于 $J_2(0)$ 的左边，那么 $J_1(180°)$ 位于 $J_2(180°)$ 的右边. 注意 J_1 和 J_2 不可能同时退化成一个点(否则我们在 $M_1\cup M_2$ 中将有四个共线的点). 此外还有 J_1 和 J_2 都只能对有限个 α 的值退化成一个点. 当 $J_1(\alpha)$ 和 $J_2(\alpha)$ 连续的移动时，必存在一个 $[0,180°]$ 的子区间 I 使得它们在 I 上不相交. 那样，对某个 I 中的点，它们都不退化并且像所需的那样有公共点.

21 证明当且仅当

$$AB^2+CD^2=BC^2+AD^2=CA^2+BD^2$$

时，四面体 $ABCD$ 的四条高线交于一点.

证明 首先证明以下引理：

引理：如果 X,Y,Z,T 是空间中的点，那么当且仅当

$$XY^2+ZT^2=YZ^2+TX^2$$

时，直线 XZ 和 YT 互相垂直.

证明：考虑通过 XZ 并平行于 YT 的平面 π. 如果 Y',T' 分别是从 Y,T 到 π 的垂足，那么

$$XY^2+ZT^2=XY'^2+ZT'^2+2YY'^2$$

以及

$$YZ^2+TX^2=Y'Z^2+T'X^2+2YY'^2$$

由勾股定理可知

$$XY'^2+ZT'^2=Y'Z^2+T'X^2$$

即当且仅当 $Y'T'\perp XZ$ 时，$XY'^2-Y'Z^2=XT'^2-T'Z^2$，由此即可得出引理.

假设四条高线交于一点 P，那么我们有 $DP\perp$ 平面 $ABC\Rightarrow DP\perp AB$ 以及 $CP\perp$ 平面 $ABD\Rightarrow CP\perp AB$，这蕴含平面 $CDP\perp AB$ 和 $CD\perp AB$，由引理可得 $AC^2+BD^2=AD^2+BC^2$，同理可得 $AD^2+BC^2=AB^2+CD^2$.

反之，设 $AB^2+CD^2=AC^2+BD^2=AD^2+BC^2$，那么引理蕴含 $AB\perp CD, AC\perp BD, AD\perp BC$. 设 π 是包含 CD 并垂直于 AB 的平面，h_D 是从 D 点到平面 ABC 的高. 由于 $\pi\perp AB$，我们有 $\pi\perp$ 平面 $ABC\Rightarrow h_D\subset\pi$ 以及 $\pi\perp ABD\Rightarrow h_C\subset\pi$. 高 h_D 和 h_C 不平行，因此它们有一个交点 P_{CD}. 同理有 $h_B\cap h_C=\{P_{BC}\}$ 和 $h_B\cap h_D=\{P_{BD}\}$. 这两个点都属于 π，换句话说，h_B 不属于 π；否则它将和平面 ACD 和 $AB\subset\pi$ 都垂直，即 $AB\subset$ 平面 ACD，这不可能. 因此 h_B 至多和 π 有一个公共点，这蕴含 $P_{BD}=P_{CD}$，同理 $P_{AB}=P_{BD}=$

$P_{CD}=P_{ABCD}$.

22 证明对任意 $n\not\equiv 0 \pmod{10}$,都存在一个 n 的倍数使得在它的十进表示式中没有数字 0.

证明 设 $n=2^{\alpha}5^{\beta}m$,其中 $\alpha=0$ 或 $\beta=0$. 这两种情况是类似的,因此我们只处理 $\alpha=0$,$n=5^{\beta}m$ 的情况. $m=1$ 的情况我们作为下面的引理单独列出:

引理对任何整数 $\beta\geqslant 1$,都存在 5^{β} 的一个倍数 M_{β} 使得在它的十进制表示中有 β 位个都不等于 0 的数字.

证明:对 $\beta=1$,可取 $M_1=5$. 假设引理对 $\beta=k$ 成立. 那么存在一个正整数 $C_k\leqslant 5$,使得 $C_k2^5+m_k\equiv 0 \pmod 5$,其中 $5^km_k=M_k$,即 $C_k10^k+M_k\equiv 0 \pmod{5^{k+1}}$,那么 $M_{k+1}=C_k10^k+M_k$ 就满足条件,引理得证.

在一般情况下,考虑数列 $1,10^{\beta},10^{2\beta},\cdots$,它含有两个在模 $(10^{\beta}-1)m$ 下同余的数,因而对某个 $k>0$,$10^{k\beta}\equiv 1 \pmod{(10^{\beta}-1)m}$(事实上,这是 Fermat 定理的一个推论). 数

$$\frac{10^{k\beta}-1}{10^{\beta}-1}M_{\beta}=10^{(k-1)\beta}M_{\beta}+10^{(k-2)\beta}M_{\beta}+\cdots+M_{\beta}$$

就是一个具有所需性质的 $n=5^{\beta}m$ 的倍数.

23 是否存在一个 $2n$ 位数 $\overline{a_{2n}a_{2n-1}\cdots a_1}$(对任意 n),使得以下等式成立

$$\overline{a_{2n}\cdots a_1}=(\overline{a_n\cdots a_1})^2$$

24 凸 18 边形的对角线被染成了 5 种不同的颜色,每种颜色的对角线数目都相等. 相同颜色的对角线被标上了数 1,2,…. 在所有的对角线中随机的选择五分之一条,求出在所选的对角线中恰有 n 对颜色相同的各标上了数 i,j 的对角线的概率.

25 考虑 n 个实变量 $x_i(1\leqslant i\leqslant n)$,其中 n 是一个整数,且 $n\geqslant 2$. 用 p 表示这些变量的积,s 表示它们之和,而用 S 表示它们的平方和. 设 α 是一个正常数. 现在研究不等式 $ps\leqslant S^{\alpha}$,证明当且仅当 $\alpha=\frac{n+1}{2}$ 时,此不等式对每个 n 元组 $(x_1,x_2,\cdots,x_n)$ 成立.

26 求出下面的不等式组的所有实数解

$$(x_1^2-x_3x_5)(x_2^2-x_3x_5)\leqslant 0 \quad ①$$
$$(x_2^2-x_4x_1)(x_3^2-x_4x_1)\leqslant 0 \quad ②$$
$$(x_3^2-x_5x_2)(x_4^2-x_5x_2)\leqslant 0 \quad ③$$
$$(x_4^2-x_1x_3)(x_5^2-x_1x_3)\leqslant 0 \quad ④$$
$$(x_5^2-x_2x_4)(x_1^2-x_2x_4)\leqslant 0 \quad ⑤$$

解 方法1:显然 $x_1=x_2=x_3=x_4=x_5$ 是解.我们将证明这是唯一的解.

假设不是所有的 x_i 都相等.那么在 x_3,x_5,x_2,x_4,x_1 中必有两个相继的数不同.不失一般性,假设 $x_3\neq x_5$,此外由于当 $(x_1,\cdots,x_5)$ 是解时,$\left(\frac{1}{x_1},\cdots,\frac{1}{x_5}\right)$ 也是解,我们还可假设 $x_3<x_5$.

考虑第一种情况 $x_1\leqslant x_2$.从①得出 $x_1\leqslant\sqrt{x_3x_5}<x_5$ 以及 $x_2\geqslant\sqrt{x_3x_5}>x_3$.因此 $x_5^2>x_1x_3$ 此式联合④给出 $x_4^2\leqslant x_1x_3<x_3x_5$.但是我们也有 $x_3^2\leqslant x_5x_2$,因此由③$x_4^2\geqslant x_5x_2>x_5x_3$ 矛盾.

考虑另一种情况 $x_1>x_2$.从①得出 $x_1\geqslant\sqrt{x_3x_5}>x_3$ 以及 $x_2\leqslant\sqrt{x_3x_5}<x_5$,然后由②和⑤得出

$x_1x_4\leqslant\max(x_2^2,x_3^2)\leqslant x_3x_5$ 和 $x_2x_4\geqslant\max(x_1^2,x_5^2)\geqslant x_3x_5$

这和假设 $x_1>x_2$ 矛盾.

方法2

$$\begin{aligned}0\geqslant L_1=(x_1^2-x_3x_5)(x_2^2-x_3x_5)=\\ x_1^2x_2^2+x_3^2x_5^2-(x_1^2+x_2^2)x_3x_5\geqslant\\ x_1^2x_2^2+x_3^2x_5^2-\frac{1}{2}(x_1^2x_3^2+x_1^2x_5^2+x_2^2x_3^2+x_2^2x_5^2)\end{aligned}$$

对 $L_2,\cdots,L_5$ 有类似的式子.因此

$$L_1+L_2+L_3+L_4+L_5\geqslant 0$$

等号仅在 $x_1=x_2=x_3=x_4=x_5$ 时成立.

27 证明对任意 $n\geqslant 4$,每个圆内接四边形都可以分解成 n 个四边形,使得它们之中每个都是某个圆的内接四边形.

证明 首先考虑三角形.通过从某个内点作到三边垂线的方法可把它分解成 $k=3$ 个圆内接四边形;它也可以被分解成一个圆内接四边形和一个三角形.由归纳法可以得出对所有的 k,都可以作这种分解.由于每个三角形可以被分成两个三角形,因此所需

的分解对所有的 $n\geqslant 6$ 都可以作出. 剩下的事是处理 $n=4$ 和 $n=5$ 的情况.

$n=4$. 如果外接圆的圆心位于四边形 $ABCD$ 的内部,那么只要从 O 向四条边作垂线即可得出所需的分解. 否则,可设 C 和 D 是四边形的钝角的顶点,从 C 和 D 分别向 BC 和 AD 引垂线,并且选点 P 和点 Q 使得 $PQ\parallel AB$,那么由 CP,PQ,QD 和从 P 和 Q 到 AB 的垂线即可得出所需的分解.

$n=5$. 如果 $ABCD$ 是一个等腰梯形,其中 $AB\parallel CD$ 且 $AD=BC$,那么通过作平行于 AB 的直线即可得出平凡的分解. 否则 $ABCD$ 可以被分解成一个圆内接四边形和一个梯形. 这个梯形又可被分成一个等腰的梯形和一个三角形,它们进一步可分解成三个圆内接四边形和一个等腰梯形.

原书注:可以证明命题对 $n=2$ 和 $n=3$ 不成立.

28 矩形的边长都是奇数,证明在此矩形内不存在到四个顶点的距离都是整数的点.

29 设 A,B,C 分别是 $\triangle A_1B_1C_1$ 各角的角平分线与对边的交点. 且 $AC=BC$,$A_1C_1\neq B_1C_1$.

(1) 证明 C_1 位于 $\triangle ABC$ 的外接圆上;

(2) 设 $\angle BAC_1=\frac{\pi}{6}$,求 $\triangle ABC$ 的形状.

30 考虑都位于 $\triangle ABC$ 内,半径分别为 $r_1,r_2,r_3,r_4,\cdots$ 的圆的序列 $K_1,K_2,K_3,K_4,\cdots$. 圆 K_1 与 AB 和 AC 相切,K_2 与 K_1,BA 和 BC 相切,K_3 与 K_2,CA 和 CB 相切,K_4 与 K_3,AB 和 AC 相切等等.

(1) 证明

$$r_1\cot A+2\sqrt{r_1r_2}+r_2\cot B=r\left(\cot\frac{1}{2}A+\cot\frac{1}{2}B\right)$$

其中 r 是 $\triangle ABC$ 内切圆的半径. 推出存在一个 t_1 使得

$$r_1=r\cot\frac{1}{2}B\cot\frac{1}{2}C\sin^2 t_1$$

(2) 证明圆的序列 $K_1,K_2,K_3,K_4,\cdots$ 是周期的.

证明 (1) 用 M_i 表示 K_i,$i=1,2,\cdots$ 的圆心. 如果 N_1,N_2 是 M_1,M_2 在 AB 上的投影,那么我们有 $AN_1=r_1\cot x$,$AN_2=r_2\cot y$ 和 $N_1N_2=\sqrt{(r_1+r_2)^2-(r_1-r_2)^2}=2\sqrt{r_1r_2}$,从 $AB=AN_1+N_1N_2+N_2B$ 即可得出所需的 r_1 和 r_2 之间的关系.

如果进一步把这一关系看成一个$\sqrt{r_2}$ 的二次方程,那么它的判别式等于

$$\Delta=4(r(\cot x+\cot y)\cot y-r_1(\cot x\cot y-1))$$

并且必须是非负的,所以 $r_1\leqslant r\cot y\cot z$,那样 $t_1,t_2\cdots$ 存在,并且我们可设 $t_i\in\left[0,\frac{\pi}{2}\right]$.

(2) 把 $r_1=r\cot y\cot z\sin^2 t_1, r_2=r\cot z\cot x\sin^2 t_2$ 代入(1)中的关系式中,我们得出$\sin^2 t_1+\sin^2 t_2+k^2+2k\sin t_1\sin t_2=1$,其中我们设 $k=\sqrt{\tan x\tan y}$,这就得出

$$(k+\sin t_1\sin t_2)^2=(1-\sin^2 t_1)(1-\sin^2 t_2)=\cos^2 t_1\cos^2 t_2$$

因此

$$\cos(t_1+t_2)=\cos t_1\cos t_2-\sin t_1\sin t_2=k=\sqrt{\tan x\tan y}$$

这是一个矛盾.对每个 t_i,t_{i+1} 写出类似的关系我们推出 $t_1+t_2=t_4+t_5, t_2+t_3=t_5+t_6$ 以及 $t_3+t_4=t_6+t_7$.由此得出 $t_1=t_7$,即 $K_1=K_7$.

31 求出使得分数$\frac{3^n-2}{2^n-3}$是可约的 n 的值.

32 如果 $n_1,n_2,\cdots,n_k$ 是自然数,并且 $n_1+n_2+\cdots+n_k=n$,证明

$$\max_{n_1+n_2+\cdots+n_k=n} n_1n_2\cdots n_k=(t+1)^r t^{k-r}$$

其中 $t=\left[\frac{n}{k}\right]$,而 r 是 n 除以 k 所得的余数,即 $n=tk+r,0\leqslant r\leqslant k-1$.

33 矩形 $ABCD$ 的边长是 3 和 $2n$,其中 n 是一个自然数.用 $U(n)$ 表示把此矩形分成边长为 1 和 2 的小矩形的方法的数目.

(1) 证明 $U(n+1)+U(n-1)=4U(n)$;

(2) 证明 $U(n)=\frac{1}{2\sqrt{3}}[(\sqrt{3}+1)(2+\sqrt{3})^n+(\sqrt{3}-1)(2-\sqrt{3})^n]$.

34 设 p 是一个大于2的素数,a,b,c 都是不能被 p 整除的整数,证明方程

$$ax^2+by^2=pz+c$$

有整数解.

35 设$a,b,c,d\in\mathbf{R}$，$m\in[1,+\infty)$，并且$am+b=-cm+d=m$.

(1) 证明：

(1.1) $\sqrt{a^2+b^2}+\sqrt{c^2+d^2}+\sqrt{(a-c)^2+(b-d)^2}\geqslant\frac{4m^2}{1+m^2}$;

(1.2) $2\leqslant\frac{4m^2}{1+m^2}<4$.

(2) 把a,b,c,d表示成m的函数，因此(1)中的不等式存在等号.

36 在平面上给出了有限个互相平行的线段，对其中任意三条线段都存在一条直线和它们之中的每一条都相交. 证明必存在一条直线和这些线段中的每一条都相交.

37 把一个棋盘(由边长为1的正方形组成的8×8正方形)的两条对角线上的方格都去掉后是否能用边长为1和2的长方形不重叠的覆盖剩下的棋盘.

38 给出了一些全等的$m\times n$矩形(m和n都是正整数)，给出可用这些矩形(数量不限)拼成(用拼七巧板的方式)的矩形的特征.

39 从平面上不同的点出发，对曲线$y=x^3-3x$($y=x^3+px$)可以引多少条切线？

40 证明不等式

$$\frac{u}{v}\leqslant\frac{\sin u}{\sin v}\leqslant\frac{\pi}{2}\cdot\frac{u}{v},0\leqslant u,v\leqslant\frac{\pi}{2}$$

41 设$x=0.101\,010\cdots$是一个数的三进位表示式，给出x的二进位表示式.

备选版本：

把二进位表示式$y=0.110\,110\,110\cdots$转变成三进位表示式.

42 给了十进位数13^{101}，设将它写成了三进位数，问这个数的最后两位数字是什么？

43 在圆内给出一个固定的点A，考虑所有使得$\angle XAY$是一个直角的弦，对所有那种弦，作点A关于XY的对称点M，求点M的轨迹.

44 给了一个有 10 个正整数组成的集合，其十进表示都是两位数. 证明这个集合存在两个不相交的子集使得每个子集中的元素之和相等.

证明 首先我们看出要求子集不相交不是实质的.（如果不是这样，我们可去掉它们的相交部分）. 共有 $2^{10}-1=1\,023$ 个不同的子集并且至多有 990 种不同的和. 由鸽笼原理可知存在两个不同的子集具有相同的和.

45 设 $ABCD$ 是一个凸四边形，其对角线 AC 和 BD 交于点 O. 设一条通过点 O 的直线与 AB 交于点 M，与 CD 交于点 N. 证明线段 MN 不可能比 AC 和 BD 都长.

46 4×4 的矩阵的元素是整数 $1,2,\cdots,16$. 矩阵的各行，各列和对角线之和都相等，又知道数 1 和 16 位于对角的位置证明矩阵中中心对称的两数之和等于 17.

第五编

第 15 届国际数学奥林匹克

第15届国际数学奥林匹克题解

苏联，1973

捷克斯洛伐克命题

1 设点 O 在直线 g 上，$\overrightarrow{OP_1},\overrightarrow{OP_2},\cdots,\overrightarrow{OP_n}$ 是单位向量，其中，$P_1,P_2,\cdots,P_n$ 各点皆在含有直线 g 的同一平面上，且在 g 的同一侧.

证明：若 n 是奇数，则 $\left|\sum_{i=1}^{n}\overrightarrow{OP_i}\right|\geqslant 1$，其中 $|\overrightarrow{OP_i}|$ 表示 $\overrightarrow{OP_i}$ 的长度.

证法1 我们用归纳法证明本题.

对于 $n=1$，命题显然是正确的.

如图15.1所示，设 $n\geqslant 3$，n 是奇数，且 n 个位置向量的终点按 $P_1,P_2,\cdots,P_n$ 的次序在以 O 为圆心，半径为1的半圆周上.

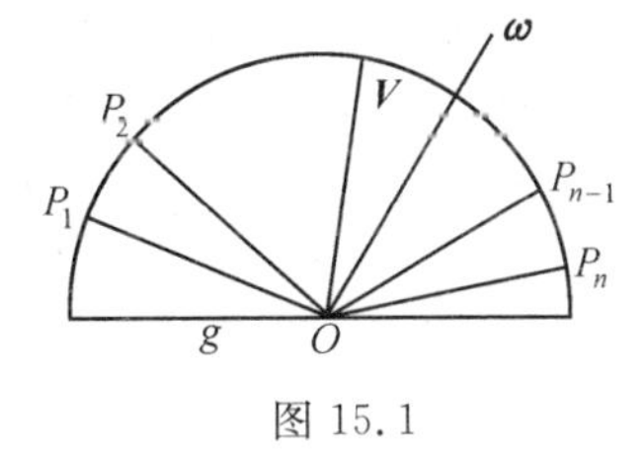

图15.1

假定命题对于所有小于 n 的奇数是正确的，则对于 $\overrightarrow{OP_2}+\overrightarrow{OP_3}+\cdots+\overrightarrow{OP_{n-1}}$ 也正确. 从 O 引向量

$$\boldsymbol{W}=\sum_{i=2}^{n-1}\overrightarrow{OP_i}\quad|\boldsymbol{W}|\geqslant 1$$

显然，$\boldsymbol{W}$ 和半圆周的交点是在 P_2 与 P_{n-1} 之间. 向量 $\boldsymbol{V}=\overrightarrow{OP_1}+\overrightarrow{OP_n}$ 不是零向量，它落在 $\angle P_1OP_n$ 的平分线上，而且和 $\boldsymbol{W}$ 构成一个锐角 θ. 因 $\cos\theta$ 取正值，故有

$$|\boldsymbol{W}+\boldsymbol{V}|^2=|\boldsymbol{W}|^2+|\boldsymbol{V}|^2+2|\boldsymbol{W}||\boldsymbol{V}|\cos\theta>|\boldsymbol{W}|^2$$

所以
$$\left|\sum_{i=1}^{n}\overrightarrow{OP_i}\right|=|\boldsymbol{W}+\boldsymbol{V}|>|\boldsymbol{W}|\geqslant 1$$

因而命题对于 n 也是正确的.

证法2 由证法1可知，只需证明 $n=3$ 时结论正确，即不难用数学归纳法证明对于任何奇数 n 结论都正确.

下面我们用复数证明.

设 $\overrightarrow{OP_1},\overrightarrow{OP_2}$ 和 $\overrightarrow{OP_3}$ 分别对应于复数

$$z_1=\cos\theta_1+\mathrm{i}\sin\theta_1$$
$$z_2=\cos\theta_2+\mathrm{i}\sin\theta_2$$

$$z_3=\cos\theta_3+\mathrm{i}\sin\theta_3$$

其中，$0\leqslant\theta_3<\theta_2<\theta_1\leqslant\pi$. 则

$$z_1+z_3=(\cos\theta_1+\cos\theta_3)+\mathrm{i}(\sin\theta_1+\sin\theta_3)=$$
$$2\cos\frac{\theta_1+\theta_3}{2}\cos\frac{\theta_1-\theta_3}{2}+2\mathrm{i}\sin\frac{\theta_1+\theta_3}{2}\cos\frac{\theta_1-\theta_3}{2}$$

由此
$$\arg(z_1+z_3)=\frac{\theta_1+\theta_3}{2}$$

又设 $|z_1+z_3|=r\geqslant 0$，则

$$z_1+z_3=r\left(\cos\frac{\theta_1+\theta_3}{2}+\mathrm{i}\sin\frac{\theta_1+\theta_3}{2}\right)$$

于是

$$z_1+z_2+z_3=\left(r\cos\frac{\theta_1+\theta_3}{2}+\cos\theta_2\right)+$$
$$\mathrm{i}\left(r\sin\frac{\theta_1+\theta_3}{2}+\sin\theta_2\right)$$

$$|z_1+z_2+z_3|=\left(\left(r\cos\frac{\theta_1+\theta_3}{2}+\cos\theta_2\right)^2+\right.$$
$$\left.\left(r\sin\frac{\theta_1+\theta_3}{2}+\sin\theta_2\right)^2\right)^{\frac{1}{2}}=$$
$$\sqrt{1+r^2+2r\cos\frac{\theta_1+\theta_3-2\theta_2}{2}}$$

但
$$\frac{\theta_1+\theta_3-2\theta_2}{2}=\frac{(\theta_1-\theta_2)-(\theta_2-\theta_3)}{2}$$

注意到 $0\leqslant\theta_3<\theta_2<\theta_1\leqslant\pi$，得

$$-\frac{\pi}{2}<\frac{\theta_1+\theta_3-2\theta_2}{2}<\frac{\pi}{2},0<\cos\frac{\theta_1+\theta_3-2\theta_2}{2}\leqslant 1$$

所以
$$|z_1+z_2+z_3|\geqslant 1$$

2 空间中是否存在着具有下述性质的有限点集 M：A,B 是 M 中任意两点，则我们可以在 M 中另取 C,D 两点，使直线 AB 和 CD 互相平行但不重合.

波兰命题

解法 1 我们将实际作出两个适合题意的点集 M_1 和 M_2，然后证明这样的点集存在.

M_1 是含有 10 个点的点集. 它包括一立方体的 8 个顶点，及该立方体中心关于任一对平面的 2 个对称点，如图 15.2 所示，显然 M_1 满足本题的条件.

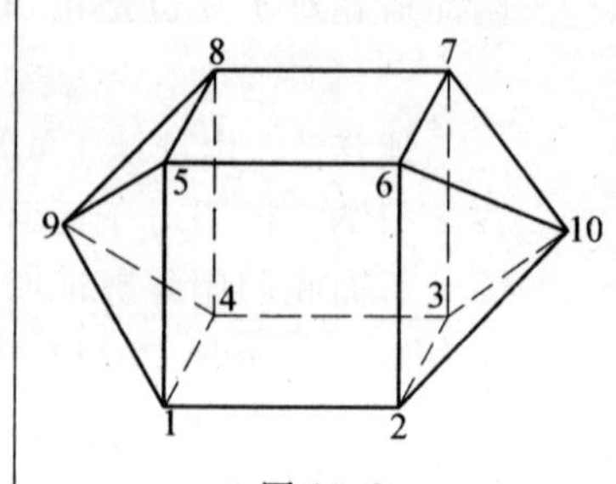

图 15.2

M_2 是含有 27 个点的点集. 这 27 点是一个 $2\times2\times2$ 的立方体的中心，及该立方体各面上的 26 个格点，如图 15.3 所示. M_2 亦即是空间上坐标为 (x_1,x_2,x_3) 的 27 个点，其中每个 x_i 的值可取

-1,0 或 1. 容易验证,M_2 也满足本题的条件.

读者可试着找出一个少于 10 个点而且满足本题条件的点集,或证明这样的点集至少含有 10 个点.

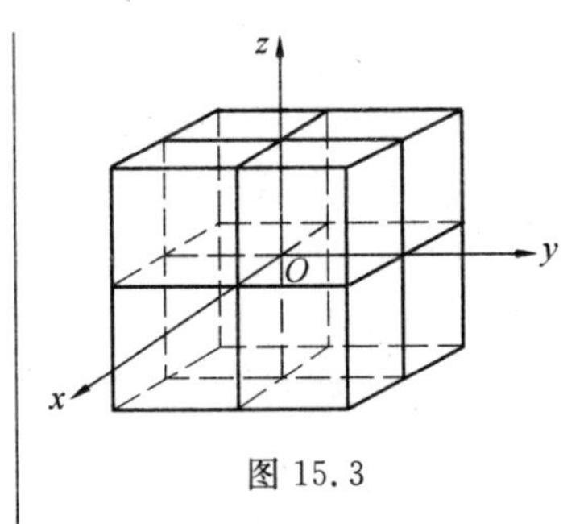

图 15.3

解法 2 为了证明这样一个点集存在,我们给出一个例子.

设 n 是偶数,$n \geqslant 4$,并设 $P_1, P_2, \cdots, P_n$ 与 $Q_1, Q_2, \cdots, Q_n$ 是两个全等的 n 边形的对应顶点,它们在两个不同的平行平面上,且分别具有对称中心 P 与 Q,设 $P_iQ_i = PQ(i=1,2,\cdots,n)$. 另外,在两平面的外侧,分别在 PQ 的延长线上,取 R,S 两点,使 $RO = OS = PQ$,这里 O 是 PQ 的中点. 这个含有 $2n+2$ 个点的点集 $\{P_1, P_2, \cdots, P_n, Q_1, Q_2, \cdots, Q_n, R, S\}$ 满足本题的条件.

ⅰ 若 A,B 是 $P_i, P_j(i \neq j)$ 或 P_i, Q_i 或 R,S,则情形甚为明显,无需讨论.

ⅱ 若 A,B 是 $P_i, Q_j(i \neq j)$,P_iQ_j 不通过 O,只要找出这两点关于 O 的对称点 C,D.

ⅲ 若 A,B 是 $P_i, Q_j(i \neq j)$,P_iQ_j 通过 O,则可取 $C=R, D=P'_i$ 或 $C=Q'_j, D=S$,其中 P'_i 是 n 边形 $P_1P_2\cdots P_n$ 中和 P_i 相对的顶点,Q'_j 是 n 边形 $Q_1Q_2\cdots Q_n$ 中和 Q_i 相对的顶点.

ⅳ 若 A,B 中有一点为 R 或 S,另一点为 P_i 或 Q_j,情形和 ⅲ 类似.

解法 1 中的 M_1 是上面这个例子的特例.

解法 3 要说明这种集合的存在性,只要从所有可能的例子中举出其中一个就行了.

一种比较简单的解法如下:取三个相等的长方体,把它们一个挨着一个地排好,如图 15.4 所示. 这样当中一个长方体的八个顶点和两旁两个长方体的中心就组成了满足题设条件的集合. 这个集合由 10 点组成.

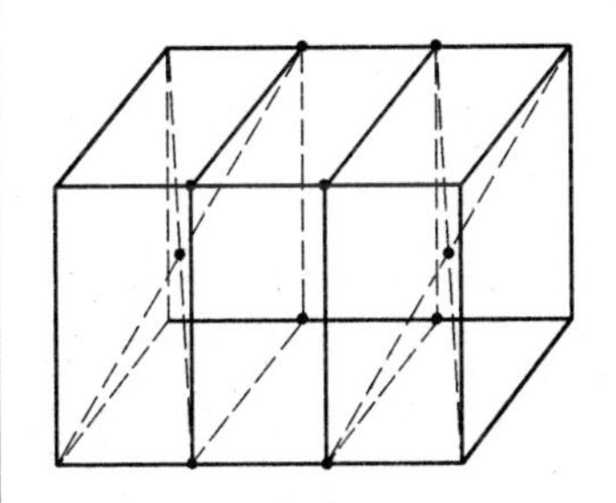
图 15.4

上述方法可以做如下的推广. 设 n 为不小于 4 的任意偶数. 在给定的两个平行平面上分别作两个 n 边形 $A_1A_2\cdots A_n$ 和 $B_1B_2\cdots B_n$,使得 n 边形 $A_1A_2\cdots A_n$ 有对称中心 P,n 边形 $B_1B_2\cdots B_n$ 有对称中心 Q,并且

$$\overrightarrow{A_iB_i} = \overrightarrow{PQ}, i=1,2,\cdots,n$$

再取点 R 和点 S,使

$$\overrightarrow{SO} = \overrightarrow{OR} = \overrightarrow{PQ}$$

其中,O 是线段 PQ 的中点,如图 15.5 所示. 于是点集

$$M = \{A_1, A_2, \cdots, A_n; B_1, B_2, \cdots, B_n; R, S\}$$

关于点 O 对称.

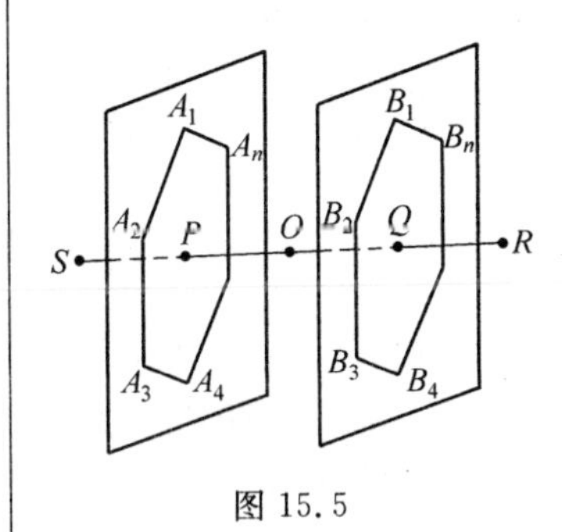

图 15.5

设 A,B 是集合 M 中的两点. 如果线段 AB 不经过 O,那么分

别取点 A 和点 B 关于点 O 的对称点作为点 C 和点 D，显然必有 $AB \parallel CD$. 如果线段 AB 经过点 O，这时只有下列两种可能情况.

ⅰ 点 A 和点 B 就是点 R 和点 S. 这时，取 $C=A_1$，$D=B_1$ 便有 $AB \parallel CD$.

ⅱ 点 A 和点 B 分别属于集合 $\{A_1,A_2,\cdots,A_n\}$ 和 $\{B_1,B_2,\cdots,B_n\}$. 不妨假设

$$A \in \{A_1,A_2,\cdots,A_n\}, B \in \{B_1,B_2,\cdots,B_n\}$$

在多边形 $A_1A_2\cdots A_n$ 中，设点 A 关于多边形中心 P 的对称点是 A'，于是有

$$\overrightarrow{SA'}=\overrightarrow{SP}+\overrightarrow{PA'}=\overrightarrow{SP}-\overrightarrow{PA}=\overrightarrow{PO}-\overrightarrow{PA}=\overrightarrow{AO}$$

由此可得

$$SA' \parallel AO \parallel AB$$

因此，取 $C=S$，$D=A'$ 便满足题意.

瑞典命题

3 设 a,b 是可使方程

$$x^4+ax^3+bx^2+ax+1=0$$

至少有一实根的实数. 对于所有这样的数偶 (a,b)，求 a^2+b^2 的最小值.

解法 1 首先考虑方程

$$x+\frac{1}{x}=y$$

其中，y 是实数. 这方程可写成 x 的二次方程

$$x^2-yx+1=0$$

它有实根的充要条件是其判别式大于或等于 0，即

$$y^2-4 \geqslant 0, |y| \geqslant 2 \quad ①$$

原方程可写成

$$\left(x+\frac{1}{x}\right)^2+a\left(x+\frac{1}{x}\right)+(b-2)=0$$

令 $y=x+\frac{1}{x}$，则得

$$y^2+ay+(b-2)=0 \quad ②$$

解得

$$y=\frac{-a \pm \sqrt{a^2-4(b-2)}}{2} \quad ③$$

因为原方程至少要有一个实根，由 ① 可知，③ 中至少有一个根的绝对值大于或等于 2. 所以

$$|a|+\sqrt{a^2-4(b-2)} \geqslant 4 \Rightarrow \sqrt{a^2-4(b-2)} \geqslant 4-|a| \Rightarrow$$

$8|a|\geqslant 8+4b\Rightarrow 4a^2\geqslant b^2+4b+4\Rightarrow 4(a^2+b^2)\geqslant$

$5b^2+4b+4\Rightarrow a^2+b^2\geqslant \frac{5}{4}(b+\frac{2}{5})^2+\frac{5}{4}$

由此可知,当 $b=-\frac{2}{5}$,a^2+b^2 取最小值$\frac{4}{5}$.

解法2 设 S 表示所有使原方程至少有一实根的数偶集或点集(a,b).应用点集拓扑学知识,我们将在 S 中找出最接近于 O 的一点.

我们首先证明 S 是闭集,为此只要证明 S 的余集 T(即使原方程没有实根的数偶集或点集)是开集就可以了.今若$(a_0,b_0)\in T$,则 $P(x)=0$ 的根都不是实数.当 $P(x)$ 的系数连续变动时,它的根也随着连续变动,故存在(a_0,b_0)的一个邻域,在这个邻域中 $P(x)=0$ 的根仍然都不是实数.所以 T 是开集,从而 S 是闭集.

S 既然是闭集,它就必定含有一个最接近于 0 的点,而且这个点是在 S 的边界上.但若$(\bar{a},\bar{b})$是 S 边界上的任一点,相应地 $P(x)=0$ 必有重实根,因为如果所有根都是单根,就将存在$(\bar{a},\bar{b})$的一个邻域,在其中 $P(x)=0$ 的实根都是单根,这样,$(\bar{a},\bar{b})$就将是内点而不是边界上的点,这和原设不合.所以要找出 S 中最接近于 0 的点只需考虑那些可使 $P(x)=0$ 有重实根的(a,b).

因为 $P(\frac{1}{r})=\frac{1}{r^4}P(r)$,故若 r 是 $P(x)=0$ 的根,则$\frac{1}{r}$ 也是 $P(x)=0$ 的实根,即

$$P(r)=0\Rightarrow P(\frac{1}{r})=0 \quad ④$$

我们考虑两种情形.

i $P(x)=0$ 的重根 r 不等于 1 或 -1.

由④知$\frac{1}{r}$ 也是 $P(x)=0$ 的根.因为它的四根之积等于 1,故这些根是

$$r,r,\frac{1}{r},\frac{1}{r}$$

于是有

$$P(x)=(x-r)^2(x-\frac{1}{r})^2=$$

$$x^4-2(1+\frac{1}{r})x^3+(r^2+2+\frac{1}{r^2}+2)\cdot$$

$$x^2-2(r+\frac{1}{r})x+1=0$$

令 $y=r+\frac{1}{r}$,则得

$$a=-2y, b=y^2+2 \quad ⑤$$

由解法 1 知 $|y|\geqslant 2$,故

$$|a|\geqslant 4, b\geqslant 6$$

由 ⑤ 中消去 y 得

$$b=\frac{a^2}{4}+2, |a|\geqslant 0 \quad ⑥$$

这样,我们看到 S 的边界是一抛物线的一部分.

ⅱ $P(x)=0$ 的重根 r 为 1 或 -1,在这一情形下

$$P(1)=2a+b+2=0$$

或

$$P(-1)=-2a+b+2=0$$

这样,我们就有两条对称的直线

$$b=2a-2$$

或

$$b=-2a-2 \quad ⑦$$

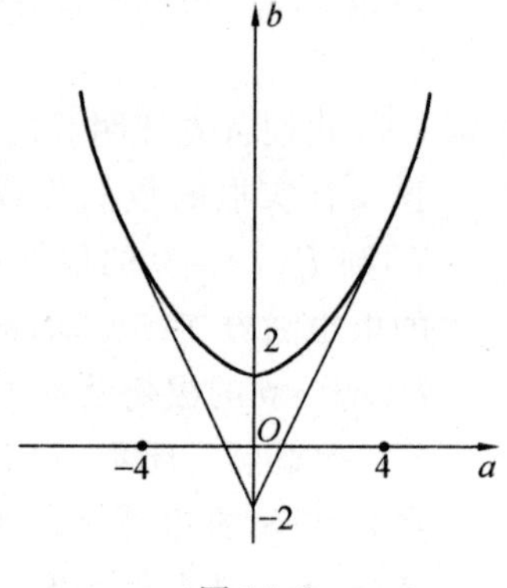

图 15.6

如图 15.6 所示,这两直线上每一点 (a,b) 皆属于 S,因为 $P(x)=0$ 有一实根 1 或 -1 在其上,现在这两直线和 $(0,0)$ 的距离为

$$d=\frac{2}{\sqrt{5}}=\sqrt{a^2+b^2}$$

所以

$$a^2+b^2=\frac{4}{5}$$

在情形 ⅰ 中,$a^2+b^2\geqslant 4^2+6^2=52$,可知 a^2+b^2 的最小值为 $\frac{4}{5}$.

解法 3　由于方程

$$x^4+ax^3+bx^2+ax+1=0 \quad ⑧$$

由数对 (a,b) 所确定,我们把使方程 ⑧ 至少有一个实数解的数对 (a,b) 组成的集合记为 M,把使方程 ① 至少有一个正数解的数对 (a,b) 组成的集合记为 N,显然,$N\subset M$,并且设

$$d=\min_{(a,b)\in M}(a^2+b^2), g=\min_{(a,b)\in N}(a^2+b^2)$$

于是问题就转化成计算 d 的值.

由 $N\subset M$ 可知,$g\geqslant d$. 又因数 0 不是方程 ⑧ 的解,故方程 ⑧ 的解或者是正实数,或者是负实数. 如果 x_0 是方程 ⑧ 的一个负实数解,那么 $-x_0$ 便是方程

$$x^4-ax^3+bx^2-ax+1=0 \quad ⑨$$

的一个正实数解. 而方程 ⑨ 是将方程 ⑧ 中的 a 代换成 $-a$ 得到的,并且 $(-a)^2+b^2=a^2+b^2$,由此可知,若 $(a,b)\in\frac{M}{N}$,则 $(-a,b)\in N$,从而 $g=d$. 因此,我们只要讨论方程 ⑧ 的正实数解

就行了.

利用代换

$$u=x+\frac{1}{x} \tag{⑩}$$

可以把方程 ⑧ 变形为方程

$$u^2+au+b-2=0 \tag{⑪}$$

如果 x_0 是方程 ⑧ 的一个正实数解,那么必有

$$u_0=x_0+\frac{1}{x_0}\geqslant 2 \tag{⑫}$$

反之,如果 u_0 是方程 ⑪ 的一个解,并且 u_0 满足条件 ⑫,那么方程

$$x+\frac{1}{x}=u_0$$

即方程

$$x^2-u_0x+1=0 \tag{⑬}$$

其判别式

$$D=u_0^2-4\geqslant 0$$

因此方程 ⑬ 有实数解,并且由于 $u_0\geqslant 2$,故方程 ⑬ 至少有一个正实数解,从而方程 ⑧ 对应地至少有一个正实数解.这样一来,我们只要讨论方程 ⑪ 的不小于 2 的实数解就行了.

我们把使方程 ⑪ 至少有一个不小于 2 的实数解的数对 (a,b) 组成的集合记为 R,于是应有

$$d=\min_{(a,b)\in R}(a^2+b^2)$$

下面分两种情形来讨论函数

$$f(u)=u^2+au+b-2$$

i $f(2)\leqslant 0$.

由于

$$\lim_{u\to+\infty}f(u)=+\infty$$

所以根据连续函数中值定理可知,存在一个实数 $u_0\geqslant 2$,使得 $f(u_0)=0$,也就是说,方程 ⑪ 有满足条件 ⑫ 的解.

我们知道,在笛卡儿坐标平面 aOb 内,由条件 $f(2)=2a+b+2\leqslant 0$ 可确定一个半平面,如图 15.7 所示,记为 H,这个半平面应位于直线

$$2a+b+2=0$$

下侧.半平面 H 内的每一点 P 对应一个数对 (a,b),并且,由这个数对确定方程

$$u^2+au+b-2=0$$

有不小于 2 的实数解.我们把所有这种数对的集合记为 R_1,显然,R_1 是 R 的一个子集合,即 $R_1\subseteq R$.设

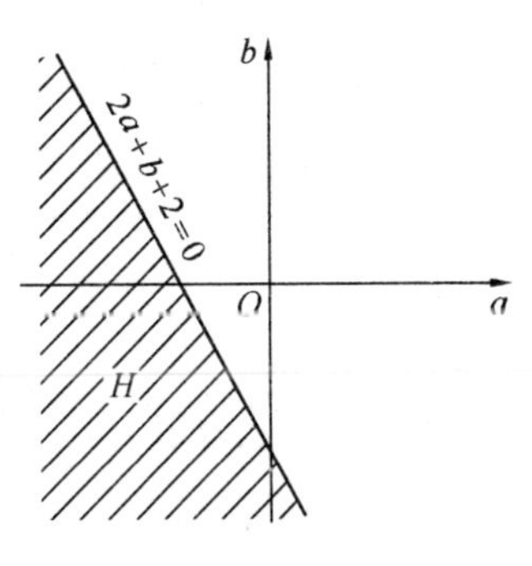

图 15.7

$$d_1=\min_{(a,b)\in R_1}(a^2+b^2)$$

由于 d_1 就是半平面 H 中一切点 (a,b) 到坐标原点 O 的距离平方 a^2+b^2 的最小值，而半平面 H 中一切点到点 O 的距离，以点 O 到它在直线 $2a+b+2=0$ 上的垂足之间的距离为最短，根据点到直线的距离公式可知此时有

$$\sqrt{a^2+b^2}=\frac{|2\times 0+1\times 0+2|}{\sqrt{2^2+1^2}}=\frac{2}{\sqrt{5}}$$

因此
$$d_1=\min_{(a,b)\in R_1}(a^2+b^2)=\frac{4}{5}$$

ⅱ $f(2)>0$.

此时，如果实数 $u_0\geqslant 2$ 使 $f(u_0)=0$，即

$$f(u_0)=u_0^2+au_0+b-2=0$$

那么必有判别式

$$\Delta=a^2-4b+8\geqslant 0$$

从而

$$f\left(-\frac{a}{2}\right)=\frac{a^2}{4}-\frac{a^2}{2}+b-2=-\frac{1}{4}(a^2-4b+8)\leqslant 0$$

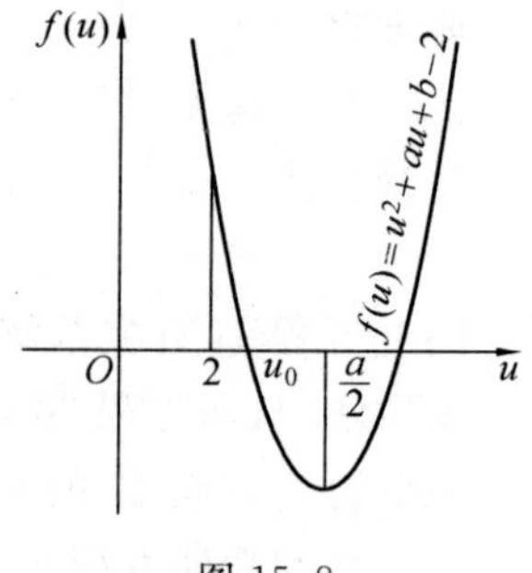

图 15.8

又因为 $f(2)>0$，$f(u_0)=0$，并且 $u_0\geqslant 2$，所以 $-\frac{a}{2}>2$，即 $a<-4$，如图 15.8 所示.从而

$$a^2+b^2\geqslant a^2>16>\frac{4}{5}=d_1$$

由此可知，如果 $(a,b)\in\frac{R}{R_1}$，那么 $a^2+b^2\geqslant d_1$.于是

$$d=\min_{(a,b)\in M}(a^2+b^2)=\min_{(a,b)\in R}(a^2+b^2)=\min_{(a,b)\in R_1}(a^2+b^2)=\frac{4}{5}$$

解法 4 由解法 2 知，只需研究方程

$$u^2+au+b-2=0 \quad ⑭$$

至少有一个不小于 2 的实根的情况.

为此，应有

$$D=a^2-4b+8\geqslant 0 \quad ⑮$$

且

$$\frac{-a+\sqrt{a^2-4b+8}}{2}\geqslant 2 \quad ⑯$$

那么

$$\sqrt{a^2-4b+8}\geqslant a+4$$
$$a^2-4b+8\geqslant (a+4)^2=a^2+8a+16$$
$$2a+b+2\leqslant 0 \quad ⑰$$

反之，若 a，b 满足 ⑰，也可推知 a，b 必满足 ⑮，⑯，从而方程 ⑭

至少有一个不小于 2 的实根.

令 $a=\rho\cos\theta, b=\rho\sin\theta(\rho\geqslant 0)$，则 ⑰ 化为

$$2\rho\cos\theta+\rho\sin\theta+2\leqslant 0$$

$$\sqrt{5}\rho\cos(\theta-\varphi)\leqslant -2 \tag{18}$$

其中，$\varphi=\arctan\dfrac{1}{2}$.

显然，满足 ⑱ 的 ρ 的最小(正) 值为$\dfrac{2}{\sqrt{5}}$.

又因

$$a^2+b^2=\rho^2(\cos^2\theta+\sin^2\theta)=\rho^2$$

故得

$$\min(a^2+b^2)=(\frac{2}{\sqrt{5}})^2=\frac{4}{5}$$

注 令 $a=\rho\cos\theta, b=\rho\sin\theta$，实际上是把坐标平面 aOb 上的点 (a,b) 用极坐标表示. 而 $\rho=\sqrt{a^2+b^2}$ 是点 (a,b) 的极径，故满足 ⑱ 的 ρ 的最小(正)值就是直线

$$\sqrt{5}\rho\cos(\theta-\varphi)=-2$$

下方(包括边界) 的所有点的极径的最小值，显然等于极点 O 与这条直线的距离$\dfrac{2}{\sqrt{5}}$.

4 一士兵要在一个正三角形形状的区域内检查是否埋有地雷，他所用的检查仪器的有效作用范围的半径等于该三角形的高的一半. 现若该士兵自该三角形一顶点出发，问要完成这个使命，怎样行走所取的路径才是最短的.

南斯拉夫命题

解法 1 如图 15.9 所示，设该士兵的出发点是 $\triangle ABC$ 的顶点 A，h 是 $\triangle ABC$ 的高. 为了能检查 B，C 两点，他所走的路径，必与以 B 及 C 为圆心，$\dfrac{h}{2}$ 为半径的圆弧 O_B 及 O_C 相遇于某两点 P 及 Q. 由于 O_B 的半径是固定的，若路径 $APQB$ 为最短，则路径 APQ 也为最短. 此时由 A 至 P 与由 P 至 Q 这两部分的路径必定都是直线，若 P_O 是 O_C 和 AB 上的高 CH 的交点，Q_O 是 PB 与 O_B 的交点，我们将证明 AP_OQ_O 是所求的最短路径.

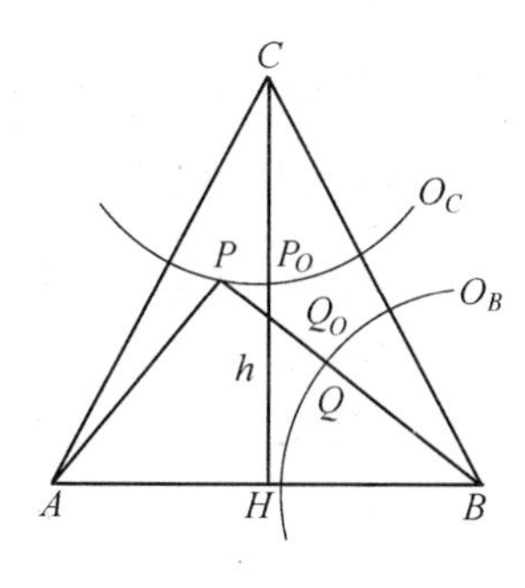

图 15.9

因为 O_C 的半径是$\dfrac{h}{2}$，故 P_O 是 CH 的中点，它和 A 与 B 等距离，即 $\triangle AP_OB$ 是等腰三角形. 过 P_O 作 O_C 的切线 t，如图 15.10 所示. 若 P 是 O_C 上另一点，连 AP 交 t 于点 P'，则

$$AP+PB>AP'+P'B$$

$\triangle AP'B$ 和 $\triangle AP_OB$ 同底等高. 在所有同底等高的三角形中，等腰三角形的周界最短. 所以

$$AP' + P'B + AB > AP_O + P_OB + AB$$

即
$$AP' + P'B > AP_O + P_OB$$

从而知 AP_OQ_O 是最短路径.

读者可以自己证明,该士兵只要沿着 AP_OQ_O 路径行走,就可以检查到 $\triangle ABC$ 内的每一点.

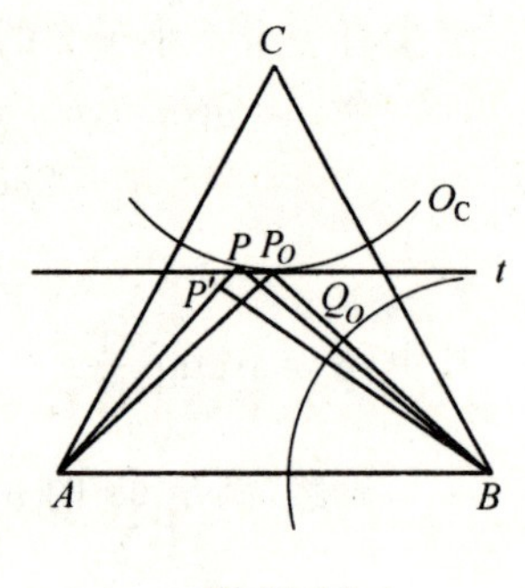

图 15.10

应用勾股定理,我们还可以算出路径 AP_OQ_O 的长度,由 $AP_O{}^2 = \frac{7h^2}{12}$ 得

$$AP_O + P_OQ_O = AP_O + P_OB - \frac{h}{2} = \left(\sqrt{\frac{7}{3}} - \frac{1}{2}\right)h$$

若正 $\triangle ABC$ 的边长为 S,则最短路径的长度为

$$AP_O + P_OQ_O = \left(\frac{\sqrt{7}}{2} - \frac{\sqrt{3}}{4}\right)S$$

推广 本题可以推广如下:设 K 是一光滑凸闭曲线,A,B 是在 K 所包围的区域之外的点,求最短路径 APB,P 是 K 上的点.我们要先证明在 K 上存在一点 P_O,使过 P_O 的法线和 AP_O 及 P_OB 所成的角相等.用本题的方法可证得 AP_OB 是最短路径.

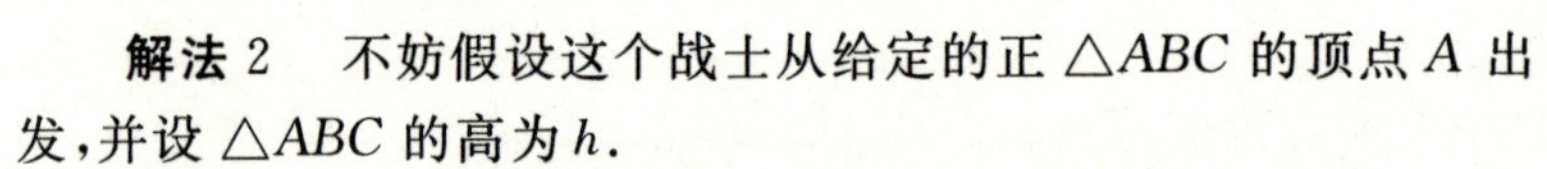

解法 2 不妨假设这个战士从给定的正 $\triangle ABC$ 的顶点 A 出发,并设 $\triangle ABC$ 的高为 h.

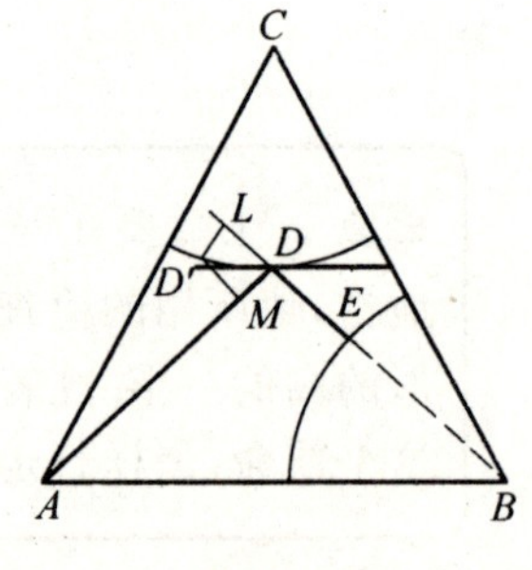

图 15.11

如图 15.11 所示,为了探测点 C 和点 B,探测路径必须经过以点 C 为圆心,以 $\frac{h}{2}$ 为半径的弧 α 上的点 D,以及以点 B 为圆心,以 $\frac{h}{2}$ 为半径的弧 β 上的点 E,因而探测路径为 ADE.因为 $BE = \frac{h}{2}$(定值),所以当路径 $ADEB$ 最短时,路径 ADE 也最短.在路径 $ADEB$ 中,从 A 至 D,从 D 至 E 应取直线,并且 E 应在 DB 上.这样,问题就归结为:在 $CD = \frac{h}{2}$ 的条件下,求 $AD + DB$ 的最小值.

我们来证明,当 D 为 $\triangle ABC$ 的 AB 边上的高的中点时,$AD + DB$ 最短.

证法 1 事实上,如果点 D' 是满足条件的另一点,即有 $CD' = \frac{h}{2}$,为确定起见,不妨设点 D' 离点 A 较近,离点 B 较远.过 D' 分别作 BD,AD 的垂线交 BD,AD 或其延长线于 L,M.由于过点 D 且平行 AB 的直线是 $\angle MDL$ 的平分线,又是弧 α 在点 D 处的切线,故弧 α 上的点 D' 与 BD 延长线上的点 L 必在 $\angle MDL$ 的平分线的同一侧,从而 $LD' < D'M$,又由勾股定理可知,$LD > MD$,即 $LD - MD > 0$.于是

$$AD' + D'B > AM + LB = (AD - MD) + (LD + DB) =$$

$$(AD+DB)+(LD-MD)>AD+DB$$

这就证明了 $AD+DB$ 是最短线.

证法 2 设点 D' 是满足条件的另一点，即点 D' 在弧 α 上，如图 15.12 所示，联结 AD' 和 $D'B$. 再以 A,B 为焦点，$\frac{h}{2}$ 为短半轴作椭圆 γ，交 AD' 于点 G. 由于点 D' 到 AB 的距离大于 $\frac{h}{2}$，而椭圆的短半轴为 $\frac{h}{2}$，故知点 D' 必在椭圆的外部，即点 G 必在线段 AD' 内部. 在 $\triangle D'GB$ 中有

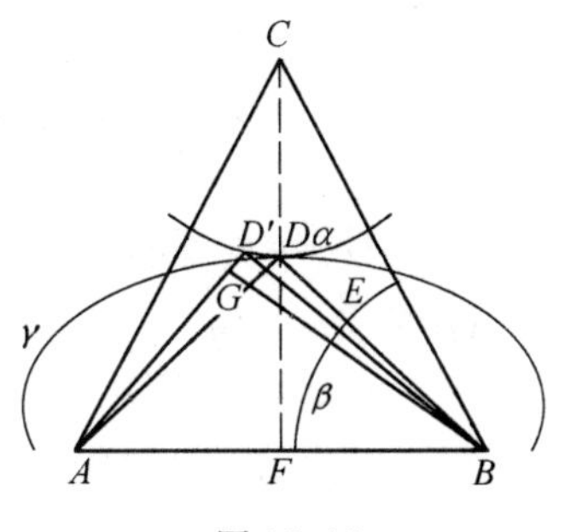

图 15.12

$$GD'+D'B>GB$$

于是
$$AG+GD'+D'B>AG+GB$$

即
$$AD'+D'B>AG+GB$$

又根据椭圆的性质可得

$$AG+GB=AD+DB$$

故
$$AD'+D'B>AD+DB$$

这就证明了 $AD+DB$ 是最短线.

下面来说明，沿着路径 ADE 可以探遍整个 $\triangle ABC$ 的内部及边界，设过点 E 且垂直 AB 的直线与 AB,BC 分别交于点 F,G，过路径 ADE 上的任意一点 P 且垂直 AB 的直线分别交 $\triangle ABC$ 的两边于 R,Q，如图 15.13 所示，显然

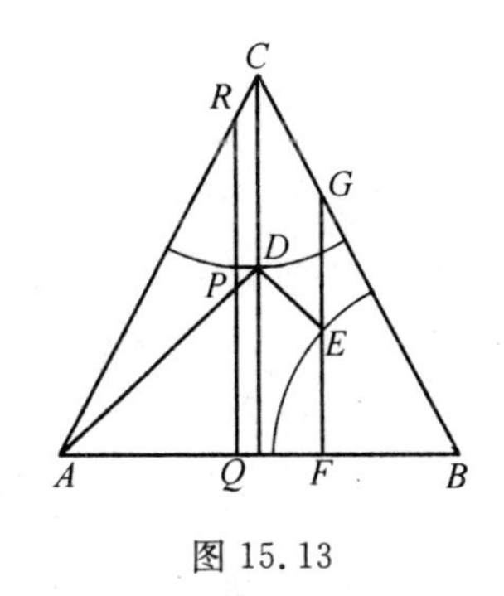

图 15.13

$$PR\leqslant CD=\frac{h}{2},PQ\leqslant\frac{h}{2}$$

由此可见，当点 P 沿着路径 ADE 移动时，线段 RQ 将覆盖整个四边形 $AFGC$ 的内部及边界，即战士沿着路径 ADE 可以探遍整个四边形 $AFGC$ 的内部及边界. 另一方面，余下的 $\triangle FBG$ 在以 E 为圆心，$\frac{h}{2}$ 为半径的圆内，故战士位于点 E 处可探遍整个 $\triangle FBG$ 的内部及边界. 从而也就探遍整个 $\triangle ABC$ 的内部及边界.

波兰命题

5 设 G 是形如 $f(x)=ax+b$ 的实变数函数的集合，其中 a，b 是实数，f 不是常函数，且 G 具有如下的性质：

(1) 若 $f,g\in G$，则 $g\circ f\in G$（这里 $g\circ f(x)\triangleq g(f(x))$）；

(2) 若 $f\in G$，则 $f^{-1}\subset G$（这里 $f^{-1}(x)=\frac{(x-b)}{a}$ 是 $f(x)$ 的反函数）；

(3) 对于每一个 $f\in G$，存在着实数 x_f 使得 $f(x_f)=x_f$.

求证：存在着一个实数 k，使得对于所有 $f\in G$，有 $f(k)=k$.

证法1　由(1),(2)可知,G对于函数的复合运算"$\circ$"构成一个群.函数$i(x)=x$是G的单位元,这是因为对于任意一个实变数x都有

$$(f\circ i)(x)=(i\circ f)(x)=f(x)$$

对于每个$f(x)=ax+b\in G$,我们可以用系数a和它联系,这种联系是可乘的,意指若$f(x)=ax+b,g(x)=cx+d$,则$g\circ f$可和ac联系.

每一个线性函数$ax+b(a\neq 1)$,必有一个不动点x_f.由$f(x_f)=ax_f+b=x_f$得$x_f=\frac{b}{(1-a)}$.从几何观点看,x_f就是$y=ax+b$和$y=x$这两直线的交点.当$a=1$时,$ax+b=x+b$有一个不动点的充要条件是$b=0$.这时的函数是$i(x)=x$,而每一点都是不动点.所以由(3)可知G除单位元外不能含有其他斜率为1的函数.

现在考虑复合函数$m=f\circ g$与$n=g\circ f$,其中

$$f(x)=ax+b,g(x)=cx+d$$

m与n的斜率都是ac,而m^{-1}在n^{-1}的斜率则都是$\frac{1}{ac}$,故$m^{-1}\circ n$的斜率为1.又因$m^{-1}\circ n\in G$,它必是G的单位元,即

$$m^{-1}\circ n=i\Rightarrow m\circ m^{-1}\circ n=m\circ i\Rightarrow n=m\Rightarrow g\circ f=f\circ g$$

所以G中的函数对于函数的复合运算"$\circ$"是可交换的.

如果G只含有单位元,则不必证明.如果G含有$f(x)=ax+b(a\neq 1)$及$g(x)=cx+d(c\neq 1)$,则这两个函数的不动点分别为$\frac{b}{(1-a)}$及$\frac{d}{(1-c)}$.现有$f\circ g=g\circ f$,且

$$(f\circ g)(x)=f(g(x))=f(cx+d)=acx+ad+b$$

$$(g\circ f)(x)=g(f(x))=g(ax+b)=acx+bc+d$$

故有

$$acx+ad+b=acx+bc+d$$

所以

$$\frac{b}{1-a}=\frac{d}{1-c}$$

即$f(x)$和$g(x)$有共同的不动点.因为f和g是G中异于单位元的任意函数,只要令$\frac{b}{(1-a)}=k$,则对于G中的所有函数,k是它们的共同不动点.

证法2　首先,证明

$$f(x)=x+b\in G\Rightarrow b=0 \quad ①$$

事实上,由(3)可知,有一x_f使$f(x_f)=x_f+b=x_f$,于是$b=0$.

其次,证明若$f(x)=ax+b\in G$,则b由a惟一确定.

事实上,如果$g_1(x)=ax+b_1,g_2(x)=ax+b_2$是$G$中的两个

函数，由(1)，(2) 可知

$$g_1^{-1}(g_2(x)) = \frac{(ax+b_2)-b_1}{a} = x + \frac{b_2-b_1}{a}$$

也是 G 中的函数. 又由 ① 可知 $b_1=b_2$.

最后证明：存在一个数 k，使得对一切 $f(x)=ax+b\in G$ 恒有 $f(k)=k$. 事实上，由上面的讨论可知，当 $a=1$ 时，G 中的函数 $f(x)=x$，显然对一切数 k 都有 $f(k)=k$. 再设 $m(x)=ax+b$，$n(x)=cx+d$ 是 G 中的任意两个函数，并且 $a\neq 1, c\neq 1$. 由(3) 可知，存在 x_m, x_n 使

$$ax_m+b=x_m, cx_m+d=x_n$$

即
$$x_m=-\frac{b}{a-1}, x_n=-\frac{d}{c-1}$$

又由(2) 可知

$$m(n(x))=acx+ad+b$$
$$n(m(x))=acx+bc+d$$

也是 G 中的函数，并且必有

$$ad+b=bc+d$$

从而
$$-\frac{b}{a-1}=-\frac{d}{c-1}$$

因此可得
$$k=x_m=x_n$$

瑞典命题

6 设 $a_1,a_2,\cdots,a_n$ 是 n 个正数，q 是小于 1 的正实数，求 n 个数 $b_1,b_2,\cdots,b_n$ 使适合下列条件：

(1) $a_k<b_k(k=1,2,\cdots,n)$；

(2) $q<\frac{b_{k+1}}{b_k}<\frac{1}{g}(k=1,2,\cdots,n-1)$；

(3) $\sum_{k=1}^{n}b_k<\frac{1+g}{1-g}\sum_{k=1}^{n}a_n$.

解法 1　首先把原题略为改变如下.

设 $(a_1,a_2,\cdots,a_n)$ 是 n 元向量，其中各分量 a_i 是非负实数. 求向量 $(b_1,b_2,\cdots,b_n)$ 使适合条件(1)，(2) 和(3)，但所有符号"$<$"用"$\leqslant$"替换.

设对于向量 $\boldsymbol{A}=(a_1,a_2,\cdots,a_n)$ 及 $\boldsymbol{A}'=(a'_1,a'_2,\cdots,a'_n)$，题的解分别是 $\boldsymbol{B}=(b_1,b_2,\cdots,b_n)$ 及 $\boldsymbol{B}'-(b'_1,b'_2,\cdots,b'_n)$，则不难看出，对于向量 $\boldsymbol{A}+\boldsymbol{A}'$ 及 $C\boldsymbol{A}$(C 是正实数)，题的解是 $\boldsymbol{B}+\boldsymbol{B}'$ 及 $C\boldsymbol{B}$. 所以，如果对于单位向量

$$\boldsymbol{u}_1=(1,0,0,\cdots,0)$$
$$\boldsymbol{u}_2=(0,1,0,\cdots,0)$$
$$\boldsymbol{u}_3=(0,0,\cdots,0,1)$$

我们能够求得题的解,则对于由这些向量用加法及实数与向量的乘法所得到的任意向量$(a_1,a_2,\cdots,a_n)$,我们也能够求得题的解.

现在我们先对 $\boldsymbol{u}_1$ 求出适合题中各条件的 b_k.

当 $k=1$ 时,由(1) 可知 1 是 b_1 的最小可能值,而当 $k>1$ 时,任何正数 b_k 皆能满足 $a_k\leqslant b_k$.

至于满足 $qb_k\leqslant b_k$ 的各 b_j 的最小值,可取

$$b_1=1,b_2=q,b_3=q^2,\cdots,b_n=q^{n-1}$$

因为

$$\sum_{k=1}^{n}b_k=\sum_{k=0}^{n-1}q^k<\frac{1}{1-q}<\frac{1+q}{1-q}(1+0+\cdots+0)$$

可知这些 b_i 也满足条件(3).

同理,对于 $\boldsymbol{u}_i=(0,\cdots,1,0,\cdots,0)$,其第 i 个分量为 1,其余各分量皆为 0,可取

$$b_k=q^{k-i},i<k;b_i=1;b_k=q^{i-k},i>k$$

现在向量$(a_1,a_2,\cdots,a_n)$ 可写成

$$a_1\boldsymbol{u}_1+a_2\boldsymbol{u}_2+\cdots+a_n\boldsymbol{u}_n$$

根据上面的论述,对于这个向量题的解为

$$a_1(1,q,q^2,\cdots,q^{n-1})+a_2(q,1,q,\cdots,q^{n-2})+\cdots+$$
$$a_n(q^{n-1},q^{n-2},\cdots,q,1)$$

用$(b_1,b_2,\cdots,b_n)$ 表示这个解,则

$$b_1=a_1+qa_2+q^2a_3+\cdots+q^{n-1}a_n$$
$$b_2=qa_1+a_2+qa_3+q^2a_4+\cdots+q^{n-2}a_n$$
$$b_3=q^2a_1+qa_2+a_3+qa_4+\cdots+q^{n-3}a_n$$
$$\vdots$$
$$b_n=q^{n-1}a_1+q^{n-2}a_2+\cdots+a_n \quad ①$$

最后,我们将证明 ① 中 n 个数 b_k 也是原题的解,即这些数也满足含有不等号"<"的三个条件.

(1) 因为所有 a_j 和 q 都是正数,所以

$$b_k=q^{k-1}a_1+\cdots+qa_{k-1}+a_k+qa_{k+1}+\cdots+q^{n-k}a_n>a_k$$

(2) 我们先比较 qb_k 和 b_{k+1},即

$$qb_k=q^ka_1+\cdots+q^2a_{k-1}+qa_k+q^2a_{k+1}+\cdots+q^{n-k+1}a_n$$
$$b_{k+1}=q^ka_1+q^{k-1}a_2+\cdots+qa_k+a_{k+1}+\cdots+q^{n-k-1}a_n$$

qb_k 和 b_{k+1} 的首 k 项相等,自第 $k+1$ 项起,因 $0<q<1$,b_{k+1} 各项大于 qb_k 的对应项. 故有 $b_{k+1}>qb_k$ 或 $q<\frac{b_{k+1}}{b_k}$.

又以$\frac{1}{q}$ 乘 b_k 各项得

$$\frac{1}{q}b_k=q^{k-2}a_1+\cdots+a_{k-1}+\frac{1}{q}a_k+a_{k+1}+\cdots+q^{n-k-1}a_n$$

以上最后 $n-k$ 项和 b^{k+1} 的对应项相等，但首 k 项则大于 b_{k+1} 的对应项. 故有 $\frac{b_k}{q}>b_{k+1}$ 或 $\frac{b_{k+1}}{b_k}<\frac{1}{q}$.

(3) 把 ① 中各式相加，左边是 $\sum_{k=1}^{n}b_k$，右边可写成

$$c_1a_1+c_2a_2+\cdots+c_na_n$$

这里 C_j 是 ① 右边第 j 列 a_j 的系数和. 显然每个 C_j 小于

$$\begin{aligned}C=&1+2q+2q^2+\cdots+2q^{n-1}=\\&1+2q(1+q+q^2+\cdots+q^{n-2})<\\&1+\frac{2q}{(1-q)}=\frac{(1+q)}{(1-q)}\end{aligned}$$

所以
$$\sum_{k=1}^{n}b_k=\sum_{k=1}^{n}C_ka_k<C\sum_{k=1}^{n}a_k<\frac{1+q}{1-q}\sum_{k=1}^{n}a_k$$

所以 $b_1,b_2,\cdots,b_n$ 适合题述的所有条件.

解法 2 令

$$b_k=a_1q^{k-1}+\cdots+a_{k-1}q+a_k+a_{k+1}q+\cdots+a_nq^{n-k}$$
$$k=1,2,\cdots,n$$

则恒有 $b_k>a_k$.

再者，对于 $k=1,\cdots,n-1$. 有

$$qb_k-b_{k+1}=a_{k+1}(q^2-1)+\cdots+a_nq^{n-k-1}(q^2-1)<0$$

以及

$$qb_{k+1}-b_k=a_1q^{k-1}(q^2-1)+\cdots+a_k(q^2-1)<0$$

于是对从 1 到 $n-1$ 的一切 k 有

$$q<\frac{b_{k+1}}{b_k}<\frac{1}{q}$$

又

$$\begin{aligned}b_1+b_2+\cdots+b_n=&a_1+a_2q+a_3q^2+\cdots+a_nq^{n-1}+\\&a_1q+a_2+a_3q+\cdots+a_nq^{n-2}+\\&a_1q^2+a_2q+a_3+\cdots+a_nq^{n-3}+\cdots+\\&a_1q^{n-1}+a_2q^{n-2}+a_3q^{n-3}+\cdots+a_n<\\&(a_1+a_2+a_3+\cdots+a_n)\cdot\\&(1+2q+2q^2+\cdots+2q^{n-1})=\\&(a_1+a_2+a_3+\cdots+a_n)\left(2\frac{1-q^n}{1-q}-1\right)=\\&(a_1+a_2+a_3+\cdots+a_n)\frac{1+q-2q^n}{1-q}<\\&(a_1+a_2+a_3+\cdots+a_n)\frac{1+q}{1-q}\end{aligned}$$

第 15 届国际数学奥林匹克英文原题

The fifteenth International Mathematical Olympiad was held from July 5th to July 16th 1973 in the city of Moscow.

1 In a plane there is a line l, a point O on g and n unit vectors $\overrightarrow{OP_1}, \overrightarrow{OP_2}, \cdots, \overrightarrow{OP_n}$ which lie in the same halfplane bounded by g. Show that if n is an odd number then

$$|\overrightarrow{OP_1}+\overrightarrow{OP_2}+\cdots+\overrightarrow{OP_n}|\geqslant 1$$

where $|\overrightarrow{OM}|$ represents the length of the vector $\overrightarrow{OM}$.

(Czechoslovakia)

2 Find whether there exists a finite set M of noncoplanar points in the space such that for every pair of points $A, B\in M$ there exist points C, D in M such that the lines AB and CD are distinct and paralled.

(Poland)

3 Let a, b be real numbers such that the equation

$$x^4+ax^3+bx^2+ax+1=0$$

has at least one real root. Find the least value of the sum a^2+b^2.

(Sweden)

4 A soldier has to verify if there are mines inside an equilateral triangle field. The action radius of his mine detector is a half of the altitude of the triangle and his starting point is a vertex of the triangle. Find the shortest path to follow the soldier when he accomplishes his mission.

(Yugoslavia)

5 Let G be a nonempty set of functions, $f:\mathbf{R}\to\mathbf{R}, f(x)=ax+b$ where $a, b\in\mathbf{R}, a\neq 0$, which satisfy the conditions:

a) if f and g are functions from G then $g\circ f$ belongs to G.

(Poland)

b) if $f\in G$ and f^{-1} is its inverse function then $f^{-1}\in G$.

c) for any function $f\in G$ there exists a real number x_f such that $f(x_f)=x_f$.

Prove that there exists a real number k such that $f(k)=k$, for any function $f, f\in G$.

(Poland)

6 Let $a_1, a_2, \cdots, a_n$ be positive real numbers and q be a real number, $0<q<1$. Find n real numbers $b_1, b_2, \cdots, b_n$ such that:

a) $a_k<b_k$ for any $k=1,2,\cdots,n$;

b) $q<\frac{b_{k+1}}{b_k}<\frac{1}{q}$ for any $k=1,2,\cdots,n-1$;

c) $b_1+b_2+\cdots+b_n<\frac{1+q}{1-q}(a_1+a_2+\cdots+a_n)$.

(Sweden)

第15届国际数学奥林匹克各国成绩表

1973，苏联

名次	国家或地区	分数（满分320）	奖牌 金牌	银牌	铜牌	参赛队人数
1.	苏联	254	3	2	3	8
2.	匈牙利	215	1	2	5	8
3.	德意志民主共和国	188	—	3	4	8
4.	波兰	174	—	2	4	8
5.	英国	164	1	—	5	8
6.	法国	153	—	3	1	8
7.	捷克斯洛伐克	149	—	1	4	8
8.	奥地利	144	—	—	6	8
9.	罗马尼亚	141	—	1	3	8
10.	南斯拉夫	137	—	—	5	8
11.	瑞典	99	—	1	1	8
12.	保加利亚	96	—	—	1	8
13.	荷兰	96	—	—	2	8
14.	芬兰	86	—	—	2	8
15.	蒙古	65	—	—	1	8
16.	古巴	42	—	—	1	5

第 15 届国际数学奥林匹克预选题

苏联,1973

1 设四面体 $ABCD$ 内接于球面 S. 求出球面内部使得等式

$$\frac{AP}{PA_1}+\frac{BP}{PB_1}+\frac{CP}{PC_1}+\frac{DP}{PD_1}=4$$

成立的点 P 的轨迹,其中 A_1,B_1,C_1,D_1 分别是 S 和 AP,BP,CP,DP 的交点.

解 P 点的条件可以被写成形式

$$\frac{AP^2}{AP\cdot PA_1}+\frac{BP^2}{BP\cdot PB_1}+\frac{CP^2}{CP\cdot PC_1}+\frac{DP^2}{DP\cdot PD_1}=4$$

其中所有的分母都等于 R^2-OP^2 即 P 关于 S 的幂. 那样所给的条件就成为

$$AP^2+BP^2+CP^2+DP^2=4(R^2-OP^2) \qquad ①$$

设 M 和 N 分别是线段 AB 和 CD 的中点,而 G 是 MN 的中点,或 $ABCD$ 的中心,由 Stewart(斯特瓦尔特) 公式可知,任意一点 P 满足

$$AP^2+BP^2+CP^2+DP^2=2MP^2+2NP^2+\frac{1}{2}AB^2+\frac{1}{2}CD^2=$$
$$4GP^2+MN^2+\frac{1}{2}(AB^2+CD^2)$$

特别,对 $P\equiv O$,我们得出 $4R^2=4OG^2+\frac{1}{2}(AB^2+CD^2)$,而上面的等式就成为

$$AP^2+BP^2+CP^2+DP^2=4GP^2+4R^2-4OG^2$$

因此 ① 就等价于 $OG^2=OP^2+GP^2\Leftrightarrow\angle OPG=90^\circ$,因此点 P 的轨迹就是直径为 OG 的球面. 逆命题是容易的.

2 给了圆 K,求平行四边形 $ABCD$ 的顶点 A 的轨迹,其对角线 $AC\leqslant BD$,且 BD 位于 K 内.

解 设 D' 是 D 关于 A 的反射点,那么由于 $BCAD'$ 是一个平行四边形,条件 $BD\geqslant AC$ 就等价于 $BD\geqslant BD'$,这又等价于 $\angle BAD\geqslant\angle BAD'$,即 $\angle BAD\geqslant 90^\circ$. 那样所求的轨迹实际上就

是那种点 A 的轨迹，对这种点在 K 内存在两点 B,D 使得 $\angle BAD=90°$. 存在 B,D 的充分必要条件是从点 A 向 K 所作的两条切线，比如说 AP 和 AQ 确定了一个钝角. 那样如果 $P,Q\in K$，我们就有 $\angle PAO=\angle QAO=\varphi>45°$，因此 $OA=\dfrac{OP}{\sin\varphi}<OP\sqrt{2}$. 所以 A 的轨迹就是以 O 为圆心，$\sqrt{2}r$ 为半径的圆 K' 的内部，其中 r 是圆 K 的半径.

❸ 原题：证明奇数个通过同一点 O 的单位向量的和向量的长度大于或等于 1，这些向量都位于一条通过 O 的直线所分成的半平面内.

正式竞赛题：设 O 是直线 l 上的一点，$\overrightarrow{OP_1},\overrightarrow{OP_2},\cdots,\overrightarrow{OP_n}$ 是单位向量，其中点 $P_1,P_2,\cdots,P_n$ 和 l 位于同一平面内并且所有的点 P_i 都位于由 l 确定的半平面内. 证明如果 n 是奇数，则

$$||\overrightarrow{OP_1}+\overrightarrow{OP_2}+\cdots+\overrightarrow{OP_n}||\geqslant 1$$

($||\overrightarrow{OM}||$ 表示向量 $\overrightarrow{OM}$ 的长度)

证明　方法 1：对奇数 n 做归纳法. 对 $n=1$，没什么可证明的. 假设结果对 $n-2$ 个向量成立，并设按顺时针方向给出了 n 个向量 $\boldsymbol{v}_1,\boldsymbol{v}_2,\cdots,\boldsymbol{v}_n$. 设 $\boldsymbol{v}'=\boldsymbol{v}_2+\boldsymbol{v}_3+\cdots+\boldsymbol{v}_{n-1}$，$\boldsymbol{u}=\boldsymbol{v}_1+\boldsymbol{v}_n$，而 $\boldsymbol{v}=\boldsymbol{v}_1+\boldsymbol{v}_2+\cdots+\boldsymbol{v}_n=\boldsymbol{v}'+\boldsymbol{u}$，由归纳法假设，我们有 $|\boldsymbol{v}'|\geqslant 1$. 现在如果设 $\boldsymbol{v}'$ 和向量 $\boldsymbol{v}_1,\boldsymbol{v}_n$ 之间的角度分别为 α 和 β，那么 $\boldsymbol{u}$ 和 $\boldsymbol{v}'$ 之间的角度是 $\dfrac{|\alpha-\beta|}{2}\leqslant 90°$，因此 $|\boldsymbol{v}'+\boldsymbol{u}|\geqslant|\boldsymbol{v}'|\geqslant 1$.

方法 2：仍然用归纳法，易于证明对位于上半平面 $(y\geqslant 0)$ 的 n 个向量 $\boldsymbol{v}_1,\boldsymbol{v}_2,\cdots,\boldsymbol{v}_n$ 来说，和 $\boldsymbol{v}=\boldsymbol{v}_1+\boldsymbol{v}_2+\cdots+\boldsymbol{v}_n$ 的所有可能的值是这些值，它们使得 $|\boldsymbol{v}|\leqslant n$ 并且对每个整数 k，$|\boldsymbol{v}-k\boldsymbol{e}|\geqslant 1$，其中 $n-k$ 是奇数，$\boldsymbol{e}$ 是 x 轴上的单位向量.

❹ 设 P 是 7 个不同的素数的集合，而 C 是 28 个不同的合数的集合，其中每个合数都是两个 P 中的数(不一定是不同的)的积. 集合 C 被分成了 7 个互不相交的四元素子集使得每个子集中的数都至少和其他两个数有公共的素因子. C 可以有多少种分法？

解　每个子集的形式必须是 $\{a^2,ab,ac,ad\}$ 或 $\{a^2,ab,ac,bc\}$，现在易于数出分法的数目，结果为 26 460.

5 一个半径为 1 的圆位于一个直三面角内并和它的面相切. 求圆心的轨迹.

解 设 O 是三面角的顶点,Z 是内接于三面角的圆的圆心,A,B,C 是圆所在的平面和三面角的棱的交点. 我们断言 OZ 的长度是常数.

设 $OA=x,OB=y,OC=z,BC=a,CA=b,AB=c,S$ 和 $r=1$ 分别是 $\triangle ABC$ 的面积和内切圆半径. 由于 Z 是 $\triangle ABC$ 的内心,我们有 $(a+b+c)\overrightarrow{OZ}=a\overrightarrow{OA}+b\overrightarrow{OB}+c\overrightarrow{OC}$,因此

$$(a+b+c)^2OZ^2=(a\overrightarrow{OA}+b\overrightarrow{OB}+c\overrightarrow{OC})^2=a^2x^2+b^2y^2+c^2z^2 \quad ①$$

但是由于 $y^2+z^2=a^2,z^2+x^2=b^2$ 和 $x^2+y^2=c^2$,我们得出

$$x^2=\frac{-a^2+b^2+c^2}{2},y^2=\frac{a^2-b^2+c^2}{2},z^2=\frac{a^2+b^2-c^2}{2}$$

把以上式子代入 ① 得

$$(a+b+c)^2OZ^2=\frac{2a^2b^2+2b^2c^2+2c^2a^2-a^4-b^4-c^4}{2}=$$

$$8S^2=2(a+b+c)^2r^2$$

因此 $OZ=r\sqrt{2}=\sqrt{2}$,而 Z 属于以 O 为球心,$\sqrt{2}$ 为半径的球 σ.

此外,Z 到三面角各面的距离不超过 1,因此 Z 属于 σ 的位于以三面角的面为面的单位立方体的内部. 容易看出,σ 的这一部分确实就是所需的轨迹.

6 原题:是否存在空间中的不共面的有限点集 M,对每两个点 $A,B\in M$ 都存在另外两个点 $C,D\in M$ 使得 AB 和 CD 互相平行?

正式竞赛题:是否存在空间中的不共面的有限点集 M,对每两个点 $A,B\in M$ 都存在另外两个点 $C,D\in M$ 使得 AB 和 CD 互相平行但不重合?

解 回答是肯定的. 可取 M 是立方体 $ABCDEFGH$ 的顶点和其中心分别关于侧面 $ABCD$ 和 $EFGH$ 的对称点 I,J 的集合.

原书注:我们证明更强的结果:给一个任意的有限点集 S,那么存在一个具有所述性质的有限集合 $M\supset S$.

选一点 $A\in S$ 和一个任意点 O 使得对某两个点 $B,C\in S$ 有 $AO\parallel BC$. 现在设 X' 是 X 关于 O 的对称点,并设 $S'=\{X,X'\mid X\in S\}$. 最后取 $M=\{X,\overline{X}\mid X\in S'\}$,其中 $\overline{X}$ 表示 X 关于 A 的对称点,那么这个 M 就具有所需的性质:如果 $X,Y\in M$ 并且 $Y\neq$

$\bar{X}$，那么 $XY /\!/ \overline{XY}$；否则，$X\bar{X}$ 即 XA 当 $X \neq A'$ 时将平行于 $X'A'$ 或 BC，如果 $X=A'$.

❼ 设 $ABCD$ 是一个四面体，$x=AB\cdot CD$，$y=AC\cdot BD$，$z=AD\cdot BC$，证明必存在以 x,y,z 为边长的三角形.

证明 结果可立即从 Ptolemy 不等式得出.

❽ 证明恰存在 $\binom{k}{\left[\frac{k}{2}\right]}$ 个非负整数的列 $a_1,a_2,\cdots,a_{k+1}$，使得 $a_1=0$ 并且 $|a_i-a_{i+1}|=1$，$i=1,2,\cdots,k$.

证明 设 f_n 是所求的总数，并设 $f_n(k)$ 表示使得 $a_1=0$，$a_n=k$ 和 $|a_i-a_{i+1}|=1$，$i=1,2,\cdots,n-1$ 的非负整数的序列 $a_1,a_2,\cdots,a_n$ 的数目. 特别 $f_1(0)=1$，$f_n(k)=0$，如果 $k<0$ 或 $k\geqslant n$. 由于 a_{n-1} 是 $k-1$ 或 $k+1$，我们有

$$f_n(k)=f_{n-1}(k+1)+f_{n-1}(k-1),\ k\geqslant 1 \qquad ①$$

连续应用式 ① 我们得出

$$f_n(k)=\sum_{i=0}^{r}\left[\binom{r}{i}-\binom{r}{i-k-1}\right]f_{n-r}(k+r-2i) \qquad ②$$

可以用归纳法直接验证上式. 把 $r=n-1$ 代入式 ②，我们得到至多有一个非 0 的和，即 $i=\frac{k+n-1}{2}$ 的项. 因此

$$f_n(n-1-2j)=\binom{n-1}{j}-\binom{n-1}{j-1}$$

对 $j=0,1,\cdots,\left[\frac{n-1}{2}\right]$，把这些等式相加，就得出所需的 $f_n=\binom{n-1}{\left[\frac{n-1}{2}\right]}$.

❾ 设 Ox，Oy，Oz 是三条射线，而 G 是三面角 $O-xyz$ 内的一点. 考虑所有通过 G 并分别与 Ox，Oy，Oz 相交于点 A，B，C 的平面，如何放置这种平面才能使四面体 $OABC$ 的周长最短？

解 设 a,b,c 分别是沿着 Ox，Oy，Oz 方向的向量，使得 $\overrightarrow{OG}=a+b+c$. 现在设 $A\in Ox$，$B\in Oy$，$C\in Oz$ 且设 $\overrightarrow{OA}=\alpha a$，

$\overrightarrow{OB}=\beta b$，$\overrightarrow{OC}=\gamma c$，其中 $\alpha,\beta,\gamma>0$. 点 G 属于平面 ABC，且 $A\in Ox$，$B\in Oy$，$C\in Oz$ 的充分必要条件是存在使得 $\lambda\overrightarrow{OA}+\mu\overrightarrow{OB}+\nu\overrightarrow{OC}=\overrightarrow{OG}$ 的和等于 1 的正实数 λ,μ,ν. 这等价于 $\lambda\alpha=\mu\beta=\nu\gamma=1$，而存在这种 λ,μ,ν 的充分必要条件是

$$\alpha,\beta,\gamma>0 \text{ 和 } \frac{1}{\alpha}+\frac{1}{\beta}+\frac{1}{\gamma}=1$$

由于 $OABC$ 的体积与 $\alpha\beta\gamma$ 成比例. 因此当 $\frac{1}{\alpha}\cdot\frac{1}{\beta}\cdot\frac{1}{\gamma}$ 最大时，它最小，这只在 $\alpha=\beta=\gamma=3$ 时发生，因此 G 就是 $\triangle ABC$ 的重心.

10 设 $a_1,a_2,\cdots,a_n$ 是正数，而 q 是一个给定的实数，$0<q<1$. 求出 n 个实数 $b_1,b_2,\cdots,b_n$ 使得他们满足

(1)$a_k<b_k(k=1,2,\cdots,n)$；

(2)$q<\frac{b_{k+1}}{b_k}<\frac{1}{q}(k=1,2,\cdots,n-1)$；

(3)$b_1+b_2+\cdots+b_n<\frac{1+q}{1-q}(a_1+a_2+\cdots+a_n)$.

解 设 $b_k=a_1q^{k-1}+\cdots+a_{k-1}q+a_k+a_{k+1}q+\cdots+a_nq^{n-k}$，$k=1,2,\cdots,n$. 我们证明这些数就满足所要求的条件. 显然 $b_k\geqslant a_k$，此外

$$b_{k+1}-qb_k=-[(q^2-1)a_{k+1}+\cdots+q^{n-k-1}(q^2-1)a_n]>0$$

最后

$$\begin{aligned}b_1+b_2+\cdots+b_n=&a_1(q^{n-1}+\cdots+q+1)+\cdots+\\&a_k(q^{n-k}+\cdots+q+1+q+\cdots+q^{k-1})+\cdots\leqslant\\&(a_1+a_2+\cdots+a_n)(1+2q+2q^2+\cdots+2q^{n-1})<\\&\frac{1+q}{1-q}(a_1+a_2+\cdots+a_n)\end{aligned}$$

11 确定 a^2+b^2 的最小值，其中 a,b 都是实数，且使得方程

$$x^4+ax^3+bx^2+ax+1=0$$

至少有一个实数解.

解 方法 1：设 $x+\frac{1}{x}=t$，则 $x^2+\frac{1}{x^2}=t^2-2$，而所给的方程就化为 $t^2+at+b-2=0$. 由于 $x=\frac{t\pm\sqrt{t^2-4}}{2}$，因此当且仅当 $|t|\geqslant 2$，$t\in\mathbf{R}$ 时，x 是实数. 那样，我们只需在条件 $at+b=-(t^2-2)$，$|t|\geqslant 2$ 下确定 a^2+b^2 的最小值.

然而由 Cauchy-Schwarz 不等式，我们有

$$(a^2+b^2)(t^2+1)\geqslant(at+b)^2=(t^2-2)^2$$

由此得出

$$a^2+b^2\geqslant h(t)=\frac{(t^2-2)^2}{t^2+1}$$

由于 $h(t)=(t^2+1)+\frac{9}{t^2+1}-6$，当 $t\geqslant 2$ 时是递增的，我们就得出 $a^2+b^2\geqslant h(2)=\frac{4}{5}$. 等号成立的情况是易于检验的：$a=\pm\frac{4}{5}$，$b=-\frac{2}{5}$.

方法 2：事实上，没必要考虑 $x=\frac{t+1}{t}$，直接由 Cauchy-Schwarz 不等式就得出

$$(a^2+2b^2+a^2)\left(x^6+\frac{x^4}{2}+x^2\right)\geqslant(ax^3+bx^2+ax)=(x^4+1)^2$$

因此
$$a^2+b^2\geqslant\frac{(x^4+1)^2}{2x^6+x^4+2x^2}\geqslant\frac{4}{5}$$

等号在 $x=1$ 时成立.

12 考虑两个元素为 1 和 −1 的正方矩阵

$$A=\begin{pmatrix}1&1&1&1&1\\1&1&1&-1&-1\\1&-1&-1&1&1\\1&-1&-1&-1&1\\1&1&-1&1&-1\end{pmatrix}$$

和

$$B=\begin{pmatrix}1&1&1&1&1\\1&1&1&-1&-1\\1&1&-1&1&-1\\1&-1&-1&1&1\\1&-1&1&-1&1\end{pmatrix}$$

以下变换将称为初等的：

(1) 改变一行中所有数的符号；

(2) 改变一列中所有数的符号；

(3) 互相交换两行(两行交换它们的位置)；

(4) 互相交换另列.

证明不可能通过以上变换把矩阵 A 变为矩阵 B.

证明 我们看出所给矩阵的行列式的绝对值在所有的初等变换下都是不变的，因而命题从 $\det A=16\neq\det B=0$ 即可得出.

13 求出球的最大半径,使得可把它放进任意所有的高都大于或等于 1 的四面体内.

解 用 S_1,S_2,S_3,S_4 表示四面体各面的面积,V 表示它的体积,h_1,h_2,h_3,h_4 表示它的高,r 表示内接球的半径.由于

$$3V=S_1h_1=S_2h_2=S_3h_3=S_4h_4=(S_1+S_2+S_3+S_4)r$$

故

$$\frac{1}{h_1}+\frac{1}{h_2}+\frac{1}{h_3}+\frac{1}{h_4}=\frac{1}{r}$$

在本题中,$h_1,h_2,h_3,h_4>1$,因此 $r\geqslant\frac{1}{4}$.另一方面,显然一个半径大于$\frac{1}{4}$ 的球不可能内接于一个四条高都等于 1 的四面体内,因此答案就是$\frac{1}{4}$.

14 一个士兵要在一个等边三角形的区域内探雷,探雷器的感应半径是这个三角形高的二分之一.士兵从三角形的一个顶点出发,确定士兵为了把全部区域都探测到而需行走的最短路径.

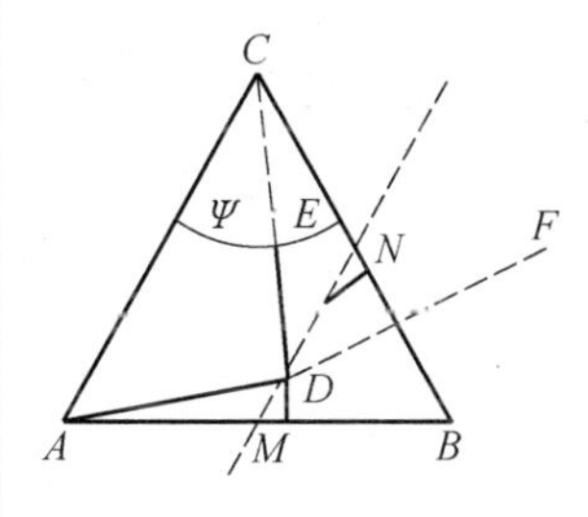

图 15.14

解 如图 15.14,设士兵从边长为 a 的等边三角形 ABC 的顶点 A 出发,设 φ,ψ 分别是圆心在 B 和 C,半径为$\frac{\sqrt{3}}{4}a$ 的圆在三角形内的圆弧.为了检查顶点 B 和 C,他必须到达某个点 $D\in\varphi$ 和 $E\in\psi$.那样他所走的路径不可能比路径 ADE(或 AED) 更短.路径 ADE 的长度是 $AD+DE\geqslant AD+DC-\frac{\sqrt{3}}{4}a$,设 F 是 C 关于直线 MN 的反射点,其中 M,N 是 AB 和 BC 的中点.那么 $DC\geqslant DF$,因此 $AD+DC\geqslant AD+DF\geqslant AF$,故 $AD+DE\geqslant AF-\frac{\sqrt{3}}{4}a=\left(\frac{\sqrt{7}}{2}-\frac{\sqrt{3}}{4}\right)a$,等号当且仅当 D 是弧 φ 的中点以及 $E=(CD)\cap\psi$ 成立.

此外,易于验证沿着路径 ADE,士兵将能够检查整个区域.因此这条路径(以及一条与它对称的路径) 就是士兵为了检查整个区域的可能的最短的路径.

15 对所有的 $n \in \mathbf{N}$,证明

$$2^n \prod_{k=1}^{n} \sin \frac{k\pi}{2n+1} = \sqrt{2n+1}$$

证明 如果 $z = \cos\theta + \mathrm{i}\sin\theta$,那么 $z - z^{-1} = 2\mathrm{i}\sin\theta$. 现在令 $z = \cos\frac{\pi}{2n+1} + \mathrm{i}\sin\frac{\pi}{2n+1}$,利用 De Moivre 公式我们把所需的等式变换为

$$A = \prod_{k=1}^{n} (z^k - z^{-k}) = \mathrm{i}^n \sqrt{2n+1} \quad ①$$

另一方面,复数 $z^{2k}(k = -n, -n+1, \cdots, n)$ 是 $x^{2n+1} - 1$ 的根,因而

$$\prod_{k=1}^{n} (x - z^{2k})(x - z^{-2k}) = \frac{x^{2n+1} - 1}{x - 1} = x^{2n} + \cdots + x + 1 \quad ②$$

现在我们回头来证明 ①. 我们有

$$(-1)^n z^{\frac{n(n+1)}{2}} A = \prod_{k=1}^{n} (1 - z^{2k}) \text{ 和 } z^{-\frac{n(n+1)}{2}} A = \prod_{k=1}^{n} (1 - z^{-2k})$$

把以上二式相乘,我们得出 $(-1)^n A^2 = \prod_{k=1}^{n} (1 - z^{2k})(1 - z^{-2k}) = 2n+1$,这蕴含所求的乘积是 $\pm\sqrt{2n+1}$. 但是它必须是正的,由于所有的正弦都是正的,这就得出了结果.

16 设 $a, \theta \in \mathbf{R}, m \in \mathbf{N}$ 以及 $P(x) = x^{2m} - 2 \mid a \mid^m \cdot x^m \cdot \cos\theta + a^{2m}$,把 $P(x)$ 因式分解成 m 个实二次多项式.

解 首先,我们有 $P(x) = Q(x)R(x)$,其中 $Q(x) = x^m - \mid a \mid^m \mathrm{e}^{\mathrm{i}\theta}$, $R(x) = x^m - \mid a \mid^m \mathrm{e}^{-\mathrm{i}\theta}$, $\mathrm{e}^{\mathrm{i}\varphi}$ 的含义是 $\cos\varphi + \mathrm{i}\sin\varphi$. 剩下的事是分解 Q 和 R. 设 $Q(x) = (x - q_1)\cdots(x - q_m)$ 以及 $R(x) = (x - r_1)\cdots(x - r_m)$.

考虑 $Q(x)$,我们看出 $\mid q_k^m \mid = \mid a \mid^m$ 以及 $\mid q_k \mid = \mid a \mid, k = 1, \cdots, m$. 那样,我们可设 $q_k = \mid a \mid \mathrm{e}^{\mathrm{i}\beta_k}$ 并且由 De Moivre 公式得出 $q_k^m = \mid a \mid^m \mathrm{e}^{\mathrm{i}m\beta_k}$. 由此得出 $m\beta_k = \theta + 2j\pi$,对某个 $j \in \mathbf{Z}$. 而在模 2π 下 β_k 恰有 m 种可能: $\beta_k = \frac{\theta + 2(k-1)\pi}{m}, k = 1, 2, \cdots, m$. 那样就得出 $q_k = \mid a \mid \mathrm{e}^{\mathrm{i}\beta_k}$;类似的,对 $R(x)$ 得出 $r_k = \mid a \mid \mathrm{e}^{-\mathrm{i}\beta_k}$,因此

$$x^m - \mid a \mid^m \mathrm{e}^{\mathrm{i}\theta} = \prod_{k=1}^{m} (x - \mid a \mid \mathrm{e}^{\mathrm{i}\beta_k})$$

和 $$x^m-|a|^m e^{-i\theta}=\prod_{k=1}^{m}(x-|a|e^{-i\beta_k})$$

最后把两个多项式的因子分组就得出

$$P(x)=\prod_{k=1}^{m}(x-|a|e^{i\beta_k})(x-|a|e^{-i\beta_k})=$$

$$\prod_{k=1}^{m}(x^2-2|a|x\cos\beta_k+a^2)=$$

$$\prod_{k=1}^{m}\left(x^2-2|a|x\cos\frac{\theta+2(k-1)\pi}{m}+a^2\right)$$

17 原题:设 Φ 是非空的函数集合,其元素是形如 $f(x)=ax+b$ 的函数 $f:\mathbf{R}\to\mathbf{R}$,其中 a 和 b 都是实数,且 $a\neq 0$. 设 Φ 满足以下条件:

(1) 如果 $f,g\in\Phi$,那么 $g\circ f\in\Phi$,其中 $(g\circ f)(x)=g[f(x)]$;

(2) 如果 $f\in\Phi$,且 $f(x)=ax+b$,那么 f 的逆 f^{-1} 也属于 Φ $(f^{-1}(x)=\frac{x-b}{a})$;

(3) 函数 $f(x)=x+c$ 都不属于 Φ,其中 $c\neq 0$.

证明存在一个 $x_0\in\mathbf{R}$ 使得对所有的 $f\in\Phi$ 都有 $f(x_0)=x_0$.

正式竞赛题:设 G 是非空的函数集合,其元素是形如 $f(x)=ax+b$ 的函数 $f:\mathbf{R}\to\mathbf{R}$,其中 a 和 b 都是实数,且 $a\neq 0$. 设 G 满足以下条件:

(1) 如果 $f,g\in G$,那么 $g\circ f\in G$,其中 $(g\circ f)(x)=g[f(x)]$;

(2) 如果 $f\in G$,且 $f(x)=ax+b$,那么 f 的逆 f^{-1} 也属于 G $(f^{-1}(x)=\frac{x-b}{a})$;

(3) 对每个 $f\in G$,存在一个数 $x_f\in\mathbf{R}$,使得 $f(x_f)=x_f$.

证明存在一个 $k\in\mathbf{R}$ 使得对所有的 $f\in G$ 都有 $f(k)=k$.

证明 设 $f_1(x)=ax+b$ 和 $f_2(x)=cx+d$ 是 Φ 中的两个函数,我们定义 $g(x)=f_1\circ f_2(x)=acx+(ad+b)$ 和 $h(x)=f_2\circ f_1(x)=acx+(bc+d)$,由 Φ 的定义可知,$g(x)$ 和 $h(x)$ 都属于 Φ. 此外存在 $h^{-1}(x)=\frac{x-(bc+d)}{ac}$ 并且

$$h^{-1}\circ g(x)=\frac{acx+(ad+b)-(bc+d)}{ac}=$$

$$x + \frac{(ad+b)-(bc+d)}{ac}$$

属于 Φ. 现在就得出对每个 $f_1, f_2 \in \Phi$,我们必须有 $ad+b=bc+d$,这等价于$\frac{b}{a-1}=\frac{d}{c-1}=k$. 但是这些公式实际刻画了 f_1 和 f_2 的不动点:$f_1(x)=ax+b=x \Rightarrow x=\frac{b}{a-1}$,因此所有$\Phi$中的函数都有不动点 k.

附　录
IMO 背景介绍

第1章　引　言

第1节　国际数学奥林匹克

国际数学奥林匹克(IMO)是高中学生最重要和最有威望的数学竞赛。它在全面提高高中学生的数学兴趣和发现他们之中的数学尖子方面起了重要作用.

在开始时,IMO是(范围和规模)要比今天小得多的竞赛.在1959年,只有7个国家参加第一届IMO,它们是:保加利亚,捷克斯洛伐克,民主德国,匈牙利,波兰,罗马尼亚和苏联.从此之后,这一竞赛就每年举行一次.渐渐的,东方国家,西欧国家,直至各大洲的世界各地许多国家都加入进来(唯一的一次未能举办竞赛的年份是1980年,那一年由于财政原因,没有一个国家有意主持这一竞赛.今天这已不算一个问题,而且主办国要提前好几年排队).到第45届在雅典举办IMO时,已有不少于85个国家参加.

竞赛的形式很快就稳定下来并且以后就不变了.每个国家可派出6个参赛队员,每个队员都单独参赛(即没有任何队友协助或合作).每个国家也派出一位领队,他参加试题筛选并和其队员隔离直到竞赛结束,而副领队则负责照看队员.

IMO的竞赛共持续两天.每天学生们用四个半小时解题,两天总共要做6道题.通常每天的第一道题是最容易的而最后一道题是最难的,虽然有许多著名的例外(IMO1996—5是奥林匹克竞赛题中最难的问题之一,在700个学生中,仅有6人做出来了这道题!).每题7分,最高分是42分.

每个参赛者的每道题的得分是激烈争论的结果,并且,最终,判卷人所达成的协议由主办国签名,而各国的领队和副领队则捍卫本国队员的得分公平和利益不受损失.这一评分体系保证得出的成绩是相对客观的,分数的误差极少超过2或3点.

各国自然地比较彼此的比分,只设个人奖,即奖牌和荣誉奖,在IMO中仅有少于$\frac{1}{12}$的参赛者被授予金牌,少于$\frac{1}{4}$的参赛者被授予金牌或银牌以及少于$\frac{1}{2}$的参赛者被授予金牌,银牌或者铜牌.在没被授予奖牌的学生之中,对至少有一个问题得满分的那些人授予荣誉奖.这一确定得奖的系统运行的相当完好.一方面它保证有严格的标准并且对参赛者分出适当的层次使得每个参赛者有某种可以尽力争取的目标.另一方面,它也保证竞赛有不依赖于竞赛题的难易差别的很大程度的宽容度.

根据统计,最难的奥林匹克竞赛是1971年,然后依次是1996年,1993年和1999年.得分最低的是1977年,然后依次是1960年和1999年.

竞赛题的筛选分几步进行.首先参赛国向IMO的主办国提交他们提出的供选择用的候选题,这些问题必须是以前未使用过的,且不是众所周知的新鲜问题.主办国不提出备选问题.命题委员会从所收到的问题(称为长问题单,即第一轮预选题)中选出一些问题(称为短问题单)提交由各国领队组成的 IMO 裁判团,裁判团再从第二轮预选题中选出 6 道题作为 IMO 的竞赛题.

除了数学竞赛外,IMO 也是一次非常大型的社交活动.在竞赛之后,学生们有三天时间享受主办国组织的游览活动以及与世界各地的 IMO 参加者们互动和交往.所有这些都确实是令人难忘的体验.

第 2 节　IMO 竞赛

已出版了很多 IMO 竞赛题的书[65].然而除此之外的第一轮预选题和第二轮预选题尚未被系统加以收集整理和出版,因此这一领域中的专家们对其中很多问题尚不知道.在参考文献中可以找到部分预选题,不过收集的通常是单独某年的预选题.参考文献[1],[30],[41],[60]包括了一些多年的问题.大体上,这些书包括了本书的大约 50%的问题.

本书的目的是把我们全面收集的 IMO 预选题收在一本书中.它由所有的预选题组成,包括从第 10 届以及第 12 届到第 44 届的第二轮预选题和第 19 届竞赛中的第一轮预选题.我们没有第 9 届和第 11 届的第二轮预选题,并且我们也未能发现那两届 IMO 竞赛题是否是从第一轮预选题选出的或是否存在未被保存的第二轮预选题.由于 IMO 的组织者通常不向参赛国的代表提供第一轮预选题,因此我们收集的题目是不全的.在 1989 年题目的末尾收集了许多分散的第一轮预选题,以后有效的第一轮预选题的收集活动就结束了.前八届的问题选取自参考文献[60].

本书的结构如下:如果可能的话,在每一年的问题中,和第一轮预选题或第二轮预选题一起,都单独列出了 IMO 竞赛题.对所有的第二轮预选题都给出了解答.IMO 竞赛题的解答被包括在第二轮预选题的解答中.除了在南斯拉夫举行的两届 IMO (由于爱国原因)之外,对第一轮预选题未给出解答,由于那将使得本书的篇幅不合理的加长.由所收集的问题所决定,本书对奥林匹克训练营的教授和辅导教练是有益的和适用的.对每个问题,我们都用一组三个字母的编码指出了出题的国家.在附录中给出了全部的对应国的编码.我们也指出了第二轮预选题中有哪些题被选作了竞赛题.我们在解答中有时也偶尔直接地对其他问题做一些参考和注解.通过在题号上附加 LL,SL,IMO 我们指出了题目的年号,是属于第一轮预选题,第二轮预选题还是竞赛题,例如(SL89—15)表示这道题是 1989 年第二轮预选题的第 15 题.

我们也给出了一个在我们的证明中没有明显地引用和导出的所有公式和定理一个概略的列表.由于我们主要关注仅用于本书证明中的定理,我们相信这个列表中所收入的都是解决 IMO 问题时最有用的定理.

在一本书中收集如此之多的问题需要大量的编辑工作,我们对原来叙述不够确切和清楚的问题作了重新叙述,对原来不是用英语表达的问题做了翻译.某些解答是来自作者和其他资源,而另一些解是本书作者所做.

许多非原始的解答显然在收入本书之前已被编辑.我们不能保证本书的问题完全地对应于实际的第一轮预选题或第二轮预选题的名单.然而我们相信本书的编辑已尽可能接近于原来的名单.

第2章　基本概念和事实

下面是本书中经常用到的概念和定理的一个列表.我们推荐读者在(也许)进一步阅读其他文献前首先阅读这一列表并熟悉它们.

第1节　代数

2.1.1　多项式

定理 2.1　二次方程 $ax^2+bx+c=0(a,b,c\in\mathbf{R},a\neq 0)$ 有解

$$x_{1,2}=\frac{-b\pm\sqrt{b^2-4ac}}{2}$$

二次方程的判别式 D 定义为 $D^2=b^2-4ac$,当 $D<0$ 时,解是复数,并且是共轭的,当 $D=0$ 时,解退化成一个实数解,当 $D>0$ 时,方程有两个不同的实数解.

定义 2.2　二项式系数 $\binom{n}{k}$,$n,k\in\mathbf{N}_0,k\leqslant n$ 定义为

$$\binom{n}{k}=\frac{n!}{i!\ (n-i)!}$$

对 $i>0$,它们满足

$$\binom{n}{i}+\binom{n}{i-1}=\binom{n+1}{i}$$

以及

$$\binom{n}{0}+\binom{n}{1}+\cdots+\binom{n}{n}=2^n$$

$$\binom{n}{0}-\binom{n}{1}+\cdots+(-1)^n\binom{n}{n}=0$$

$$\binom{n+m}{k}=\sum_{i=0}^{k}\binom{n}{i}\binom{m}{k-i}$$

定理 2.3　((Newton)二项式公式)对 $x,y\in\mathbf{C}$ 和 $n\in\mathbf{N}$

$$(x+y)^n=\sum_{i=0}^{n}\binom{n}{i}x^{n-i}y^i$$

定理 2.4　(Bezout(裴蜀)定理)多项式 $P(x)$ 可被二项式 $x-a(a\in\mathbf{C})$ 整除的充分必要条件是 $P(a)=0$.

定理 2.5　(有理根定理)如果 $x=\dfrac{p}{q}$ 是整系数多项式 $P(x)=a_nx^n+\cdots+a_0$ 的根,且 $(p,q)=1$,则 $p\mid a_0,q\mid a_n$.

定理 2.6　(代数基本定理)每个非常数的复系数多项式有一个复根.

定理 2.7 (Eisenstein(爱森斯坦) 判据) 设 $P(x)=a_nx^n+\cdots+a_1x+a_0$ 是一个整系数多项式,如果存在一个素数 p 和一个整数 $k\in\{0,1,\cdots,n-1\}$,使得 $p\mid a_0,a_1,\cdots,a_k,p\mid a_{k+1}$ 以及 $p^2\nmid a_0$,那么存在 $P(x)$ 的不可约因子 $Q(x)$,其次数至少是 k. 特别,如果 $k=n-1$,则 $P(x)$ 是不可约的.

定义 2.8 $x_1,\cdots,x_n$ 的对称多项式是一个在 $x_1,\cdots,x_n$ 的任意排列下不变的多项式,初等对称多项式是 $\sigma_k(x_1,\cdots,x_k)=\sum x_{i_1,\cdots,i_n}$(分别对$\{1,2,\cdots,n\}$ 的 $k-$元素子集$\{i_1,i_2,\cdots,i_k\}$ 求和).

定理 2.9 (对称多项式定理) 每个 $x_1,\cdots,x_n$ 的对称多项式都可用初等对称多项式 $\sigma_1,\cdots,\sigma_n$ 表出.

定理 2.10 (Vieta(韦达) 公式) 设 $\alpha_1,\cdots,\alpha_n$ 和 $c_1,\cdots,c_n$ 都是复数,使得

$$(x-\alpha_1)(x-\alpha_2)\cdots(x-\alpha_n)=x^n+c_1x^{n-1}+c_2x^{n-2}+\cdots+c_n$$

那么对 $k=1,2,\cdots,n$

$$c_k=(-1)^k\sigma_k(\alpha_1,\cdots,\alpha_n)$$

定理 2.11 (Newton 对称多项式公式) 设 $\sigma_k=\sigma_k(x_1,\cdots,x_k)$ 以及 $s_k=x_1^k+x_2^k+\cdots+x_n^k$,其中 $x_1,\cdots,x_n$ 是复数,那么

$$k\sigma_k=s_1\sigma_{k-1}+s_2\sigma_{k-2}+\cdots+(-1)^ks_{k-1}\sigma_1+(-1)^ks_k$$

2.1.2 递推关系

定义 2.12 一个递推关系是指一个由序列 $x_n,n\in\mathbf{N}$ 的前面的元素的函数确定的如下的关系

$$x_n+a_1x_{n-1}+\cdots+a_kx_{n-k}=0\ (n\geqslant k)$$

如果其中的系数 $a_1,\cdots,a_k$ 都是不依赖于 n 的常数,则上述关系称为 k 阶的线性齐次递推关系. 定义此关系的特征多项式为 $P(x)=x^k+a_1x^{k-1}+\cdots+a_k$.

定理 2.13 利用上述定义中的记号,设 $P(x)$ 的标准因子分解式为

$$P(x)=(x-\alpha_1)^{k_1}(x-\alpha_2)^{k_2}\cdots(x-\alpha_r)^{k_r}$$

其中 $\alpha_1,\cdots,\alpha_r$ 是不同的复数,而 $k_1,\cdots,k_r$ 是正整数,那么这个递推关系的一般解由公式

$$x_n=p_1(n)\alpha_1^n+p_2(n)\alpha_2^n+\cdots+p_r(n)\alpha_r^n$$

给出,其中 p_i 是次数为k_i 的多项式. 特别,如果 $P(x)$ 有 k 个不同的根,那么所有的 p_i 都是常数.

如果 $x_0,\cdots,x_{k-1}$ 已被设定,那么多项式的系数是唯一确定的.

2.1.3 不等式

定理 2.14 平方函数总是正的,即 $x^2\geqslant 0(\forall x\in\mathbf{R})$. 把 x 换成不同的表达式,可以得出以下的不等式.

定理 2.15 (Bernoulli(伯努利) 不等式)

1. 如果 $n\geqslant 1$ 是一个整数,$x>-1$ 是实数,那么$(1+x)^n\geqslant 1+nx$;
2. 如果 $\alpha>1$ 或 $\alpha<0$,那么对 $x>-1$ 成立不等式:$(1+x)^\alpha\geqslant 1+\alpha x$;
3. 如果 $\alpha\in(0,1)$,那么对 $x>-1$ 成立不等式:$(1+x)^\alpha\leqslant 1+\alpha x$.

定理 2.16 （平均不等式）对正实数 $x_1,\cdots,x_n$，成立 $QM \geqslant AM \geqslant GM \geqslant HM$，其中

$$QM=\sqrt{\frac{x_1^2+\cdots+x_n^2}{n}},\quad AM=\frac{x_1+\cdots+x_n}{n}$$

$$GM=\sqrt[n]{x_1\cdots x_n},\quad HM=\frac{n}{\frac{1}{x_1}+\cdots+\frac{1}{x_n}}$$

所有不等式的等号都当且仅当 $x_1=x_2=\cdots=x_n$，数 QM,AM,GM 和 HM 分别被称为平方平均，算术平均，几何平均以及调和平均.

定理 2.17 （一般的平均不等式）. 设 $x_1,\cdots,x_n$ 是正实数，对 $p\in\mathbf{R}$，定义 $x_1,\cdots,x_n$ 的 p 阶平均为

$$M_p=\left(\frac{x_1^p+\cdots+x_n^p}{n}\right)^{\frac{1}{p}},\quad 如果\ p\neq 0$$

以及

$$M_q=\lim_{p\to q}M_p,\quad 如果\ q\in\{\pm\infty,0\}$$

特别，$\max x_i,QM,AM,GM,HM$ 和 $\min x_i$ 分别是 $M_\infty,M_2,M_1,M_0,M_{-1}$ 和 $M_{-\infty}$，那么

$$M_p\leqslant M_q,\quad 只要\ p\leqslant q$$

定理 2.18 （Cauchy-Schwarz（柯西一许瓦兹）不等式）. 设 $a_i,b_i,i=1,2,\cdots,n$ 是实数，则

$$\left(\sum_{i=1}^n a_ib_i\right)^2\leqslant\left(\sum_{i=1}^n a_i^2\right)\left(\sum_{i=1}^n b_i^2\right)$$

当且仅当存在 $c\in\mathbf{R}$ 使得 $b_i=ca_i,i=1,\cdots,n$ 时，等号成立.

定理 2.19 （Hölder（和尔窦）不等式）设 $a_i,b_i,i=1,2,\cdots,n$ 是非负实数，p,q 是使得 $\frac{1}{p}+\frac{1}{q}=1$ 的正实数，则

$$\sum_{i=1}^n a_ib_i\leqslant\left(\sum_{i=1}^n a_i^p\right)^{\frac{1}{p}}\left(\sum_{i=1}^n b_i^q\right)^{\frac{1}{q}}$$

当且仅当存在 $c\in\mathbf{R}$ 使得 $b_i=ca_i,i=1,\cdots,n$ 时，等号成立. Cauchy-Schwarz（柯西一许瓦兹）不等式是 Hölder（和尔窦）不等式在 $p=q=2$ 时的特殊情况.

定理 2.20 （Minkovski（闵科夫斯基）不等式）设 $a_i,b_i,i=1,2,\cdots,n$ 是非负实数，p 是任意不小于 1 的实数，则

$$\left(\sum_{i=1}^n (a_i+b_i)^p\right)^{\frac{1}{p}}\leqslant\left(\sum_{i=1}^n a_i^p\right)^{\frac{1}{p}}+\left(\sum_{i=1}^n b_i^p\right)^{\frac{1}{p}}$$

当 $p>1$ 时，当且仅当存在 $c\in\mathbf{R}$ 使得 $b_i=ca_i,i=1,\cdots,n$ 时，等号成立，当 $p=1$ 时，等号总是成立.

定理 2.21 （Chebyshev（切比雪夫）不等式）. 设 $a_1\geqslant a_2\geqslant\cdots\geqslant a_n$ 以及 $b_1\geqslant b_2\geqslant\cdots\geqslant b_n$ 是实数，则

$$n\sum_{i=1}^n a_ib_i\geqslant\left(\sum_{i=1}^n a_i\right)\left(\sum_{i=1}^n b_i\right)\geqslant n\sum_{i=1}^n a_ib_{n+1-i}$$

当 $a_1=a_2=\cdots=a_n$ 或 $b_1=b_2=\cdots=b_n$ 时，上面的两个不等式的等号同时成立.

定义 2.22 定义在区间 I 上的实函数 f 称为是凸的，如果对所有的 $x,y\in I$ 和所有使得 $\alpha+\beta=1$ 的 $\alpha,\beta>0$，都有 $f(\alpha x+\beta y)\leqslant\alpha f(x)+\beta f(y)$，函数 f 称为是凹的，如果成立

相反的不等式,即如果 $-f$ 是凸的.

定理 2.23 如果 f 在区间 I 上连续,那么 f 在区间 I 是凸函数的充分必要条件是对所有 $x,y\in I$,成立

$$f\left(\frac{x+y}{2}\right)\leqslant\frac{f(x)+f(y)}{2}$$

定理 2.24 如果 f 是可微的,那么 f 是凸函数的充分必要条件是它的导函数 f' 是不减的.类似的,可微函数 f 是凹函数的充分必要条件是它的导函数 f' 是不增的.

定理 2.25 (Jenson(琴生)不等式)如果 $f:I\to R$ 是凸函数,那么对所有的 $\alpha_i\geqslant 0$, $\alpha_1+\cdots+\alpha_n=1$ 和所有的 $x_i\in I$ 成立不等式

$$f(\alpha_1x_1+\cdots+\alpha_nx_n)\leqslant\alpha_1f(x_1)+\cdots+\alpha_nf(x_n)$$

对于凹函数,成立相反的不等式.

定理 2.26 (Muirhead(穆黑)不等式)设 $x_1,x_2,\cdots,x_n\in\mathbf{R}^+$,对正实数的 n 元组 $a=(a_1,a_2,\cdots,a_n)$,定义

$$T_a(x_1,\cdots,x_n)=\sum y_1^{a_1}\cdots y_n^{a_n}$$

是对 $x_1,x_2,\cdots,x_n$ 的所有排列 $y_1,y_2,\cdots,y_n$ 求和.称 n 元组 a 是优超 n 元组 b 的,如果

$$a_1+a_2+\cdots+a_n=b_1+b_2+\cdots+b_n$$

并且对 $k=1,\cdots,n-1$

$$a_1+\cdots+a_k\geqslant b_1+\cdots+b_k$$

如果不增的 n 元组 a 优超不增的 n 元组 b,那么成立以下不等式

$$T_a(x_1,\cdots,x_n)\geqslant T_b(x_1,\cdots,x_n)$$

等号当且仅当 $x_1=x_2=\cdots=x_n$ 时成立.

定理 2.27 (Schur(舒尔)不等式)利用对 Muirhead(穆黑)不等式使用的记号

$$T_{\lambda+2\mu,0,0}(x_1,x_2,x_3)+T_{\lambda,\mu,\mu}(x_1,x_2,x_3)\geqslant 2T_{\lambda+\mu,\mu,0}(x_1,x_2,x_3)$$

其中 $\lambda,\mu\in\mathbf{R}^+$,等号当且仅当 $x_1=x_2=x_3$ 或 $x_1=x_2,x_3=0$(以及类似情况)时成立.

2.1.4 群和域

定义 2.28 群是一个具有满足以下条件的运算 $*$ 的非空集合 G:

(1) 对所有的 $a,b,c\in G,a*(b*c)=(a*b)*c$;

(2) 存在一个唯一的加法元 $e\in G$ 使得对所有的 $a\in G$ 有 $e*a=a*e=a$;

(3) 对每一个 $a\in G$,存在一个唯一的逆元 $a^{-1}=b\in G$ 使得 $a*b=b*a=e$.

如果 $n\in\mathbf{Z}$,则当 $n\geqslant 0$ 时,定义 a^n 为 $a*a*\cdots*a$(n 次),否则定义为$(a^{-1})^{-n}$.

定义 2.29 群 $\Gamma=(G,*)$ 称为是交换的或阿贝尔群,如果对任意 $a,b\in G,a*b=b*a$.

定义 2.30 集合 A 生成群$(G,*)$,如果 G 的每个元用 A 的元素的幂和运算 $*$ 得出.换句话说,如果 A 是群 G 的生成子,那么每个元素 $g\in G$ 就可被写成 $a_1^{i_1}*\cdots*a_n^{i_n}$,其中对 $j=1,2,\cdots,n a_j\in A$ 而 $i_j\in\mathbf{Z}$.

定义 2.31 当存在使得 $a^n=e$ 的 n 时,$a\in G$ 的阶是使得 $a^n=e$ 成立的最小的 $n\in\mathbf{N}$.一个群的阶是指其元素的个数,如果群的每个元素的阶都是有限的,则称其为有限阶的.

定义 2.32 (Lagrange(拉格朗日)定理)在有限群中,元素的阶必整除群的阶.

定义 2.33　一个环是一个具有两种运算＋和·的非空集合R使得$(R,+)$是阿贝尔群，并且对任意$a,b,c\in R$，有

(1)$(a\cdot b)\cdot c=a\cdot(b\cdot c)$；

(2)$(a+b)\cdot c=a\cdot c+b\cdot c$以及$c\cdot(a+b)=c\cdot a+c\cdot b$.

一个环称为是交换的，如果对任意$a,b\in R$，$a\cdot b=b\cdot a$，并且具有乘法单位元$i\in R$，使得对所有的$a\in R$，$i\cdot a=a\cdot i$.

定义 2.34　一个域是一个具有单位元的交换环，在这种环中，每个不是加法单位元的元素a有乘法逆a^{-1}，使得$a\cdot a^{-1}=a^{-1}\cdot a=i$.

定理 2.35　下面是一些群，环和域的通常的例子：

群：$(\mathbf{Z}_n,+)$，$(\mathbf{Z}_p\setminus\{0\},\cdot)$，$(\mathbf{Q},+)$，$(\mathbf{R},+)$，$(\mathbf{R}\setminus\{0\},\cdot)$；

环：$(\mathbf{Z}_n,+,\cdot)$，$(\mathbf{Z},+,\cdot)$，$(\mathbf{Z}[x],+,\cdot)$，$(\mathbf{R}[x],+,\cdot)$；

域：$(\mathbf{Z}_p,+,\cdot)$，$(Q,+,\cdot)$，$(Q(\sqrt{2}),+,\cdot)$，$(\mathbf{R},+,\cdot)$，$(\mathbf{C},+,\cdot)$.

第2节　分析

定义 2.36　说序列$\{a_n\}_{n=1}^{\infty}$有极限$a=\lim\limits_{n\to\infty}a_n$（也记为$a_n\to a$），如果对任意$\varepsilon>0$，都存在$n_\varepsilon\in\mathbf{N}$，使得当$n\geqslant n_\varepsilon$时，成立$|a_n-a|<\varepsilon$.

说函数$f:(a,b)\to\mathbf{R}$有极限$y=\lim\limits_{x\to c}f(x)$，如果对任意$\varepsilon>0$，都存在$\delta>0$，使得对任意$x\in(a,b)$，$0<|x-c|<\delta$，都有$|f(x)-y|<\varepsilon$.

定义 2.37　称序列x_n收敛到$x\in\mathbf{R}$，如果$\lim\limits_{n\to\infty}x_n=x$，级数$\sum\limits_{n=1}^{\infty}x_n$收敛到$s\in\mathbf{R}$的含义为$\lim\limits_{m\to\infty}\sum\limits_{n=1}^{m}x_n=s$. 一个不收敛的序列或级数称为是发散的.

定理 2.38　如果序列a_n单调并且有界，则它必是收敛的.

定义 2.39　称函数f在区间$[a,b]$上是连续的，如果对每个$x_0\in[a,b]$，$\lim\limits_{x\to x_0}f(x)=f(x_0)$.

定义 2.40　称函数$f:(a,b)\to\mathbf{R}$在点$x_0\in(a,b)$是可微的，如果以下极限存在

$$f'(x_0)=\lim_{x\to x_0}\frac{f(x)-f(x_0)}{x-x_0}$$

称函数在(a,b)上是可微的，如果它在每一点$x_0\in(a,b)$都是可微的. 函数f'称为是函数f的导数，类似的，可定义f'的导数f''，它称为函数f的二阶导数，等等.

定理 2.41　可微函数是连续的. 如果f和g都是可微的，那么fg，$\alpha f+\beta g(\alpha,\beta\in\mathbf{R})$，$f\circ g$，$\frac{1}{f}$（如果$f\neq 0$），$f^{-1}$（如果它可被有意义的定义）都是可微的. 并且成立

$$(\alpha f+\beta g)'=\alpha f'+\beta g'$$

$$(fg)'=f'g+fg'$$

$$(f\circ g)'=(f'\circ g)\cdot g'$$

$$\left(\frac{1}{f}\right)'=-\frac{f'}{f^2}$$

$$\left(\frac{f}{g}\right)'=\frac{f'g-fg'}{g^2}$$

$$(f^{-1})'=\frac{1}{(f'\circ f^{-1})}$$

定理 2.42　以下是一些初等函数的导数(a 表示实常数)

$$(x^a)'=ax^{a-1}$$

$$(\ln x)'=\frac{1}{x}$$

$$(a^x)'=a^x\ln a$$

$$(\sin x)'=\cos x$$

$$(\cos x)'=-\sin x$$

定理 2.43　(Fermat(费马)定理)设 $f:[a,b]\to\mathbf{R}$ 是可微函数,且函数 f 在此区间内达到其极大值或极小值.如果 $x_0\in(a,b)$ 是一个极值点(即函数在此点达到极大值或极小值),那么 $f'(x_0)=0$.

定理 2.44　(Roll(罗尔)定理)设 $f(x)$ 是定义在$[a,b]$上的连续可微函数,且 $f(a)=f(b)=0$,则存在 $c\in(a,b)$,使得 $f'(c)=0$.

定义 2.45　定义在 $\mathbf{R}^n$ 的开子集D 上的可微函数 $f_1,f_2,\cdots,f_k$ 称为是相关的,如果存在非零的可微函数 $F:\mathbf{R}^k\to\mathbf{R}$ 使得 $F(f_1,\cdots,f_k)$ 在 D 的某个开子集上恒同于 0.

定义 2.46　函数 $f_1,\cdots,f_k:D\to\mathbf{R}$ 是独立的充分必要条件为 $k\times n$ 矩阵 $\left[\frac{\partial f_i}{\partial x_j}\right]_{i,j}$ 的秩为 k,即在某个点,它有 k 行是线性无关的.

定理 2.47　(Lagrange(拉格朗日)乘数)设 D 是 $\mathbf{R}^n$ 的开子集,且 $f,f_1,\cdots,f_k:D\to\mathbf{R}$ 是独立无关的可微函数.设点 a 是函数 f 在 D 内的一个极值点,使得 $f_1=f_2=\cdots=f_n=0$,则存在实数 $\lambda_1,\cdots,\lambda_k$(所谓的拉格朗日乘数)使得 a 是函数 $F=f+\lambda_1f_1+\cdots+\lambda_kf_k$ 的平衡点,即在点 a 使得 F 的偏导数为 0 的点.

定义 2.48　设 f 是定义在$[a,b]$上的实函数,且设 $a=x_0\leqslant x_1\leqslant\cdots\leqslant x_n=b$ 以及 $\xi_k\in[x_{k-1},x_k]$,和 $S=\sum_{k=1}^{n}(x_k-x_{k-1})f(\xi_k)$ 称为 Darboux(达布)和,如果 $I=\lim_{\delta\to0}S$ 存在(其中 $\delta=\max_k(x_k-x_{k-1})$),则称 f 是可积的,并称 I 是它的积分.每个连续函数在有限区间上都是可积的.

第 3 节　几何

2.3.1　三角形的几何

定义 2.49　三角形的垂心是其高线的交点.

定义 2.50　三角形的外心是其外接圆的圆心,它是三角形各边的垂直平分线的交点.

定义 2.51　三角形的内心是其内切圆的圆心,它是其各角的角平分线的交点.

定义 2.52　三角形的重心是其各边中线的交点.

定理 2.53　对每个非退化的三角形,垂心,外心,内心,重心都是良定义的.

定理 2.54 (Euler(欧拉)线)任意三角形的垂心 H,重心 G 和外心 O 位于一条直线上(欧拉线),且满足 $\overrightarrow{HG}=2\overrightarrow{GO}$.

定理 2.55 (9 点圆). 三角形从顶点 A,B,C 向对边所引的垂足,AB,BC,CA,AH,BH,CH 各线段的中点位于一个圆上(9 点圆).

定理 2.56 (Feuerbach(费尔巴哈)定理)三角形的9点圆和其内切圆和三个外切圆相切.

定理 2.57 给了 $\triangle ABC$,设 $\triangle ABC'$,$\triangle AB'C$ 和 $\triangle A'BC$ 是向外的等边三角形,则 AA',BB',CC' 交于一点,称为 Torricelli(托里拆利)点.

定义 2.58 设 ABC 是一个三角形,P 是一点,而 X,Y,Z 分别是从 P 向 BC,AC,AB 所引垂线的垂足,则 $\triangle XYZ$ 称为 $\triangle ABC$ 的对应于点 P 的 Pedal(佩多)三角形.

定理 2.59 (Simson(西姆松)线)当且仅当点 P 位于 ABC 的外接圆上时,Pedal(佩多)三角形是退化的,即 X,Y,Z 共线,点 X,Y,Z 共线时,它们所在的直线称为 Simson(西姆松)线.

定理 2.60 (Carnot(卡农)定理)从 X,Y,Z 分别向 BC,CA,AB 所作的垂线共点的充分必要条件是

$$BX^2-XC^2+CY^2-YA^2+AZ^2-ZB^2=0$$

定理 2.61 (Desargue(戴沙格)定理)设 $A_1B_1C_1$ 和 $A_2B_2C_2$ 是两个三角形. 直线 A_1A_2,B_1B_2,C_1C_2 共点或互相平行的充分必要条件是 $A=B_1C_2\cap B_2C_1$,$B=C_1A_2\cap A_1C_2$,$C=A_1B_2\cap A_2B_1$ 共线.

2.3.2 向量几何

定义 2.62 对任意两个空间中的向量 $\boldsymbol{a},\boldsymbol{b}$,定义其数量积(又称点积)为 $\boldsymbol{a}\cdot\boldsymbol{b}=|\boldsymbol{a}||\boldsymbol{b}|\cdot\cos\varphi$,而其向量积为 $\boldsymbol{a}\times\boldsymbol{b}=\boldsymbol{p}$,其中 $\varphi=\angle(\boldsymbol{a},\boldsymbol{b})$,而 $\boldsymbol{p}$ 是一个长度为 $|\boldsymbol{p}|=|\boldsymbol{a}||\boldsymbol{b}|\cdot|\sin\varphi|$ 的向量,它垂直于由 $\boldsymbol{a}$ 和 $\boldsymbol{b}$ 所确定的平面,并使得有顺序的三个向量 $\boldsymbol{a}$,$\boldsymbol{b}$,$\boldsymbol{p}$ 是正定向的(注意如果 $\boldsymbol{a}$ 和 $\boldsymbol{b}$ 共线,则 $\boldsymbol{a}\times\boldsymbol{b}=\boldsymbol{0}$). 这些积关于两个向量都是线性的. 数量积是交换的,而向量积是反交换的,即 $\boldsymbol{a}\times\boldsymbol{b}=-\boldsymbol{b}\times\boldsymbol{a}$. 我们也定义三个向量 $\boldsymbol{a},\boldsymbol{b},\boldsymbol{c}$ 的混合积为 $[\boldsymbol{a},\boldsymbol{b},\boldsymbol{c}]=(\boldsymbol{a}\times\boldsymbol{b})\cdot\boldsymbol{c}$.

原书注:向量 $\boldsymbol{a}$ 和 $\boldsymbol{b}$ 的数量积有时也表示成 $\langle\boldsymbol{a},\boldsymbol{b}\rangle$.

定理 2.63 (Thale(泰勒斯)定理)设直线 AA' 和 BB' 交于点 O,$A'\neq O\neq B'$. 那么 $AB\parallel A'B'\Leftrightarrow\dfrac{\overrightarrow{OA}}{\overrightarrow{OA'}}=\dfrac{\overrightarrow{OB}}{\overrightarrow{OB'}}$,(其中 $\dfrac{\boldsymbol{a}}{\boldsymbol{b}}$ 表示两个非零的共线向量的比例).

定理 2.64 (Ceva(塞瓦)定理)设 ABC 是一个三角形,而 X,Y,Z 分别是直线 BC,CA,AB 上不同于 A,B,C 的点,那么直线 AX,BY,CZ 共点的充分必要条件是

$$\frac{\overrightarrow{BX}}{\overrightarrow{XC}}\cdot\frac{\overrightarrow{CY}}{\overrightarrow{YA}}\cdot\frac{\overrightarrow{AZ}}{\overrightarrow{ZB}}=1$$

或等价的

$$\frac{\sin\angle BAX}{\sin\angle XAC}\cdot\frac{\sin\angle CBY}{\sin\angle YBA}\cdot\frac{\sin\angle ACZ}{\sin\angle ZCB}=1$$

(最后的表达式称为三角形式的 Ceva(塞瓦)定理).

定理 2.65 (Menelaus(梅尼劳斯) 定理) 利用Ceva(塞瓦) 定理中的记号,点 X,Y,Z 共线的充分必要条件是

$$\frac{\overrightarrow{BX}}{\overrightarrow{XC}}\cdot\frac{\overrightarrow{CY}}{\overrightarrow{YA}}\cdot\frac{\overrightarrow{AZ}}{\overrightarrow{ZB}}=-1$$

定理 2.66 (Stewart(斯特瓦尔特) 定理) 设 D 是直线 BC 上任意一点,则

$$AD^2=\frac{\overrightarrow{DC}}{\overrightarrow{BC}}BD^2+\frac{\overrightarrow{BD}}{\overrightarrow{BC}}CD^2-\overrightarrow{BD}\cdot\overrightarrow{DC}$$

特别,如果 D 是 BC 的中点,则

$$4AD^2=2AB^2+2AC^2-BC^2$$

2.3.3 重心

定义 2.67 一个质点(A,m) 是指一个具有质量 $m>0$ 的点 A.

定义 2.68 质点系(A_i,m_i),$i=1,2,\cdots,n$ 的质心(重心) 是指一个使得 $\sum_i m_i\overrightarrow{TA_i}=0$ 的点.

定理 2.69 (Leibniz(莱布尼兹) 定理) 设 T 是总质量为 $m=m_1+\cdots+m_n$ 的质点系 $\{(A_i,m_i)\mid i=1,2,\cdots,n\}$ 的质心,并设 X 是任意一个点,那么

$$\sum_{i=1}^{n}m_iXA_i^{\ 2}=\sum_{i=1}^{n}m_iTA_i^{\ 2}+mXT^2$$

特别,如果 T 是 $\triangle ABC$ 的重心,而 X 是任意一个点,那么

$$AX^2+BX^2+CX^2=AT^2+BT^2+CT^2+3XT^2$$

2.3.4 四边形

定理 2.70 四边形 $ABCD$ 是共圆的(即 $ABCD$ 存在一个外接圆) 的充分必要条件是

$$\angle ACB=\angle ADB$$

或

$$\angle ADC+\angle ABC=180^\circ$$

定理 2.71 (Ptolemy(托勒玫) 定理) 凸四边形 $ABCD$ 共圆的充分必要条件是

$$AC\cdot BD=AB\cdot CD+AD\cdot BC$$

对任意四边形 $ABCD$ 则成立 Ptolemy(托勒玫) 不等式(见 2.3.7 几何不等式).

定理 2.72 (Casey(开世) 定理) 设四个圆 k_1,k_2,k_3,k_4 都和圆 k 相切.如果圆 k_i 和 k_j 都和圆 k 内切或外切,那么设 t_{ij} 表示由圆 k_i 和 $k_j(i,j\in\{1,2,3,4\})$ 所确定的外公切线的长度,否则设 t_{ij} 表示内公切线的长度.那么乘积 $t_{12}t_{34}$,$t_{13}t_{24}$ 以及 $t_{14}t_{23}$ 之一是其余二者之和.

圆 k_1,k_2,k_3,k_4 中的某些圆可能退化成一个点,特别设 A,B,C 是圆 k 上的三个点,圆 k 和圆 k' 在一个不包含点 B 的 AC 弧上相切,那么我们有 $AC\cdot b=AB\cdot c+BC\cdot a$,其中 a,b 和 c 分别是从点 A,B 和 C 向 AC 所作的切线的长度.Ptolemy(托勒玫) 定理是 Casey(开世) 定理在四个圆都退化时的特殊情况.

定理 2.73 凸四边形 $ABCD$ 相切(即 $ABCD$ 存在一个内切圆) 的充分必要条件是

$$AB+CD=BC+DA$$

定理 2.74 对空间中任意四点 A,B,C,D,$AC\perp BD$ 的充分必要条件是

$$AB^2+CD^2=BC^2+DA^2$$

定理 2.75 (Newton(牛顿)定理) 设 $ABCD$ 是四边形, $AD\cap BC=E$, $AB\cap DC=F$(那种点 A,B,C,D,E,F 构成一个完全四边形). 那么 AC, BD 和 EF 的中点是共线的. 如果 $ABCD$ 相切, 那么其内心也在这条直线上.

定理 2.76 (Brocard(布罗卡)定理) 设 $ABCD$ 是圆心为 O 的圆内接四边形, 并设 $P=AB\cap CD$, $Q=AD\cap BC$, $R=AC\cap BD$, 那么 O 是 $\triangle PQR$ 的垂心.

2.3.5 圆的几何

定理 2.77 (Pascal(帕斯卡)定理) 如果 A_1,A_2,A_3,B_1,B_2,B_3 是圆 γ 上不同的点, 那么点 $X_1=A_2B_3\cap A_3B_2$, $X_2=A_1B_3\cap A_3B_1$ 和 $X_3=A_1B_2\cap A_2B_1$ 是共线的. 在 γ 是两条直线的特殊情况下, 这一结果称为 Pappus(帕普斯)定理.

定理 2.78 (Brianchon(布里安桑)定理) 设 $ABCDEF$ 是任意圆内接凸六边形, 那么 AD, BE 和 CF 交于一点.

定理 2.79 (蝴蝶定理) 设 AB 是圆 k 上的一条线段, C 是它的中点. 设 p 和 q 是通过 C 的两条不同的直线, 分别与圆 k 在 AB 的一侧交于 P 和 Q, 而在另一侧交于 P' 和 Q', 设 E 和 F 分别是 PQ' 和 $P'Q$ 与 AB 的交点, 那么 $CE=CF$.

定义 2.80 点 X 关于圆 $k(O,r)$ 的幂定义为 $P(X)=OX^2-r^2$. 设 l 是任一条通过 X 并交圆 k 于 A 和 B 的线(当 l 是切线时, $A=B$), 有 $P(X)=\overrightarrow{XA}\cdot\overrightarrow{XB}$.

定义 2.81 两个圆的根轴是关于这两个圆的幂相同的点的轨迹. 圆 $k_1(O_1,r_1)$ 和 $k_2(O_2,r_2)$ 的根轴垂直于 O_1O_2. 三个不同的圆的根轴是共点的或互相平行的. 如果根轴是共点的, 则它们的交点称为根心.

定义 2.82 一条不通过点 O 的直线 l 关于圆 $k(O,r)$ 的极点是一个位于 l 的与 O 相反一侧的使得 $OA\perp l$, 且 $d(O,l)\cdot OA=r^2$ 的点 A. 特别, 如果 l 和 k 交于两点, 则它的极点就是过这两个点的切线的交点.

定义 2.83 用上面的定义中的记号, 称点 A 的极线是 l, 特别, 如果 A 是 k 外面的一点, 而 AM, AN 是 k 的切线($M,N\in k$), 那么 MN 就是 A 的极线.

可以对一般的圆锥曲线类似的定义极点和极线的概念.

定理 2.84 如果点 A 属于点 B 的极线, 则点 B 也属于点 A 的极线.

2.3.6 反演

定义 2.85 一个平面 π 围绕圆 $k(O,r)$(圆属于 π)的反演是一个从集合 $\pi\backslash\{O\}$ 到自身的变换, 它把每个点 P 变为一个在 $\pi\backslash\{O\}$ 上使得 $OP\cdot OP'=r^2$ 的点. 在下面的叙述中, 我们将默认排除点 O.

定理 2.86 在反演下, 圆 k 上的点不动, 圆内的点变为圆外的点, 反之亦然.

定理 2.87 如果 A, B 两点在反演下变为 A', B' 两点, 那么 $\angle OAB=\angle OB'A'$, $ABB'A'$ 共圆且此圆垂直于 k. 一个垂直于 k 的圆变为自身, 反演保持连续曲线(包括直线和圆)之间的角度不变.

定理 2.88 反演把一条不包含 O 的直线变为一个包含 O 的圆, 包含 O 的直线变成自身. 不包含 O 的圆变为不包含 O 的圆, 包含 O 的圆变为不包含 O 的直线.

2.3.7 几何不等式

定理 2.89 (三角不等式) 对平面上的任意三个点 A,B,C

$$AB+BC\geqslant AC$$

当等号成立时 A,B,C 共线,且按照这一次序从左到右排列时,等号成立.

定理 2.90 (Ptolemy(托勒玫) 不等式) 对任意四个点 A,B,C,D 成立

$$AC\cdot BD\leqslant AB\cdot CD+AD\cdot BC$$

定理 2.91 (平行四边形不等式) 对任意四个点 A,B,C,D 成立

$$AB^2+BC^2+CD^2+DA^2\geqslant AC^2+BD^2$$

当且仅当 $ABCD$ 是一个平行四边形时等号成立.

定理 2.92 如果 $\triangle ABC$ 的所有的角都小于或等于$120°$时,那么当 X 是 Torricelli(托里拆利) 点时,$AX+BX+CX$ 最小,在相反的情况下,X 是钝角的顶点.使得 $AX^2+BX^2+CX^2$ 最小的点 X_2 是重心(见 Leibniz(莱布尼兹) 定理).

定理 2.93 (Erdös-Mordell(爱尔多斯－摩德尔不等式).设 P 是 $\triangle ABC$ 内一点,而 P 在 BC,AC,AB 上的投影分别是 X,Y,Z,那么

$$PA+PB+PC\geqslant 2(PX+PY+PZ)$$

当且仅当 $\triangle ABC$ 是等边三角形以及 P 是其中心时等号成立.

2.3.8 三角

定义 2.94 三角圆是圆心在坐标平面的原点的单位圆.设 A 是点$(1,0)$ 而 $P(x,y)$ 是三角圆上使得 $\angle AOP=\alpha$ 的点.那么我们定义

$$\sin\alpha=y,\cos\alpha=x,\tan\alpha=\frac{y}{x},\cot\alpha=\frac{x}{y}$$

定理 2.95 函数 sin 和 cos 是周期为 2π 的周期函数,函数 tan 和 cot 是周期为 π 的周期函数,成立以下简单公式

$$\sin^2x+\cos^2x=1,\sin 0=\sin\pi=0$$

$$\sin(-x)=-\sin x,\cos(-x)=\cos x$$

$$\sin\left(\frac{\pi}{2}\right)=1,\sin\left(\frac{\pi}{4}\right)=\frac{\sqrt{2}}{2},\sin\left(\frac{\pi}{6}\right)=\frac{1}{2}$$

$$\cos x=\sin\left(\frac{\pi}{2}-x\right)$$

从这些公式易于导出其他的公式.

定理 2.96 对三角函数成立以下加法公式

$$\sin(\alpha\pm\beta)=\sin\alpha\cos\beta\pm\cos\alpha\sin\beta$$

$$\cos(\alpha\pm\beta)=\cos\alpha\cos\beta\mp\sin\alpha\sin\beta$$

$$\tan(\alpha\pm\beta)=\frac{\tan\alpha\pm\tan\beta}{1\mp\tan\alpha\tan\beta}$$

$$\cot(\alpha\pm\beta)=\frac{\cot\alpha\cot\beta\mp 1}{\cot\alpha\pm\cot\beta}$$

定理 2.97 对三角函数成立以下倍角公式

$$\sin 2x = 2\sin x\cos x, \sin 3x = 3\sin x - 4\sin^3 x$$

$$\cos 2x = 2\cos^2 x - 1, \cos 3x = 4\cos^3 x - 3\cos x$$

$$\tan 2x = \frac{2\tan x}{1-\tan^2 x}, \tan 3x = \frac{3\tan x - \tan^3 x}{1 - 3\tan^2 x}$$

定理 2.98　对任意 $x \in \mathbf{R}, \sin x = \frac{2t}{1+t^2}, \cos x = \frac{1-t^2}{1+t^2}$,其中 $t = \tan \frac{x}{2}$.

定理 2.99　积化和差公式

$$2\cos\alpha\cos\beta = \cos(\alpha+\beta) + \cos(\alpha-\beta)$$

$$2\sin\alpha\cos\beta = \sin(\alpha+\beta) + \sin(\alpha-\beta)$$

$$2\sin\alpha\sin\beta = \cos(\alpha-\beta) - \cos(\alpha-\beta)$$

定理 2.100　三角形的角 α,β,γ 满足

$$\cos^2\alpha + \cos^2\beta + \cos^2\gamma + 2\cos\alpha\cos\beta\cos\gamma = 1$$

$$\tan\alpha + \tan\beta + \tan\gamma = \tan\alpha\tan\beta\tan\gamma$$

定理 2.101　(De Moivre(棣(译者注:音立) 模佛公式)

$$(\cos x + \mathrm{i}\sin x)^n = \cos nx + \mathrm{i}\sin nx$$

其中 $\mathrm{i}^2 = -1$.

2.3.9　几何公式

定理 2.102　(Heron(海伦) 公式) 设三角形的边长为 a,b,c,半周长为 s,则它的面积可用这些量表成

$$S = \sqrt{s(s-a)(s-b)(s-c)} = \frac{1}{4}\sqrt{2a^2b^2 + 2a^2c^2 + 2b^2c^2 - a^4 - b^4 - c^4}$$

定理 2.103　(正弦定理) 三角形的边 a,b,c 和角 α,β,γ 满足

$$\frac{a}{\sin\alpha} = \frac{b}{\sin\beta} = \frac{c}{\sin\gamma} = 2R$$

其中 R 是 $\triangle ABC$ 的外接圆半径.

定理 2.104　(余弦定理) 三角形的边和角满足

$$c^2 = a^2 + b^2 - 2ab\cos\gamma$$

定理 2.105　$\triangle ABC$ 的外接圆半径 R 和内切圆半径 r 满足

$$R = \frac{abc}{4S}$$

和

$$r = \frac{2S}{a+b+c} = R(\cos\alpha + \cos\beta + \cos\gamma - 1)$$

如果 x,y,z 表示一个锐角三角形的外心到各边的距离,则

$$x + y + z = R + r$$

定理 2.106　(Euler(欧拉) 公式) 设 O 和 I 分别是 $\triangle ABC$ 的外心和内心,则

$$OI^2 = R(R-2r)$$

其中 R 和 r 分别是 $\triangle ABC$ 的外接圆半径和内切圆半径,因此 $R \geqslant 2r$.

定理 2.107　设四边形的边长为 a,b,c,d,半周长为 p,在顶点 A,C 处的内角分别为 α,γ,则其面积为

$$S=\sqrt{(p-a)(p-b)(p-c)(p-d)-abcd\cos^2\frac{\alpha+\gamma}{2}}$$

如果 $ABCD$ 是共圆的,则上述公式成为

$$S=\sqrt{(p-a)(p-b)(p-c)(p-d)}$$

定理 2.108 (pedal(匹多)三角形的Euler(欧拉)定理) 设 X,Y,Z 是从点 P 向 $\triangle ABC$ 的各边所引的垂足. 又设 O 是 $\triangle ABC$ 的外接圆的圆心, R 是其半径,则

$$S_{\triangle XYZ}=\frac{1}{4}\left|1-\frac{OP^2}{R^2}\right|S_{\triangle ABC}$$

此外,当且仅当 P 位于 $\triangle ABC$ 的外接圆(见Simson(西姆松)线)上时, $S_{\triangle XYZ}=0$.

定理 2.109 设 $\boldsymbol{a}=(a_1,a_2,a_3)$, $\boldsymbol{b}=(b_1,b_2,b_3)$, $\boldsymbol{c}=(c_1,c_2,c_3)$ 是坐标空间中的三个向量,那么

$$\boldsymbol{a}\cdot\boldsymbol{b}=a_1b_1+a_2b_2+a_3b_3$$

$$\boldsymbol{a}\times\boldsymbol{b}=(a_1b_2-a_2b_1,a_2b_3-a_3b_2,a_3b_1-a_1b_3)$$

$$[\boldsymbol{a},\boldsymbol{b},\boldsymbol{c}]=\left\|\begin{matrix}a_1 & a_2 & a_3\\ b_1 & b_2 & b_3\\ c_1 & c_2 & c_3\end{matrix}\right\|$$

定理 2.110 $\triangle ABC$ 的面积和四面体 $ABCD$ 的体积分别等于

$$|\overrightarrow{AB}\times\overrightarrow{AC}|$$

和

$$|[\overrightarrow{AB},\overrightarrow{AC},\overrightarrow{AD}]|$$

定理 2.111 (Cavalieri(卡瓦列里)原理) 如果两个立体被同一个平面所截的截面的面积总是相等的,则这两个立体的体积相等.

第4节 数 论

2.4.1 可除性和同余

定义 2.112 $a,b\in\mathbf{N}$ 的最大公因数 $(a,b)=\gcd(a,b)$ 是可以整除 a 和 b 的最大整数. 如果 $(a,b)=1$,则称正整数 a 和 b 是互素的. $a,b\in\mathbf{N}$ 的最小公倍数 $[a,b]=\operatorname{lcm}(a,b)$ 是可以被 a 和 b 整除的最小整数. 成立

$$[a,b](a,b)=ab$$

上面的概念容易推广到两个数以上的情况,即我们也可以定义 $(a_1,a_2,\cdots,a_n)$ 和 $[a_1,a_2,\cdots,a_n]$.

定理 2.113 (Euclid(欧几里得)算法) 由于 $(a,b)=(|a-b|,a)=(|a-b|,b)$,由此通过每次把 a 和 b 换成 $|a-b|$ 和 $\min\{a,b\}$ 而得出一条从正整数 a 和 b 获得 (a,b) 的链,直到最后两个数成为相等的数. 这一算法可被推广到两个数以上的情况.

定理 2.114 (Euclid(欧几里得)算法的推论). 对每对 $a,b\in\mathbf{N}$,存在 $x,y\in\mathbf{Z}$ 使得 $ax+by=(a,b)$, (a,b) 是使得这个式子成立的最小正整数.

定理 2.115 (Euclid(欧几里得)算法的第二个推论). 设 $a,m,n\in\mathbf{N}$, $a>1$,则成立

$$(a^m-1,a^n-1)=a^{(m,n)}-1$$

定理 2.116 （算数基本定理）每个正整数当不计素数的次序时都可以用唯一的方式被表成素数的乘积.

定理 2.117 算数基本定理对某些其他的数环也成立，例如 $\mathbf{Z}[i]=\{a+bi\mid a,b\in\mathbf{Z}\}$，$\mathbf{Z}[\sqrt{2}]$，$\mathbf{Z}[\sqrt{-2}]$，$\mathbf{Z}[\omega]$（其中 ω 是 1 的 3 次复根）. 在这些情况下，因数分解当不计次序和 1 的因子时是唯一的.

定义 2.118 称整数 a,b 在模 n 下同余，如果 $n\mid a-b$，我们把这一事实记为 $a\equiv b\ (\bmod\ n)$.

定理 2.119 （中国剩余定理）如果 $m_1,m_2,\cdots,m_k$ 是两两互素的正整数，而 $a_1,a_2,\cdots,a_k$ 和 $c_1,c_2,\cdots,c_k$ 是使得 $(a_i,m_i)=1(i=1,2,\cdots,k)$ 的整数，那么同余式组

$$a_ix\equiv c_i(\bmod\ m_i),i=1,2,\cdots,k$$

在模 $m_1m_2\cdots m_k$ 下有唯一解.

2.4.2 指数同余

定理 2.120 （Wilson（威尔逊）定理）如果 p 是素数，则 $p\mid(p-1)!+1$.

定理 2.121 （Fermat（费尔马）小定理）设 p 是一个素数，而 a 是一个使得 $(a,p)=1$ 的整数，则

$$a^{p-1}\equiv 1\ (\bmod\ p)$$

这个定理是 Euler（欧拉）定理的特殊情况.

定义 2.122 对 $n\in\mathbf{N}$，定义 Euler（欧拉）函数是在所有小于 n 的整数中与 n 互素的整数的个数. 成立以下公式

$$\varphi(n)=n\left(1-\frac{1}{p_1}\right)\cdots\left(1-\frac{1}{p_k}\right)$$

其中 $n=p_1^{\alpha_1}\cdots p_k^{\alpha_k}$ 是 n 的素因子分解式.

定理 2.113 （Euler（欧拉）定理）设 n 是自然数，而 a 是一个使得 $(a,n)=1$ 的整数，那么

$$a^{\varphi(n)}\equiv 1\ (\bmod\ n)$$

定理 2.114 （元根的存在性）. 设 p 是一个素数，则存在一个 $g\in\{1,2,\cdots p-1\}$（称为模 p 的元根）使得在模 p 下，集合 $\{1,g,g^2,\cdots,g^{p-2}\}$ 与集合 $\{1,2,\cdots p-1\}$ 重合.

定义 2.115 设 p 是一个素数，而 α 是一个非负整数，称 p^α 是 p 的可整除 a 的恰好的幂（而 α 是一个恰好的指数），如果 $p^\alpha\mid a$，而 $p^{\alpha+1}\mid a$.

定理 2.16 设 a,n 是正整数，而 p 是一个奇素数，如果 $p^\alpha(\alpha\in\mathbf{N})$ 是 p 的可整除 $a-1$ 的恰好的幂，那么对任意整数 $\beta\geqslant 0$，当且仅当 $p^\beta\mid n$ 时，$p^{\alpha+\beta}\mid a^n-1$（见 SL1997—14）.

对 $p=2$ 成立类似的命题. 如果 $2^\alpha(\alpha\in\mathbf{N})$ 是 p 的可整除 a^2-1 的恰好的幂，那么对任意整数 $\beta\geqslant 0$，当且仅当 $2^{\beta+1}\mid n$ 时，$2^{\alpha+\beta}\mid a^n-1$（见 SL1989—27）.

2.4.2 二次 Diophantine（丢番图）方程

定理 2.127 $a^2+b^2=c^2$ 的整数解由 $a=t(m^2-n^2)$，$b=2tmn$，$c=t(m^2+n^2)$ 给出（假设 b 是偶数），其中 $t,m,n\in\mathbf{Z}$. 三元组 (a,b,c) 称为毕达哥拉斯数（译者注：在我国称为勾股数）（如果 $(a,b,c)=1$，则称为本原的毕达哥拉斯数（勾股数））.

定义 2.128　设 $D \in \mathbf{N}$ 是一个非完全平方数，则称不定方程

$$x^2 - Dy^2 = 1$$

是 Pell(贝尔) 方程，其中 $x, y \in \mathbf{Z}$.

定理 2.129　如果 (x_0, y_0) 是 Pell(贝尔) 方程 $x^2 - Dy^2 = 1$ 在 $\mathbf{N}$ 中的最小解，则其所有的整数解 (x, y) 由 $x + y\sqrt{D} = \pm(x_0 + y_0\sqrt{D})^n, n \in \mathbf{Z}$ 给出.

定义 2.130　整数 a 称为是模 p 的平方剩余，如果存在 $x \in \mathbf{Z}$，使得 $x^2 \equiv a \pmod{p}$，否则称为模 p 的非平方剩余.

定义 2.131　对整数 a 和素数 p 定义 Legendre(勒让德) 符号为

$$\left(\frac{a}{p}\right) = \begin{cases} 1, \text{如果 } a \text{ 是模 } p \text{ 的二次剩余，且 } p \mid a \\ 0, \text{如果 } p \mid a \\ -1, \text{其他情况} \end{cases}$$

显然如果 $p \mid a$ 则

$$\left(\frac{a}{p}\right) = \left(\frac{a+p}{p}\right), \left(\frac{a^2}{p}\right) = 1$$

Legendre(勒让德) 符号是积性的，即

$$\left(\frac{a}{p}\right)\left(\frac{b}{p}\right) = \left(\frac{ab}{p}\right)$$

定理 2.132　(Euler(欧拉) 判据) 对奇素数 p 和不能被 p 整除的整数 a

$$\left(\frac{a}{p}\right) \equiv a^{\frac{p-1}{2}} \pmod{p}$$

定理 2.133　对素数 $p > 3$，$\left(\frac{-1}{p}\right)$，$\left(\frac{2}{p}\right)$ 和 $\left(\frac{-3}{p}\right)$ 等于 1 的充分必要条件分别为 $p \equiv 1 \pmod{4}$，$p \equiv \pm 1 \pmod{8}$ 和 $p \equiv 1 \pmod{6}$.

定理 2.134　(Gauss(高斯) 互反律) 对任意两个不同的奇素数 p 和 q，成立

$$\left(\frac{p}{q}\right)\left(\frac{q}{p}\right) = (-1)^{\frac{p-1}{2}\cdot\frac{q-1}{2}}$$

定义 2.135　对整数 a 和奇的正整数 b，定义 Jacobi(雅可比) 符号如下

$$\left(\frac{a}{b}\right) = \left(\frac{a}{p_1}\right)^{\alpha_1} \cdots \left(\frac{a}{p_k}\right)^{\alpha_k}$$

其中 $b = p_1^{\alpha_1} \cdots p_k^{\alpha_k}$ 是 b 的素因子分解式.

定理 2.136　如果 $\left(\frac{a}{b}\right) = -1$，那么 a 是模 b 的非二次剩余，但是逆命题不成立. 对 Jacobi(雅可比) 符号来说，除了 Euler(欧拉) 判据之外，Legendre(勒让德) 符号的所有其余性质都保留成立.

2.4.4　Farey(法雷) 序列

定义 2.137　设 n 是任意正整数，Farcy(法雷) 序列 F_n 是由满足 $0 \leqslant a \leqslant b \leqslant n$，$(a, b) = 1$ 的所有从小到大排列的有理数 $\frac{a}{b}$ 所形成的序列. 例如 $F_3 = \left\{\frac{0}{1}, \frac{1}{3}, \frac{1}{2}, \frac{2}{3}, \frac{1}{1}\right\}$.

定理 2.138　如果 $\frac{p_1}{q_1}$，$\frac{p_2}{q_2}$ 和 $\frac{p_3}{q_3}$ 是 Farey(法雷) 序列中三个相继的项，则

$$p_2q_1 - p_1q_2 = 1$$

$$\frac{p_1 + p_3}{q_1 + q_3} = \frac{p_2}{q_2}$$

第5节　组　合

2.5.1　对象的计数

许多组合问题涉及对满足某种性质的集合中的对象计数，这些性质可以归结为以下概念的应用.

定义 2.139　k 个元素的阶为 n 的选排列是一个从 $\{1,2,\cdots,k\}$ 到 $\{1,2,\cdots,n\}$ 的映射. 对给定的 n 和 k，不同的选排列的数目是 $V_n^k = \frac{n!}{(n-k)!}$.

定义 2.140　k 个元素的阶为 n 的可重复的选排列是一个从 $\{1,2,\cdots,k\}$ 到 $\{1,2,\cdots,n\}$ 的任意的映射. 对给定的 n 和 k，不同的可重复的选排列的数目是 $\overline{V}_n^k = k^n$.

定义 2.141　阶为 n 的全排列是 $\{1,2,\cdots,n\}$ 到自身的一个一对一映射（即当 $k=n$ 时的选排列的特殊情况），对给定的 n，不同的全排列的数目是 $P_n = n!$.

定义 2.142　k 个元素的阶为 n 的组合是 $\{1,2,\cdots,n\}$ 的一个 k 元素的子集，对给定的 n 和 k，不同的组合数是 $C_n^k = \binom{n}{k}$.

定义 2.143　一个阶为 n 可重复的全排列是一个 $\{1,2,\cdots,n\}$ 到 n 个元素的积集的一个一对一映射. 一个积集是一个其中的某些元素被允许是不可区分的集合，(例如，$\{1,1,2,3\}$.

如果 $\{1,2,\cdots,s\}$ 表示积集中不同的元素组成的集合，并且在积集中元素 i 出现 α_i 次，那么不同的可重复的全排列的数目是

$$P_{n,\alpha_1,\cdots,\alpha_s} = \frac{n!}{\alpha_1!\ \alpha_2!\ \cdots\alpha_s!}$$

组合是积集有两个不同元素的可重复的全排列的特殊情况.

定理 2.144　（鸽笼原理）如果把元素数目为 $kn+1$ 的集合分成 n 个互不相交的子集，则其中至少有一个子集至少要包含 $k+1$ 个元素.

定理 2.145　（容斥原理）设 $S_1, S_2, \cdots, S_n$ 是集合 S 的一族子集，那么 S 中那些不属于所给子集族的元素的数目由以下公式给出

$$|S\backslash(S_1 \cup \cdots \cup S_n)| = |S| - \sum_{k=1}^{n} \sum_{1\leqslant i_1<\cdots<i_k\leqslant n} (-1)^k |S_{i_1} \cap \cdots \cap S_{i_k}|$$

2.5.2　图论

定义 2.146　一个图 $G=(V,E)$ 是一个顶点 V 和 V 中某些元素对，即边的积集 E 所组成的集合. 对 $x, y \in V$，当 $(x,y)\in E$ 时，称顶点 x 和 y 被一条边所连接，或称这一对顶点是这条边的端点.

一个积集为 E 的图可归结为一个真集合（即其顶点至多被一条边所连接），一个其中没

有一个定点是被自身所连接的图称为是一个真图.

有限图是一个$|E|$和$|V|$都有限的图.

定义 2.147　一个有向图是一个 E 中的有方向的图.

定义 2.148　一个包含了 n 个顶点并且每个顶点都有边与其连接的真图称为是一个完全图.

定义 2.149　k 分图(当 $k=2$ 时,称为 2－分图)$K_{i_1,i_2\cdots,i_k}$ 是那样一个图,其顶点 V 可分成k个非空的互不相交的,元素个数分别为 $i_1,i_2,\cdots,i_k$ 的子集,使得V的子集W中的每个顶点 x 仅和不在 W 中的顶点相连接.

定义 2.150　顶点 x 的阶 $d(x)$ 是 x 作为一条边的端点的次数(那样,自连接的边中就要数两次).孤立的顶点是阶为 0 的顶点.

定理 2.151　对图 $G=(V,E)$,成立等式

$$\sum_{x\in V}d(x)=2\mid E\mid$$

作为一个推论,有奇数阶的顶点的个数是偶数.

定义 2.152　图的一条路径是一个顶点的有限序列,使得其中每一个顶点都与其前一个顶点相连.路径的长度是它通过的边的数目.一条回路是一条终点与起点重合的路径.一个环是一条在其中没有一个顶点出现两次(除了起点 / 终点之外) 的回路.

定义 2.153　图 $G=(V,E)$ 的子图 $G'=(V',E')$ 是那样一个图,在其中 $V'\subset V$ 而E' 仅包含 E 的连接 V' 中的点的边.图的一个连通分支是一个连通的子图,其中没有一个顶点与此分之外的顶点相连.

定义 2.154　一个树是一个在其中没有环的的连通图.

定理 2.155　一个有 n 个顶点的树恰有 $n-1$ 条边且至少有两个阶为 2 的顶点.

定义 2.156　Euler(欧拉) 路是其中每条边恰出现一次的路径.与此类似,Euler(欧拉)环是环形的 Euler(欧拉) 路.

定理 2.157　有限连通图 G 有一条 Euler(欧拉) 路的充分必要条件是:

(1) 如果每个顶点的阶数是偶数,那么 G 包含一条 Euler(欧拉) 环;

(2) 如果除了两个顶点之外,所有顶点的阶数都是偶数,那么 G 包含一条不是环路的 Euler(欧拉) 路(其起点和终点就是那两个奇数阶的顶点).

定义 2.158　Hamilton(哈密尔顿) 环是一个图 G 的每个顶点恰被包含一次的回路(一个平凡的事实是,这个回路也是一个环).

目前还没有发现判定一个图是否是 Hamilton(哈密尔顿) 环的简单法则.

定理 2.159　设G是一个有n个顶点的图,如果G的任何两个不相邻顶点的阶数之和都大于 n,则 G 有一个 Hamilton(哈密尔顿) 回路.

定理 2.160　(Ramsey(雷姆塞) 定理).设 $r\geqslant 1$ 而 $q_1,q_2,\cdots,q_s\geqslant r$.如果 K_n 的所有子图 K_r 都分成了 s 个不同的集合,记为 $A_1,A_2,\cdots,A_s$,那么存在一个最小的正整数 $N(q_1,q_2,\cdots,q_s;r)$ 使得当 $n>N$ 时,对某个 i,存在一个 K_{q_i} 的完全子图,它的子图 K_r 都属于 A_i.对 $r=2$,这对应于把 K_n 的边用s 种不同的颜色染色,并寻求子图 K_{q_i} 的第i 种颜色的单色子图[73].

定理 2.161　利用上面定理的记号,有

$$N(p,q;r) \leqslant N(N(p-1,q;r),N(p,q-1;r);r-1)+1$$

特别
$$N(p,q,2) \leqslant N(p-1,q;2)+N(p,q-1;2)$$

已知 N 的以下值

$$N(p,q;1)=p+q-1$$
$$N(2,p;2)=p$$
$$N(3,3;2)=6,N(3,4;2)=9,N(3,5;2)=14,N(3,6;2)=18$$
$$N(3,7;)=23,N(3,8;2)=28,N(3,9;2)=36$$
$$N(4,4;2)=18,N(4,5;2)=25$$[73]

定理 2.162 (Turan(图灵)定理)如果一个有 $n=t(p-1)+r$ 个顶点的简单图的边多于 $f(n,p)$ 条,其中 $f(n,p)=\dfrac{(p-1)n^2-r(p-1-r)}{2(p-1)}$,那么它包含子图 K_p.有 $f(n,p)$ 个顶点而不含 K_p 的图是一个完全的多重图,它有 r 个元素个数为 $t+1$ 的子集和 $p-1-r$ 个元素个数为 t 的子集[73].

定义 2.163 平面图是一个可被嵌入一个平面的图,使得它的顶点可用平面上的点表示,而边可用平面上连接顶点的的线(不一定是直的)来表示,而各边互不相交.

定理 2.164 一个有 n 个顶点的平面图至多有 $3n-6$ 条边.

定理 2.165 (Kuratowski(库拉托夫斯基)定理)K_5 和 $K_{3,3}$ 都不是平面图.每个非平面图都包含一个和这两个图之一同胚的子图.

定理 2.166 (Euler(欧拉公式))设 E 是凸多面体的边数,F 是它的面数,而 V 是它的顶点数,则

$$E+2=F+V$$

对平面图成立同样的公式(这时 F 代表平面图中的区域数).

参考文献

[1] 洛桑斯基 E，鲁索 C. 制胜数学奥林匹克[M]. 候文华，张连芳，译. 刘嘉焜，校. 北京：科学出版社，2003.

[2] 王向东，苏化明，王方汉. 不等式·理论·方法[M]. 郑州：河南教育出版社，1994.

[3] 中国科协青少年工作部，中国数学会. 1978～1986 年国际奥林匹克数学竞赛题及解答[M]. 北京：科学普及出版社，1989.

[4] 单墫，等. 数学奥林匹克竞赛题解精编[M]. 南京：南京大学出版社；上海：学林出版社，2001.

[5] 顾可敬. 1979～1980 中学国际数学竞赛题解[M]. 长沙：湖南科学技术出版社，1981.

[6] 顾可敬. 1981 年国内外数学竞赛题解选集[M]. 长沙：湖南科学技术出版社，1982.

[7] 石华，卫成. 80 年代国际中学生数学竞赛试题详解[M]. 长沙：湖南教育出版社，1990.

[8] 梅向明. 国际数学奥林匹克 30 年[M]. 北京：中国计量出版社，1989.

[9] 单墫，葛军. 国际数学竞赛解题方法[M]. 北京：中国少年儿童出版社，1990.

[10] 丁石孙. 乘电梯·翻硬币·游迷宫·下象棋[M]. 北京：北京大学出版社，1993.

[11] 丁石孙. 登山·赝币·红绿灯[M]. 北京：北京大学出版社，1997.

[12] 黄宣国. 数学奥林匹克大集[M]. 上海：上海教育出版社，1997.

[13] 常庚哲. 国际数学奥林匹克三十年[M]. 北京：中国展望出版社，1989.

[14] 丁石孙. 归纳·递推·无字证明·坐标·复数[M]. 北京：北京大学出版社，1995.

[15] 裘宗沪. 数学奥林匹克试题集锦[M]. 上海：华东师范大学出版社，2005.

[16] 裘宗沪. 数学奥林匹克试题集锦[M]. 上海：华东师范大学出版社，2004.

[17] 数学奥林匹克工作室. 最新竞赛试题选编及解析（高中数学卷）[M]. 北京：首都师范大学出版社，2001.

[18] 第 31 届 IMO 选题委员会. 第 31 届国际数学奥林匹克试题、备选题及解答[M]. 济南：山东教育出版社，1990.

[19] 常庚哲. 数学竞赛(2)[M]. 长沙：湖南教育出版社，1989.

[20] 常庚哲. 数学竞赛(20)[M]. 长沙：湖南教育出版社，1994.

[21] 杨森茂，陈圣德. 第一届至第二十二届国际中学生数学竞赛题解[M]. 福州：福建科学技术出版社，1983.

[22] 江苏师范学院数学系. 国际数学奥林匹克[M]. 南京：江苏科学技术出版社，1980.

[23] 恩格尔 A. 解决问题的策略[M]. 舒五昌，冯志刚，译. 上海：上海教育出版社，2005.

[24] 王连笑. 解数学竞赛题的常用策略[M]. 上海：上海教育出版社，2005.

[25] 江仁俊，应成璟，蔡训武. 国际数学竞赛试题讲解[M]. 武汉：湖北人民出版社，1980.

[26] 单墫. 第二十五届国际数学竞赛[J]. 数学通讯，1985(3).

[27] 付玉章. 第二十九届 IMO 试题及解答[J]. 中学数学，1988(10).

[28] 苏亚贵.正则组合包含连续自然数的个数[J].数学通报,1982(8).
[29] 王根章.一道IMO试题的嵌入证法[J].中学数学教学.1999(5).
[30] 舒五昌.第37届IMO试题解答[J].中等数学,1996(5).
[31] 杨卫平,王卫华.第42届IMO第2题的再探究[J].中学数学研究,2005(5).
[32] 陈永高.第45届IMO试题解答[J].中等数学,2004(5).
[33] 周金峰,谷焕春.IMO 42－2的进一步推广[J].数学通讯,2004(9).
[34] 魏维.第42届国际数学奥林匹克试题解答集锦[J].中学数学,2002(2).
[35] 程华.42届IMO两道几何题另解[J].福建中学数学,2001(6).
[36] 张国清.第39届IMO试题第一题充分性的证明[J].中等数学,1999(2).
[37] 傅善林.第42届IMO第五题的推广[J].中等数学,2003(6).
[38] 龚浩生,宋庆.IMO 42－2的推广[J].中学数学,2002(1).
[39] 厉倩.一道IMO试题的推广[J].中学数学研究,2002(10).
[40] 邹明.第40届IMO一赛题的简解[J].中等数学,2001(3).
[41] 许以超.第39届国际数学奥林匹克试题及解答[J].数学通报,1999(3).
[42] 余茂迪,宫宋家.用解析法巧解一道IMO试题[J].中学数学教学,1997(4).
[43] 宋庆.IMO5－5的推广[J].中学数学教学,1997(5).
[44] 余世平.从IMO试题谈公式 $C_{2n}^{n}=\sum_{i=0}^{n}(C_n^i)^2$ 之应用[J].数学通讯,1997(12).
[45] 徐彦明.第42届IMO第2题的另一种推广[J].中学教研(数学).2002(10).
[46] 张伟军.第41届IMO两赛题的证明与评注[J].中学数学月刊,2000(11).
[47] 许静,孔令恩.第41届IMO第6题的解析证法[J].数学通讯,2001(7).
[48] 魏亚清.一道IMO赛题的九种证法[J].中学教研(数学),2002(6).
[49] 陈四川.IMO－38试题2的纯几何解法[J].福建中学数学,1997(6).
[50] 常庚哲,单墫,程龙.第二十二届国际数学竞赛试题及解答[J].数学通报,1981(9).
[51] 李长明.一道IMO试题的背景及证法讨论[J].中学数学教学,2000(1).
[52] 王凤春.一道IMO试题的简证[J].中学数学研究,1998(10).
[53] 罗增儒.IMO 42－2的探索过程[J].中学数学教学参考,2002(7).
[54] 嵇仲韶.第39届IMO一道预选题的推广[J].中学数学杂志(高中),1999(6).
[55] 王杰.第40届IMO试题解答[J].中等数学,1999(5).
[56] 舒五昌.第三十七届IMO试题及解答(上)[J].数学通报,1997(2).
[57] 舒五昌.第三十七届IMO试题及解答(下)[J].数学通报,1997(3).
[58] 黄志全.一道IMO试题的纯平几证法研究[J].数学教学通讯,2000(5).
[59] 段智毅,秦永.IMO－41第2题另证[J].中学数学教学参考,2000(11).
[60] 杨仁宽.一道IMO试题的简证[J].数学教学通讯,1998(3).
[61] 相生亚,裘良.第42届IMO试题第2题的推广、证明及其它[J].中学数学研究,2002(2).
[62] 熊斌.第46届IMO试题解答[J].中等数学,2005(9).
[63] 谢峰,谢宏华.第34届IMO第2题的解答与推广[J].中等数学,1994(1).
[64] 熊斌,冯志刚.第39届国际数学奥林匹克[J].数学通讯,1998(12).

[65] 朱恒杰.一道 IMO 试题的推广[J].中学数学杂志,1996(4).
[66] 肖果能,袁平之.第 39 届 IMO 一道试题的研究(I)[J].湖南数学通讯,1998(5).
[67] 肖果能,袁平之.第 39 届 IMO 一道试题的研究(Ⅱ)[J].湖南数学通讯,1998(6).
[68] 杨克昌.一个数列不等式——IMO23－3 的推广[J].湖南数学通讯,1998(3).
[69] 吴长明,胡根宝.一道第 40 届 IMO 试题的探究[J].中学数学研究,2000(6).
[70] 仲翔.第二十六届国际数学奥林匹克(续)[J].数学通讯,1985(11).
[71] 程善明.一道 IMO 赛题的纯几何证法与推广[J].中学数学教学,1998(4).
[72] 刘元树.一道 IMO 试题解法的再探讨[J].中学数学研究,1998(12).
[73] 刘连顺,仝瑞平.一道 IMO 试题解法新探[J].中学数学研究,1998(8).
[74] 王凤春.一道 IMO 试题的简证[J].中学数学研究,1998(10).
[75] 李长明.一道 IMO 试题的背景及证法讨论[J].中学数学教学,2000(1).
[76] 方廷刚.综合法简证一道 IMO 预选题[J].中学生数学,1999(2).
[77] 吴伟朝.对函数方程 $f(x^l \cdot f^{[m]}(y)+x^n)=x^l \cdot y+f^n(x)$ 的研究[M]//湖南教育出版社编.数学竞赛(22).长沙:湖南教育出版社,1994.
[78] 湘普.第 31 届国际数学奥林匹克试题解答[M]//湖南教育出版社编.数学竞赛(6～9).长沙:湖南教育出版社,1991.
[79] 陈永高.第 45 届 IMO 试题解答[J].中等数学,2004(5).
[80] 程俊.一道 IMO 试题的推广及简证[J].中等数学,2004(5).
[81] 蒋茂森.$2k$ 阶银矩阵的存在性和构造法[J].中等数学,1998(3).
[82] 单墫.散步问题与银矩阵[J].中等数学,1999(3).
[83] 张必胜. 初等数论在 IMO 中应用研究[D].西安:西北大学研究生院,2010.
[84] 刘宝成,刘卫利. 国际奥林匹克数学竞赛题与费马小定理[J] .河北北方学院学报;自然科学版, 2008,24(1):13－15,20.
[85] 卓成海. 抓住“关键” 把握“异同”——对一道国际奥赛题的再探究[J]. 中学数学; 高中版,2013(11):77－78.
[86] 李耀文. 均值代换在解竞赛题中的应用[J]. 中等数学;2010(8) :2－5.
[87] 吴军. 妙用广义权方和不等式证明 IMO 试题[J]. 数理化解体研究;高中版,2014(8).16.
[88] 王庆金. 一道 IMO 平面几何题溯源[J]. 中学数学研究;2014(1):50.
[89] 秦建华. 一道 IMO 试题的另解与探究[J]. 中学教学参考;2014(8):40.
[90] 张上伟,陈华梅,吴康. 一道取整函数 IMO 试题的推广[J]. 中学数学研究;华南师范大学版,2013(23) :42－43
[91] 尹广金. 一道美国数学奥林匹克试题的引伸[J].中学数学研究. 2013(11) :50.
[92] 熊斌,李秋生. 第 54 届 IMO 试题解答[J].中等数学. 2013(9) :20－27.
[93] 杨同伟. 一道 IMO 试题的向量解法及推广[J]. 中学生数学. 2012(23) :30.
[94] 李凤清,徐志军. 第 42 届 IMO 第二题的证明与加强[J] 四川职业技术学院学报. 2012(5) :153－154.
[95] 熊斌. 第 52 届 IMO 试题解答[J].中等数学. 2011(9) :16－20.
[96] 董志明. 多元变量 局部调整——一道 IMO 试题的新解与推广[J].中等数学. 2011

(9):96—98.
[97] 李建潮.一道IMO试题的再加强与猜想的加强[J].河北理科教学研究.2011(1):43—44.
[98] 边欣.一道IMO试题的加强[J].数学通讯.下半月,2012.(22):59—60.
[99] 郑日锋.一个优美不等式与一道IMO试题同出一辙[J] 中等数学.2011(3):18—19.
[100] 李建潮.一道IMO试题的再加强与猜想的加强[J] 河北理科教学研究.2011(1):43-44.
[101] 李长朴.一道国际数学奥林匹克试题的拓展[J].数学学习与研究.2010(23):95.
[102] 李歆.对一道IMO试题的探究[J].数学教学.2010(11):47-48.
[103] 王淼生.对一道IMO试题猜想的再加强及证明[J].福建中学数学.2010(10):48.
[104] 郝志刚.一道国际数学竞赛题的探究[J].数学通讯.2010(Z2):117-118.
[105] 王业和.一道IMO试题的证明与推广[J].中学教研(数学).2010(10):46-47.
[106] 张蕾.一道IMO试题的商榷与猜想[J].青春岁月.2010(18):121.
[107] 张俊.一道IMO试题的又一漂亮推广[J].中学数学月刊.2010(8):43.
[108] 秦庆雄,范花妹.一道第42届IMO试题加强的另一简证[J].数学通讯.2010(14):59.
[109] 李建潮.一道IMO试题的引申与瓦西列夫不等式[J] 河北理科教学研究 2010(3):1-3.
[110] 边欣.一道第46届IMO试题的加强[J].数学教学.2010(5):41-43.
[111] 杨万芳.对一道IMO试题的探究[J] 福建中学数学.2010(4):49.
[112] 熊睿.对一道IMO试题的探究[J].中等数学.2010(4):23.
[113] 徐国辉,舒红霞.一道第42届IMO试题的再加强[J].数学通讯.2010(8):61.
[114] 周峻民,郑慧娟.一道IMO试题的证明及其推广[J].中学教研.数学,2011(12):41-43.
[115] 陈鸿斌.一道IMO试题的加强与推广[J].中学数学研究.2011(11):49-50.
[116] 袁安全.一道IMO试题的巧证[J].中学生数学.2010(8):35.
[117] 边欣.一道第50届IMO试题的探究[J].数学教学.2010(3):10-12.
[118] 陈智国.关于IMO25-1的推广[J].人力资源管理.2010(2):112-113.
[119] 薛相林.一道IMO试题的类比拓广及简解[J].中学数学研究.2010(1):49.
[120] 王增强.一道第42届IMO试题加强的简证[J].数学通讯.2010(2):61.
[121] 邵广钱.一道IMO试题的另解[J].中学数学月刊.2009(10):43-44.
[122] 侯典峰.一道IMO试题的加强与推广[J] 中学数学.2009(23):22-23.
[123] 朱华伟,付云皓.第50届IMO试题解答[J].中等数学.2009(9):18-21.
[124] 边欣.一道IMO试题的推广及简证[J].数学教学.2009(9):27,29.
[125] 朱华伟.第50届IMO试题[J].中等数学.2009(8):50.
[126] 刘凯峰,龚浩生.一道IMO试题的隔离与推广[J].中等数学.2009(7):19-20.
[127] 宋庆.一道第42届IMO试题的加强[J].数学通讯.2009(10):43.
[128] 李建潮.偶得一道IMO试题的指数推广[J].数学通讯.2009(10):44.
[129] 吴立宝,李长会.一道IMO竞赛试题的证明[J].数学教学通讯.2009(12):64.

[130] 徐章韬. 一道 30 届 IMO 试题的别解[J]. 中学数学杂志. 2009(3):45.
[131] 张俊. 一道 IMO 试题引发的探索[J]. 数学通讯. 2009(4):31.
[132] 曹程锦. 一道第 49 届 IMO 试题的解题分析[J]. 数学通讯. 2008(23):41.
[133] 刘松华,孙明辉,刘凯年. “化蝶”——一道 IMO 试题证明的探索[J]. 中学数学杂志. 2008(12):54-55.
[134] 安振平. 两道数学竞赛试题的链接[J]. 中小学数学. 高中版. 2008(10):45.
[135] 李建潮. 一道 IMO 试题引发的思索[J]. 中小学数学. 高中版, 2008(9);44-45.
[136] 熊斌,冯志刚. 第 49 届 IMO 试题解答[J] 中等数学. 2008(9):封底.
[137] 边欣. 一道 IMO 试题结果的加强及应用[J]. 中学数学月刊. 2008(9):29-30.
[138] 熊斌,冯志刚. 第 49 届 IMO 试题[J] 中等数学. 2008(8):封底.
[139] 沈毅. 一道 IMO 试题的推广[J]. 中学数学月刊. 2008(8):49.
[140] 令标. 一道 48 届 IMO 试题引申的别证[J]. 中学数学杂志. 2008(8):44-45.
[141] 吕建恒. 第 48 届 IMO 试题 4 的简证[J]. 中学数学月刊 . 2008(7):40.
[142] 熊光汉. 对一道 IMO 试题的探究[J]. 中学数学杂志. 2008(6):56.
[143] 沈毅,罗元建. 对一道 IMO 赛题的探析[J]. 中学教研. 数学,2008(5):42-43
[144] 厉倩. 两道 IMO 试题探秘[J] 数理天地. 高中版, 2008(4):21-22.
[145] 徐章韬. 从方差的角度解析一道 IMO 试题[J]. 中学数学杂志. 2008(3):29.
[146] 令标. 一道 IMO 试题的别证[J]. 中学数学教学. 2008(2):63-64.
[147] 李耀文. 一道 IMO 试题的别证[J] . 中学数学月刊 . 2008(2):52.
[148] 张伟新. 一道 IMO 试题的两种纯几何解法[J]. 中学数学月刊. 2007(11):48.
[149] 朱华伟. 第 48 届 IMO 试题解答[J]. 中等数学. 2007(9):20-22.
[150] 朱华伟. 第 48 届 IMO 试题 [J]. 中等数学. 2007(8):封底.
[151] 边欣. 一道 IMO 试题结果的加强[J]. 数学教学. 2007(3):49.
[152] 丁兴春. 一道 IMO 试题的推广[J]. 中学数学研究. 2006(10):49-50.
[153] 李胜宏. 第 47 届 IMO 试题解答[J]. 中等数学 . 2006(9):22-24.
[154] 李胜宏. 第 47 届 IMO 试题 [J]. 中等数学 . 2006(8):封底.
[155] 傅启铭. 一道美国 IMO 试题变形后的推广[J]. 遵义师范学院学报 . 2006(1):74-75.
[156] 熊斌. 第 46 届 IMO 试题[J] 中等数学 . 2005(8):50
[157] 文开庭. 一道 IMO 赛题的新隔离推广及其应用[J] . 毕节师范高等专科学校学报. 综合版, 2005(2):59-62.
[158] 熊斌,李建泉. 第 53 届 IMO 预选题(四)[J]. 中等数学;2013(12):21-25.
[159] 熊斌,李建泉. 第 53 届 IMO 预选题(三)[J]. 中等数学;2013(11):22-27.
[160] 熊斌,李建泉. 第 53 届 IMO 预选题(二)[J]. 中等数学;2013(10):18-23
[161] 熊斌,李建泉. 第 53 届 IMO 预选题(一)[J]. 中等数学;2013(9):28-32.
[162] 王建荣,王旭. 简证一道 IMO 预选题[J]. 中等数学;2012(2):16-17.
[163] 熊斌,李建泉. 第 52 届 IMO 预选题(四) [J]. 中等数学;2012(12):18-22.
[164] 熊斌,李建泉. 第 52 届 IMO 预选题(三) [J]. 中等数学;2012(11):18-22.
[165] 李建泉. 第 51 届 IMO 预选题(四) [J]. 中等数学;2011(11):17-20.
[166] 李建泉. 第 51 届 IMO 预选题(三) [J]. 中等数学;2011(10):16-19.

[167] 李建泉. 第 51 届 IMO 预选题(二) [J]. 中等数学;2011(9):20-27.
[168] 李建泉. 第 51 届 IMO 预选题(一) [J]. 中等数学;2011(8):17-20.
[169] 高凯.浅析一道 IMO 预选题[J]. 中等数学;2011(3):. 16-18.
[170] 娄姗姗. 利用等价形式证明一道 IMO 预选题[J]. 中等数学;2011(1):13,封底.
[171] 李奋平. 从最小数入手证明一道 IMO 预选题[J]. 中等数学;2011(1):14.
[172] 李赛.一道 IMO 预选题的另证[J]. 中等数学;2011(1):15.
[173] 李建泉. 第 50 届 IMO 预选题(四) [J]. 中等数学;2010(11):19-22.
[174] 李建泉. 第 50 届 IMO 预选题(三) [J]. 中等数学;2010(10):19-22.
[175] 李建泉. 第 50 届 IMO 预选题(二) [J]. 中等数学;2010(9):21-27.
[176] 李建泉. 第 50 届 IMO 预选题(一) [J]. 中等数学;2010(8):19-22.
[177] 沈毅. 一道 49 届 IMO 预选题的推广[J]. 中学数学月刊. 2010(04):45.
[178] 宋强. 一道第 47 届 IMO 预选题的简证[J]. 中等数学 2009(11):12.
[179] 李建泉. 第 49 届 IMO 预选题(四) [J]. 中等数学 2009(11):19-23.
[180] 李建泉. 第 49 届 IMO 预选题(三) [J]. 中等数学;2009(10):19-23.
[181] 李建泉. 第 49 届 IMO 预选题(二) [J]. 中等数学;2009(9):22-25.
[182] 李建泉. 第 49 届 IMO 预选题(一) [J]. 中等数学;2009(8):18-22.
[183] 李慧,郭璋. 一道 IMO 预选题的证明与推广[J]. 数学通讯;2009(22):45-47.
[184] 杨学枝. 一道 IMO 预选题的拓展与推广[J]. 中等数学;2009(7):18-19.
[185] 吴光耀,李世杰. 一道 IMO 预选题的推广[J]. 上海中学数学;2009(05):48.
[186] 李建泉. 第 48 届 IMO 预选题(四) [J]. 中等数学 2008(11):18-24.
[187] 李建泉. 第 48 届 IMO 预选题(三) [J]. 中等数学;2008(10):18-23.
[188] 李建泉. 第 48 届 IMO 预选题(二) [J]. 中等数学;2008(9):21-24.
[189] 李建泉. 第 48 届 IMO 预选题(一) [J]. 中等数学;2008(8):22-26.
[190] 苏化明. 一道 IMO 预选题的探讨[J]. 中等数学;2007(9):46-48.
[191] 李建泉. 第 47 届 IMO 预选题(下) [J]. 中等数学;2007(11):17-22.
[192] 李建泉. 第 47 届 IMO 预选题(中) [J]. 中等数学;2007(10):18-23.
[193] 李建泉. 第 47 届 IMO 预选题(上) [J]. 中等数学;2007(9):24-27.
[194] 沈毅.一道 IMO 预选题的再探索[J]. 中学数学教学;2008(1):58-60;
[195] 刘才华. 一道 IMO 预选题的简证[J]. 中等数学;2007(8):24.
[196] 苏化明. 一道 IMO 预选题的探讨[J]. 中等数学;2007(9):19-20.
[197] 李建泉. 第 46 届 IMO 预选题(下) [J]. 中等数学;2006(11):19-24.
[198] 李建泉. 第 46 届 IMO 预选题(中) [J]. 中等数学;2006(10):22-25.
[199] 李建泉. 第 46 届 IMO 预选题(上) [J]. 中等数学;2006(9):25-28.
[200] 贯福春. 吴娃双舞醉芙蓉——一道 IMO 预选题赏析[J]. 中学生数学;2006(18):21,18.
[201] 杨学枝. 一道 IMO 预选题的推广[J]. 中等数学;2006(5):17.
[202] 邹宇,沈文选. 一道 IMO 预选题的再推广[J]. 中学数学研究;2006(4):49-50.
[203] 苏炜杰. 一道 IMO 预选题的简证[J]. 中等数学;2006(2):21.
[204] 李建泉. 第 45 届 IMO 预选题(下) [J]. 中等数学;2005(11):28-30.

[205] 李建泉. 第 45 届 IMO 预选题(中) [J]. 中等数学;2005(10):32-36.
[206] 李建泉. 第 45 届 IMO 预选题(上) [J]. 中等数学;2005(9):23-29.
[207] 苏化明. 一道 IMO 预选题的探索[J]. 中等数学;2005(9):9-10.
[208] 谷焕春,周金峰. 一道 IMO 预选题的推广[J]. 中等数学;2005(2):20.
[209] 李建泉. 第 44 届 IMO 预选题(下) [J]. 中等数学;2004(6):25-30.
[210] 李建泉. 第 44 届 IMO 预选题(上) [J]. 中等数学;2004(5):27-32.
[211] 方廷刚. 复数法简证一道 IMO 预选题[J]. 中学数学月刊; 2004(11):42.
[212] 李建泉. 第 43 届 IMO 预选题(下) [J]. 中等数学;2003(6):28-30.
[213] 李建泉. 第 43 届 IMO 预选题(上) [J]. 中等数学;2003(5):25-31.
[214] 孙毅. 一道 IMO 预选题的简解[J]. 中等数学;2003(5):19.
[215] 宿晓阳. 一道 IMO 预选题的推广[J]. 中学数学月刊; 2002(12):40.
[216] 李建泉. 第 42 届 IMO 预选题(下) [J]. 中等数学;2002(6):32-36.
[217] 李建泉. 第 42 届 IMO 预选题(上) [J]. 中等数学;2002(5):24-29.
[218] 宋庆,黄伟民. 一道 IMO 预选题的推广[J]. 中等数学;2002(6):43.
[219] 李建泉. 第 41 届 IMO 预选题(下) [J]. 中等数学;2002(1):33-39.
[220] 李建泉. 第 41 届 IMO 预选题(中) [J]. 中等数学;2001(6):34-37.
[221] 李建泉. 第 41 届 IMO 预选题(上) [J]. 中等数学;2001(5):32-36.
[222] 方廷刚. 一道 IMO 预选题再解[J]. 中学数学月刊; 2002(05):43.
[223] 蒋太煌. 第 39 届 IMO 预选题 8 的简证[J]. 中等数学;2001(5):22-23.
[224] 张赟. 一道 IMO 预选题的推广[J]. 中等数学;2001(2):26.
[225] 林运成. 第 39 届 IMO 预选题 8 别证[J]. 中等数学;2001(1):22.
[226] 李建泉. 第 40 届 IMO 预选题(上) [J]. 中等数学;2000(5):33-36.
[227] 李建泉. 第 40 届 IMO 预选题(中) [J]. 中等数学;2000(6):35-37.
[228] 李建泉. 第 41 届 IMO 预选题(下) [J]. 中等数学;2001(1):35-39.
[229] 李来敏.一道 IMO 预选题的三种初等证法及推广[J]. 中学数学教学;2000(3):38-39.
[230] 李来敏. 一道 IMO 预选题的两种证法[J]. 中学数学月刊; 2000(3):48.
[231] 张善立. 一道 IMO 预选题的指数推广[J]. 中等数学;1999(5):24.
[232] 云保奇. 一道 IMO 预选题的另一个结论[J]. 中等数学;1999(4):21.
[233] 辛慧. 第 38 届 IMO 预选题解答(上) [J]. 中等数学;1998(5):28-31.
[234] 李直. 第 38 届 IMO 预选题解答(中) [J]. 中等数学;1998(6):31-35.
[235] 冼声. 第 38 届 IMO 预选题解答(中) [J]. 中等数学;1999(1):32-38.
[236] 石卫国. 一道 IMO 预选题的推广[J]. 陕西教育学院学报;1998(4): 72-73.
[237] 张赟. 一道 IMO 预选题的引申[J]. 中等数学;1998(3):22-23.
[238] 安金鹏,李宝毅. 第 37 届 IMO 预选题及解答(上) [J]. 中等数学;1997(6): 33-37.
[239] 安金鹏,李宝毅. 第 37 届 IMO 预选题及解答(下) [J]. 中等数学;1998(1): 34-40.
[240] 刘江枫,李学武. 第 37 届 IMO 预选题[J]. 中等数学;1997(5): 30-32.
[241] 党庆寿. 一道 IMO 预选题的简解[J]. 中学数学月刊;1997(8):43-44.
[242] 黄汉生. 一道 IMO 预选题的加强[J]. 中等数学;1997(3):17.

[243] 贝嘉禄.一道国际竞赛预选题的加强[J].中学数学月刊;1997(6):26-27.
[244] 王富英.一道IMO预选题的推广及其应用[J].中学数学教学参;1997(8～9):74-75.
[245] 孙哲.一道IMO预选题的简证与加强[J].中等数学;1996(3):18.
[246] 李学武.第36届IMO预选题及解答(下)[J].中等数学;1996(6):26-29,37.
[247] 张善立.一道IMO预选题的简证[J].中等数学;1996(10):36.
[248] 李建泉.利用根轴的性质解一道IMO预选题[J].中等数学;1996(4):14.
[249] 黄虎.一道IMO预选题妙解及推广[J].中等数学;1996(4):15.
[250] 严鹏.一道IMO预选题探讨[J].中等数学;1996(2):16.
[251] 杨桂芝.第34届IMO预选题解答(上)[J].中等数学;1995(6):28-31.
[252] 杨桂芝.第34届IMO预选题解答(中)[J].中等数学;1996(1):29-31.
[253] 杨桂芝.第34届IMO预选题解答(下)[J].中等数学;1996(2):21-23.
[254] 舒金银.一道IMO预选题简证[J].中等数学;1995(1):16-17.
[255] 黄宣国,夏兴国.第35届IMO预选题[J].中等数学;1994(5):19-20.
[256] 苏淳,严镇军.第33届IMO预选题[J].中等数学;1993(2):19-20.
[257] 耿立顺.一道IMO预选题的简单解法[J].中学教研;1992(05):26.
[258] 苏化明.谈一道IMO预选题[J].中学教研;1992(05):28-30.
[259] 黄玉民.第32届IMO预选题及解答[J].中等数学;1992(1):22-34.
[260] 朱华伟.一道IMO预选题的溯源及推广[J].中学数学;1991(03);45-46.
[261] 蔡玉书.一道IMO预选题的推广[J].中等数学;1990(6):9.
[262] 第31届IMO选题委员会.第31届IMO预选题解答[J].中等数学;1990(5):7-22,封底.
[263] 单墫,刘亚强.第30届IMO预选题解答[J].中等数学;1989(5):6-17.
[264] 苏化明.一道IMO预选题的推广及应用[J].中等数学;1989(4):16-19.

后记 | Postscript

行为的背后是动机，编一部洋洋80万言的书一定要有很强的动机才行，借后记不妨和盘托出.

首先，这是一本源于“匮乏”的书. 1976年编者初中一年级，时值“文化大革命”刚刚结束，物质产品与精神产品极度匮乏，学校里薄薄的数学教科书只有几个极简单的习题，根本满足不了学习的需要. 当时全国书荒，偌大的书店无书可寻，学生无题可做，在这种情况下，笔者的班主任郭清泉老师便组织学生自编习题集. 如果说忠诚党的教育事业不仅仅是一个口号的话，那么郭老师确实做到了. 在其个人生活极为困顿的岁月里，他拿出多年珍藏的数学课外书领着一批初中学生开始选题、刻钢板、推油辊. 很快一本本散发着油墨清香的习题集便发到了每个同学的手中，喜悦之情难以名状，正如高尔基所说：“像饥饿的人扑到了面包上.”当时电力紧张经常停电，晚上写作业时常点蜡烛，冬夜，烛光如豆，寒气逼人，伏案演算着自己编的数学题，沉醉其中，物我两忘. 30年后同样的冬夜，灯光如昼，温暖如夏，坐拥书城，竟茫然不知所措，此时方觉匮乏原来也是一种美（想想西南联大当时在山洞里、在防空洞中，学数学学成了多少大师级人物. 日本战后恢复期产生了三位物理学诺贝尔奖获得者，如汤川秀树等，以及高木贞治、小平邦彦、广中平佑的成长都证明了这一点），可惜现在的学生永远也体验不到那种意境了（中国人也许是世界上最讲究意境的，所谓“雪夜闭门读禁书”，也是一种意境），所以编此书颇有怀旧之感. 有趣的是后来这次经历竟在笔者身上产生了“异化”，抄习题的乐趣多于做习题，比为买椟还珠不以为过，四处收集含有习题的数学著作，从吉米多维奇到菲赫金哥尔茨，从斯米尔诺夫到维诺格拉朵夫，从笹部贞市郎到哈尔莫斯，乐此不疲.凡 30 年几近偏执，朋友戏称：“这是一种不需治疗的精神病.”虽然如此，毕竟染此“病症”后容易忽视生活中那些原本的乐趣.这有些像葛朗台用金币碰撞的叮当声取代了花金币的真实快感一样.匮乏带给人的除了美感之外，更多的是恐惧.中国科学院数学研究所数论室主任徐广善先生来哈尔滨工业大学讲课，课余时曾透露过陈景润先生生前的一个小秘密(曹珍富教授转述，编者未加核实).陈先生的一只抽屉中存有多只快生锈的上海牌手表.这个不可思议的现象源于当年陈先生所经历过的可怕的匮乏.大学刚毕业，分到北京四中，后被迫离开，衣食无着，生活窘迫，后虽好转，但那次经历给陈先生留下了深刻记忆，为防止以后再次陷于匮乏，就买了当时陈先生认为在中国最能保值增值的上海牌手表，以备不测.像经历过饥饿的田鼠会疯狂地往洞里搬运食物一样，经历过如饥似渴却无题可做的编者在潜意识中总是觉得题少，只有手中有大量习题集，心里才觉安稳.所以很多时候表面看是一种热爱，但更深层次却是恐惧，是缺少富足感的体现.

其次，这是一本源于“传承”的书.哈尔滨作为全国解放最早的城市，开展数学竞赛活动也是很早的，早期哈尔滨工业大学的吴从炘教授、黑龙江大学的颜秉海教授、船舶工程学院(现哈尔滨工程大学)的戴遗山教授、哈尔滨师范大学的吕庆祝教授作为先行者为哈尔滨的数学竞赛活动打下了基础，定下了格调.中期哈尔滨市教育学院王翠满教授、王万祥教授、时承权教授，哈尔滨师专的冯宝琦教授、陆子采教授，哈尔滨师范大学的贾广聚教授，黑龙江大学的王路群教授、曹重光教授，哈三中的周建成老师，哈一中的尚杰老师，哈师大附中的沙洪泽校长，哈六中的董乃培老师，为此作出了长期的努力.上世纪 80 年代中期开始，一批中青年数学工作者开始加入，主要有哈尔滨工业大学的曹珍富教授、哈师大附中的李修福老师及笔者.90 年代中期，哈尔滨的数学奥林匹克活动渐入佳境，又有像哈师大附中刘利益等老师加入进来，但在高等学校中由于搞数学竞赛研究既不算科研又不计入工作量，所以再坚持难免会被边缘化，于是研究人员逐渐以中学教师为主，在高校中近乎绝迹.2008 年 **CMO** 即将在哈尔滨举行，振兴迫在眉睫，本书算是一个序曲，后面会有大型专业杂志《数学奥林匹克与数学文化》创刊，定会好戏连台，让哈尔滨的数学竞赛事业再度辉煌.

第三,这是一本源于"氛围"的书.很难想像速滑运动员产生于非洲,也无法相信深山古刹之外会有高僧.环境与氛围至关重要.在整个社会日益功利化、世俗化、利益化、平面化的大背景下,编者师友们所营造的小的氛围影响着其中每个人的道路选择,以学有专长为荣,不学无术为耻的价值观点互相感染、共同坚守,用韩波博士的话讲,这已是我们这台计算机上的硬件.赖于此,本书的出炉便在情理之中,所以理应致以敬意,借此向王忠玉博士、张本祥博士、郭梦书博士、吕书臣博士、康大臣博士、刘孝廷博士、刘晓燕博士、王延青博士、钟德寿博士、薛小平博士、韩波博士、李龙锁博士、刘绍武博士对笔者多年的关心与鼓励致以诚挚的谢意,特别是尚琥教授在编者即将放弃之际给予的坚定的支持.

第四,这是一个"蝴蝶效应"的产物.如果说人的成长过程具有一点动力系统迭代的特征的话,那么其方程一定是非线性的,即对初始条件具有敏感依赖的,俗称"蝴蝶效应".简单说就是一个微小的"扰动"会改变人生的轨迹,如著名拓扑学家,纽结大师王诗宬 1977 年时还是一个喜欢中国文学史的插队知青,一次他到北京去游玩,坐 332 路车去颐和园,看见"北京大学"四个字,就跳下车进入校门,当时他的脑子中正在想一个简单的数学问题(大多数时候他都是在推敲几句诗),就是六个人的聚会上总有三个人认识或三个人不认识(用数学术语说就是 6 阶 2 色完全图中必有单色 3 阶子图存在),然后碰到一个老师,就问他,他说你去问姜伯驹老师(我国著名数学家姜亮夫之子),姜伯驹老师的办公室就在我办公室对面.而当他找到姜伯驹教授时,姜伯驹说为什么不来试试学数学,于是一句话,一辈子,有了今天北京大学数学所的王诗宬副所长(《世纪大讲堂》,第 2 辑,辽宁人民出版社,2003:128—149).可以设想假如他遇到的是季羡林或俞平伯,今天该会是怎样.同样可以设想,如果编者初中的班主任老师是一位体育老师,足球健将的话,那么今天可能会多一位超级球迷"罗西",少一位执着的业余数学爱好者,也绝不会有本书的出现.

第五,这也是一本源于"尴尬"的书.编者高中就读于一所具有数学竞赛传统的学校,班主任是学校主抓数学竞赛的沙洪泽老师.当时成立数学兴趣小组时,同学们非常踊跃,但名额有限,可能是沙老师早已发现编者并无数学天分所以不被选中,再次申请并请姐姐(在同校高二年级)去求情均未果.遂产生逆反心理,后来坚持以数学谋生,果真由于天资不足,屡战屡败,虽自我鼓励,屡败再屡战,但其结果仍如寒山子诗所说:"用力磨碌砖,那堪将作镜."直至而立之年,幡然悔悟,但

"贼船"既上，回头已晚，彻底告别又心有不甘，于是以业余身份尴尬地游走于业界近15年，才有今天此书问世.

看来如果当初沙老师增加一个名额让编者尝试一下，后再知难而退，结果可能会皆大欢喜. 但有趣的是当年竞赛小组的人竟无一人学数学专业，也无一人从事数学工作. 看来教育是很值得研究的，"欲擒故纵"也不失为一种好方法. 沙老师后来也放弃了数学教学工作，从事领导工作，转而研究教育，颇有所得，还出版了专著《教育——为了人的幸福》(教育科学出版社，2005)，对此进行了深入研究.

最后，这也是一本源于"信心"的书. 近几年，一些媒体为了吸引眼球，不惜把中国在国际上处于领先地位的数学奥林匹克妖魔化且多方打压，此时编写这本题集是有一定经济风险的. 但编者坚信中国人对数学是热爱的. 利玛窦、金尼阁指出:"多少世纪以来，上帝表现了不只用一种方法把人们吸引到他身边. 垂钓人类的渔人以自己特殊的方法吸引人们的灵魂落入他的网中，也就不足为奇了. 任何可能认为伦理学、物理学和数学在教会工作中并不重要的人，都是不知道中国人的口味的，他们缓慢地服用有益的精神药物，除非它有知识的佐料增添味道."(利玛窦，金尼阁，著.《利玛窦中国札记》. 何高济，王遵仲，李申，译. 何兆武，校. 中华书局，1983，P347). 中国的广大中学生对数学竞赛活动是热爱的，是能够被数学所吸引的，对此我们有充分的信心. 而且，奥林匹克之于中国就像围棋之于日本，足球之于巴西，瑜珈之于印度一样，在世界上有品牌优势. 2001年笔者去新西兰探亲，在奥克兰的一份中文报纸上看到一则广告，赫然写着中国内地教练专教奥数，打电话过去询问，对方声音甜美，颇富乐感，原来是毕业于沈阳音乐学院的女学生，在新西兰找工作四处碰壁后，想起在大学念书期间勤工俭学时曾辅导过小学生奥数，所以，便想一试身手，果真有家长把小孩送来，她便也以教练自居，可见数学奥林匹克已经成为一种类似于中国制造的品牌. 出版这样的书，担心何来呢!

数学无国界，它是人类最共性的语言. 数学超理性多呈冰冷状，所以一个个性化的，充满个体真情实感的后记是需要的，虽然难免有自恋之嫌，但毕竟带来一丝人气.

刘培杰

2014年9月

哈尔滨工业大学出版社刘培杰数学工作室已出版（即将出版）图书目录

书　　名	出版时间	定　价	编号
新编中学数学解题方法全书(高中版)上卷	2007－09	38.00	7
新编中学数学解题方法全书(高中版)中卷	2007－09	48.00	8
新编中学数学解题方法全书(高中版)下卷(一)	2007－09	42.00	17
新编中学数学解题方法全书(高中版)下卷(二)	2007－09	38.00	18
新编中学数学解题方法全书(高中版)下卷(三)	2010－06	58.00	73
新编中学数学解题方法全书(初中版)上卷	2008－01	28.00	29
新编中学数学解题方法全书(初中版)中卷	2010－07	38.00	75
新编中学数学解题方法全书(高考复习卷)	2010－01	48.00	67
新编中学数学解题方法全书(高考真题卷)	2010－01	38.00	62
新编中学数学解题方法全书(高考精华卷)	2011－03	68.00	118
新编平面解析几何解题方法全书(专题讲座卷)	2010－01	18.00	61
新编中学数学解题方法全书(自主招生卷)	2013－08	88.00	261
数学眼光透视	2008－01	38.00	24
数学思想领悟	2008－01	38.00	25
数学应用展观	2008－01	38.00	26
数学建模导引	2008－01	28.00	23
数学方法溯源	2008－01	38.00	27
数学史话览胜	2008－01	28.00	28
数学思维技术	2013－09	38.00	260
从毕达哥拉斯到怀尔斯	2007－10	48.00	9
从迪利克雷到维斯卡尔迪	2008－01	48.00	21
从哥德巴赫到陈景润	2008－05	98.00	35
从庞加莱到佩雷尔曼	2011－08	138.00	136
数学解题中的物理方法	2011－06	28.00	114
数学解题的特殊方法	2011－06	48.00	115
中学数学计算技巧	2012－01	48.00	116
中学数学证明方法	2012－01	58.00	117
数学趣题巧解	2012－03	28.00	128
三角形中的角格点问题	2013－01	88.00	207
含参数的方程和不等式	2012－09	28.00	213

哈尔滨工业大学出版社刘培杰数学工作室 已出版(即将出版)图书目录

书　　名	出版时间	定　价	编号
数学奥林匹克与数学文化(第一辑)	2006-05	48.00	4
数学奥林匹克与数学文化(第二辑)(竞赛卷)	2008-01	48.00	19
数学奥林匹克与数学文化(第二辑)(文化卷)	2008-07	58.00	36
数学奥林匹克与数学文化(第三辑)(竞赛卷)	2010-01	48.00	59
数学奥林匹克与数学文化(第四辑)(竞赛卷)	2011-08	58.00	87
数学奥林匹克与数学文化(第五辑)	2014-09		370

书　　名	出版时间	定　价	编号
发展空间想象力	2010-01	38.00	57
走向国际数学奥林匹克的平面几何试题诠释(上、下)(第1版)	2007-01	68.00	11,12
走向国际数学奥林匹克的平面几何试题诠释(上、下)(第2版)	2010-02	98.00	63,64
平面几何证明方法全书	2007-08	35.00	1
平面几何证明方法全书习题解答(第1版)	2005-10	18.00	2
平面几何证明方法全书习题解答(第2版)	2006-12	18.00	10
平面几何天天练上卷·基础篇(直线型)	2013-01	58.00	208
平面几何天天练中卷·基础篇(涉及圆)	2013-01	28.00	234
平面几何天天练下卷·提高篇	2013-01	58.00	237
平面几何专题研究	2013-07	98.00	258
最新世界各国数学奥林匹克中的平面几何试题	2007-09	38.00	14
数学竞赛平面几何典型题及新颖解	2010-07	48.00	74
初等数学复习及研究(平面几何)	2008-09	58.00	38
初等数学复习及研究(立体几何)	2010-06	38.00	71
初等数学复习及研究(平面几何)习题解答	2009-01	48.00	42
世界著名平面几何经典著作钩沉——几何作图专题卷(上)	2009-06	48.00	49
世界著名平面几何经典著作钩沉——几何作图专题卷(下)	2011-01	88.00	80
世界著名平面几何经典著作钩沉(民国平面几何老课本)	2011-03	38.00	113
世界著名解析几何经典著作钩沉——平面解析几何卷	2014-01	38.00	273
世界著名数论经典著作钩沉(算术卷)	2012-01	28.00	125
世界著名数学经典著作钩沉——立体几何卷	2011-02	28.00	88
世界著名三角学经典著作钩沉(平面三角卷Ⅰ)	2010-06	28.00	69
世界著名三角学经典著作钩沉(平面三角卷Ⅱ)	2011-01	38.00	78
世界著名初等数论经典著作钩沉(理论和实用算术卷)	2011-07	38.00	126
几何学教程(平面几何卷)	2011-03	68.00	90
几何学教程(立体几何卷)	2011-07	68.00	130
几何变换与几何证题	2010-06	88.00	70
计算方法与几何证题	2011-06	28.00	129
立体几何技巧与方法	2014-04	88.00	293
几何瑰宝——平面几何500名题暨1000条定理(上、下)	2010-07	138.00	76,77
三角形的解法与应用	2012-07	18.00	183
近代的三角形几何学	2012-07	48.00	184
一般折线几何学	即将出版	58.00	203
三角形的五心	2009-06	28.00	51
三角形趣谈	2012-08	28.00	212
解三角形	2014-01	28.00	265
圆锥曲线习题集(上)	2013-06	68.00	255

哈尔滨工业大学出版社刘培杰数学工作室已出版(即将出版)图书目录

书　　名	出版时间	定　价	编号
俄罗斯平面几何问题集	2009—08	88.00	55
俄罗斯立体几何问题集	2014—03	58.00	283
俄罗斯几何大师——沙雷金论数学及其他	2014—01	48.00	271
来自俄罗斯的5000道几何习题及解答	2011—03	58.00	89
俄罗斯初等数学问题集	2012—05	38.00	177
俄罗斯函数问题集	2011—03	38.00	103
俄罗斯组合分析问题集	2011—01	48.00	79
俄罗斯初等数学万题选——三角卷	2012—11	38.00	222
俄罗斯初等数学万题选——代数卷	2013—08	68.00	225
俄罗斯初等数学万题选——几何卷	2014—01	68.00	226
463个俄罗斯几何老问题	2012—01	28.00	152
近代欧氏几何学	2012—03	48.00	162
罗巴切夫斯基几何学及几何基础概要	2012—07	28.00	188

书　　名	出版时间	定　价	编号
超越吉米多维奇——数列的极限	2009—11	48.00	58
Barban Davenport Halberstam 均值和	2009—01	40.00	33
初等数论难题集(第一卷)	2009—05	68.00	44
初等数论难题集(第二卷)(上、下)	2011—02	128.00	82,83
谈谈素数	2011—03	18.00	91
平方和	2011—03	18.00	92
数论概貌	2011—03	18.00	93
代数数论(第二版)	2013—08	58.00	94
代数多项式	2014—06	38.00	289
初等数论的知识与问题	2011—02	28.00	95
超越数论基础	2011—03	28.00	96
数论初等教程	2011—03	28.00	97
数论基础	2011—03	18.00	98
数论基础与维诺格拉多夫	2014—03	18.00	292
解析数论基础	2012—08	28.00	216
解析数论基础(第二版)	2014—01	48.00	287
解析数论问题集(第二版)	2014—05	88.00	343
数论入门	2011—03	38.00	99
数论开篇	2012—07	28.00	194
解析数论引论	2011—03	48.00	100
复变函数引论	2013—10	68.00	269
无穷分析引论(上)	2013—04	88.00	247
无穷分析引论(下)	2013—04	98.00	245

哈尔滨工业大学出版社刘培杰数学工作室已出版(即将出版)图书目录

书　　名	出版时间	定　价	编号
数学分析	2014—04	28.00	338
数学分析中的一个新方法及其应用	2013—01	38.00	231
数学分析例选:通过范例学技巧	2013—01	88.00	243
三角级数论(上册)(陈建功)	2013—01	38.00	232
三角级数论(下册)(陈建功)	2013—01	48.00	233
三角级数论(哈代)	2013—06	48.00	254
基础数论	2011—03	28.00	101
超越数	2011—03	18.00	109
三角和方法	2011—03	18.00	112
谈谈不定方程	2011—05	28.00	119
整数论	2011—05	38.00	120
随机过程(Ⅰ)	2014—01	78.00	224
随机过程(Ⅱ)	2014—01	68.00	235
整数的性质	2012—11	38.00	192
初等数论 100 例	2011—05	18.00	122
初等数论经典例题	2012—07	18.00	204
最新世界各国数学奥林匹克中的初等数论试题(上、下)	2012—01	138.00	144,145
算术探索	2011—12	158.00	148
初等数论(Ⅰ)	2012—01	18.00	156
初等数论(Ⅱ)	2012—01	18.00	157
初等数论(Ⅲ)	2012—01	28.00	158
组合数学	2012—04	28.00	178
组合数学浅谈	2012—03	28.00	159
同余理论	2012—05	38.00	163
丢番图方程引论	2012—03	48.00	172
平面几何与数论中未解决的新老问题	2013—01	68.00	229
线性代数大题典	2014—07	88.00	351
法雷级数	2014—08	18.00	367
历届美国中学生数学竞赛试题及解答(第一卷)1950—1954	2014—07	18.00	277
历届美国中学生数学竞赛试题及解答(第二卷)1955—1959	2014—04	18.00	278
历届美国中学生数学竞赛试题及解答(第三卷)1960—1964	2014—06	18.00	279
历届美国中学生数学竞赛试题及解答(第四卷)1965—1969	2014—04	28.00	280
历届美国中学生数学竞赛试题及解答(第五卷)1970—1972	2014—06	18.00	281

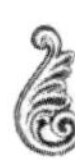

哈尔滨工业大学出版社刘培杰数学工作室已出版(即将出版)图书目录

书　　名	出版时间	定　价	编号
历届 IMO 试题集(1959—2005)	2006－05	58.00	5
历届 CMO 试题集	2008－09	28.00	40
历届加拿大数学奥林匹克试题集	2012－08	38.00	215
历届美国数学奥林匹克试题集:多解推广加强	2012－08	38.00	209
历届国际大学生数学竞赛试题集(1994－2010)	2012－01	28.00	143
全国大学生数学夏令营数学竞赛试题及解答	2007－03	28.00	15
全国大学生数学竞赛辅导教程	2012－07	28.00	189
全国大学生数学竞赛复习全书	2014－04	48.00	340
历届美国大学生数学竞赛试题集	2009－03	88.00	43
前苏联大学生数学奥林匹克竞赛题解(上编)	2012－04	28.00	169
前苏联大学生数学奥林匹克竞赛题解(下编)	2012－04	38.00	170
历届美国数学邀请赛试题集	2014－01	48.00	270
全国高中数学竞赛试题及解答. 第1卷	2014－07	38.00	331
大学生数学竞赛讲义	2014－09	28.00	371
整函数	2012－08	18.00	161
多项式和无理数	2008－01	68.00	22
模糊数据统计学	2008－03	48.00	31
模糊分析学与特殊泛函空间	2013－01	68.00	241
受控理论与解析不等式	2012－05	78.00	165
解析不等式新论	2009－06	68.00	48
反问题的计算方法及应用	2011－11	28.00	147
建立不等式的方法	2011－03	98.00	104
数学奥林匹克不等式研究	2009－08	68.00	56
不等式研究(第二辑)	2012－02	68.00	153
初等数学研究(Ⅰ)	2008－09	68.00	37
初等数学研究(Ⅱ)(上、下)	2009－05	118.00	46,47
中国初等数学研究　2009 卷(第 1 辑)	2009－05	20.00	45
中国初等数学研究　2010 卷(第 2 辑)	2010－05	30.00	68
中国初等数学研究　2011 卷(第 3 辑)	2011－07	60.00	127
中国初等数学研究　2012 卷(第 4 辑)	2012－07	48.00	190
中国初等数学研究　2014 卷(第 5 辑)	2014－02	48.00	288
数阵及其应用	2012－02	28.00	164
绝对值方程—折边与组合图形的解析研究	2012－07	48.00	186
不等式的秘密(第一卷)	2012－02	28.00	154
不等式的秘密(第一卷)(第 2 版)	2014－02	38.00	286
不等式的秘密(第二卷)	2014－01	38.00	268

哈尔滨工业大学出版社刘培杰数学工作室已出版(即将出版)图书目录

书　名	出版时间	定　价	编号
初等不等式的证明方法	2010－06	38.00	123
数学奥林匹克在中国	2014－06	98.00	344
数学奥林匹克问题集	2014－01	38.00	267
数学奥林匹克不等式散论	2010－06	38.00	124
数学奥林匹克不等式欣赏	2011－09	38.00	138
数学奥林匹克超级题库(初中卷上)	2010－01	58.00	66
数学奥林匹克不等式证明方法和技巧(上、下)	2011－08	158.00	134,135
近代拓扑学研究	2013－04	38.00	239
新编 640 个世界著名数学智力趣题	2014－01	88.00	242
500 个最新世界著名数学智力趣题	2008－06	48.00	3
400 个最新世界著名数学最值问题	2008－09	48.00	36
500 个世界著名数学征解问题	2009－06	48.00	52
400 个中国最佳初等数学征解老问题	2010－01	48.00	60
500 个俄罗斯数学经典老题	2011－01	28.00	81
1000 个国外中学物理好题	2012－04	48.00	174
300 个日本高考数学题	2012－05	38.00	142
500 个前苏联早期高考数学试题及解答	2012－05	28.00	185
546 个早期俄罗斯大学生数学竞赛题	2014－03	38.00	285
博弈论精粹	2008－03	58.00	30
数学 我爱你	2008－01	28.00	20
精神的圣徒　别样的人生——60 位中国数学家成长的历程	2008－09	48.00	39
数学史概论	2009－06	78.00	50
数学史概论(精装)	2013－03	158.00	272
斐波那契数列	2010－02	28.00	65
数学拼盘和斐波那契魔方	2010－07	38.00	72
斐波那契数列欣赏	2011－01	28.00	160
数学的创造	2011－02	48.00	85
数学中的美	2011－02	38.00	84
王连笑教你怎样学数学——高考选择题解题策略与客观题实用训练	2014－01	48.00	262
最新全国及各省市高考数学试卷解法研究及点拨评析	2009－02	38.00	41
高考数学的理论与实践	2009－08	38.00	53
中考数学专题总复习	2007－04	28.00	6
向量法巧解数学高考题	2009－08	28.00	54
高考数学核心题型解题方法与技巧	2010－01	28.00	86
高考思维新平台	2014－03	38.00	259
数学解题——靠数学思想给力(上)	2011－07	38.00	131
数学解题——靠数学思想给力(中)	2011－07	48.00	132
数学解题——靠数学思想给力(下)	2011－07	38.00	133
我怎样解题	2013－01	48.00	227
和高中生漫谈:数学与哲学的故事	2014－08	28.00	369

哈尔滨工业大学出版社刘培杰数学工作室已出版(即将出版)图书目录

书　　名	出版时间	定　价	编号
2011年全国及各省市高考数学试题审题要津与解法研究	2011－10	48.00	139
2013年全国及各省市高考数学试题解析与点评	2014－01	48.00	282
新课标高考数学——五年试题分章详解(2007～2011)(上、下)	2011－10	78.00	140,141
30分钟拿下高考数学选择题、填空题	2012－01	48.00	146
全国中考数学压轴题审题要津与解法研究	2013－04	78.00	248
新编全国及各省市中考数学压轴题审题要津与解法研究	2014－05	58.00	342
高考数学压轴题解题诀窍(上)	2012－02	78.00	166
高考数学压轴题解题诀窍(下)	2012－03	28.00	167

格点和面积	2012－07	18.00	191
射影几何趣谈	2012－04	28.00	175
斯潘纳尔引理——从一道加拿大数学奥林匹克试题谈起	2014－01	18.00	228
李普希兹条件——从几道近年高考数学试题谈起	2012－10	18.00	221
拉格朗日中值定理——从一道北京高考试题的解法谈起	2012－10	18.00	197
闵科夫斯基定理——从一道清华大学自主招生试题谈起	2014－01	28.00	198
哈尔测度——从一道冬令营试题的背景谈起	2012－08	28.00	202
切比雪夫逼近问题——从一道中国台北数学奥林匹克试题谈起	2013－04	38.00	238
伯恩斯坦多项式与贝齐尔曲面——从一道全国高中数学联赛试题谈起	2013－03	38.00	236
卡塔兰猜想——从一道普特南竞赛试题谈起	2013－06	18.00	256
麦卡锡函数和阿克曼函数——从一道前南斯拉夫数学奥林匹克试题谈起	2012－08	18.00	201
贝蒂定理与拉姆贝克莫斯尔定理——从一个拣石子游戏谈起	2012－08	18.00	217
皮亚诺曲线和豪斯道夫分球定理——从无限集谈起	2012－08	18.00	211
平面凸图形与凸多面体	2012－10	28.00	218
斯坦因豪斯问题——从一道二十五省市自治区中学数学竞赛试题谈起	2012－07	18.00	196
纽结理论中的亚历山大多项式与琼斯多项式——从一道北京市高一数学竞赛试题谈起	2012－07	28.00	195
原则与策略——从波利亚“解题表”谈起	2013－04	38.00	244
转化与化归——从三大尺规作图不能问题谈起	2012－08	28.00	214
代数几何中的贝祖定理(第一版)——从一道IMO试题的解法谈起	2013－08	38.00	193
成功连贯理论与约当块理论——从一道比利时数学竞赛试题谈起	2012－04	18.00	180
磨光变换与范・德・瓦尔登猜想——从一道环球城市竞赛试题谈起	即将出版		
素数判定与大数分解	2014－08	18.00	199
置换多项式及其应用	2012－10	18.00	220
椭圆函数与模函数——从一道美国加州大学洛杉矶分校(UCLA)博士资格考题谈起	2012－10	38.00	219
差分方程的拉格朗日方法——从一道2011年全国高考理科试题的解法谈起	2012－08	28.00	200

哈尔滨工业大学出版社刘培杰数学工作室已出版(即将出版)图书目录

书　　名	出版时间	定　价	编号
力学在几何中的一些应用	2013－01	38.00	240
高斯散度定理、斯托克斯定理和平面格林定理——从一道国际大学生数学竞赛试题谈起	即将出版		
康托洛维奇不等式——从一道全国高中联赛试题谈起	2013－03	28.00	337
西格尔引理——从一道第 18 届 IMO 试题的解法谈起	即将出版		
罗斯定理——从一道前苏联数学竞赛试题谈起	即将出版		
拉克斯定理和阿廷定理——从一道 IMO 试题的解法谈起	2014－01	58.00	246
毕卡大定理——从一道美国大学数学竞赛试题谈起	2014－07	18.00	350
贝齐尔曲线——从一道全国高中联赛试题谈起	即将出版		
拉格朗日乘子定理——从一道 2005 年全国高中联赛试题谈起	即将出版		
雅可比定理——从一道日本数学奥林匹克试题谈起	2013－04	48.00	249
李天岩－约克定理——从一道波兰数学竞赛试题谈起	2014－06	28.00	349
整系数多项式因式分解的一般方法——从克朗耐克算法谈起	即将出版		
布劳维不动点定理——从一道前苏联数学奥林匹克试题谈起	2014－01	38.00	273
压缩不动点定理——从一道高考数学试题的解法谈起	即将出版		
伯恩赛德定理——从一道英国数学奥林匹克试题谈起	即将出版		
布查特－莫斯特定理——从一道上海市初中竞赛试题谈起	即将出版		
数论中的同余数问题——从一道普特南竞赛试题谈起	即将出版		
范·德蒙行列式——从一道美国数学奥林匹克试题谈起	即将出版		
中国剩余定理——从一道美国数学奥林匹克试题的解法谈起	即将出版		
牛顿程序与方程求根——从一道全国高考试题解法谈起	即将出版		
库默尔定理——从一道 IMO 预选试题谈起	即将出版		
卢丁定理——从一道冬令营试题的解法谈起	即将出版		
沃斯滕霍姆定理——从一道 IMO 预选试题谈起	即将出版		
卡尔松不等式——从一道莫斯科数学奥林匹克试题谈起	即将出版		
信息论中的香农熵——从一道近年高考压轴题谈起	即将出版		
约当不等式——从一道希望杯竞赛试题谈起	即将出版		
拉比诺维奇定理	即将出版		
刘维尔定理——从一道《美国数学月刊》征解问题的解法谈起	即将出版		
卡塔兰恒等式与级数求和——从一道 IMO 试题的解法谈起	即将出版		
勒让德猜想与素数分布——从一道爱尔兰竞赛试题谈起	即将出版		
天平称重与信息论——从一道基辅市数学奥林匹克试题谈起	即将出版		

 哈尔滨工业大学出版社刘培杰数学工作室已出版(即将出版)图书目录 

书　名	出版时间	定　价	编号
哈密尔顿—凯莱定理:从一道高中数学联赛试题的解法谈起	2014—09	18.00	376
艾思特曼定理——从一道 CMO 试题的解法谈起	即将出版		
一个爱尔特希问题——从一道西德数学奥林匹克试题谈起	即将出版		
有限群中的爱丁格尔问题——从一道北京市初中二年级数学竞赛试题谈起	即将出版		
贝克码与编码理论——从一道全国高中联赛试题谈起	即将出版		
帕斯卡三角形	2014—03	18.00	294
蒲丰投针问题——从 2009 年清华大学的一道自主招生试题谈起	2014—01	38.00	295
斯图姆定理——从一道"华约"自主招生试题的解法谈起	2014—01	18.00	296
许瓦兹引理——从一道加利福尼亚大学伯克利分校数学系博士生试题谈起	2014—08	18.00	297
拉格朗日中值定理——从一道北京高考试题的解法谈起	2014—01		298
拉姆塞定理——从王诗宬院士的一个问题谈起	2014—01		299
坐标法	2013—12	28.00	332
数论三角形	2014—04	38.00	341
毕克定理	2014—07	18.00	352

书　名	出版时间	定　价	编号
中等数学英语阅读文选	2006—12	38.00	13
统计学专业英语	2007—03	28.00	16
统计学专业英语(第二版)	2012—07	48.00	176
幻方和魔方(第一卷)	2012—05	68.00	173
尘封的经典——初等数学经典文献选读(第一卷)	2012—07	48.00	205
尘封的经典——初等数学经典文献选读(第二卷)	2012—07	38.00	206

书　名	出版时间	定　价	编号
实变函数论	2012—06	78.00	181
非光滑优化及其变分分析	2014—01	48.00	230
疏散的马尔科夫链	2014—01	58.00	266
初等微分拓扑学	2012—07	18.00	182
方程式论	2011—03	38.00	105
初级方程式论	2011—03	28.00	106
Galois 理论	2011—03	18.00	107
古典数学难题与伽罗瓦理论	2012—11	58.00	223
伽罗华与群论	2014—01	28.00	290
代数方程的根式解及伽罗瓦理论	2011—03	28.00	108
线性偏微分方程讲义	2011—03	18.00	110
N 体问题的周期解	2011—03	28.00	111
代数方程式论	2011—05	18.00	121
动力系统的不变量与函数方程	2011—07	48.00	137
基于短语评价的翻译知识获取	2012—02	48.00	168
应用随机过程	2012—04	48.00	187
概率论导引	2012—04	18.00	179
矩阵论(上)	2013—06	58.00	250
矩阵论(下)	2013—06	48.00	251

哈尔滨工业大学出版社刘培杰数学工作室已出版(即将出版)图书目录

书　　名	出版时间	定　价	编号
对称锥互补问题的内点法:理论分析与算法实现	2014—08	68.00	368
抽象代数:方法导引	2013—06	38.00	257
闵嗣鹤文集	2011—03	98.00	102
吴从炘数学活动三十年(1951～1980)	2010—07	99.00	32
吴振奎高等数学解题真经(概率统计卷)	2012—01	38.00	149
吴振奎高等数学解题真经(微积分卷)	2012—01	68.00	150
吴振奎高等数学解题真经(线性代数卷)	2012—01	58.00	151
高等数学解题全攻略(上卷)	2013—06	58.00	252
高等数学解题全攻略(下卷)	2013—06	58.00	253
高等数学复习纲要	2014—01	18.00	384
钱昌本教你快乐学数学(上)	2011—12	48.00	155
钱昌本教你快乐学数学(下)	2012—03	58.00	171
数贝偶拾——高考数学题研究	2014—04	28.00	274
数贝偶拾——初等数学研究	2014—04	38.00	275
数贝偶拾——奥数题研究	2014—04	48.00	276
集合、函数与方程	2014—01	28.00	300
数列与不等式	2014—01	38.00	301
三角与平面向量	2014—01	28.00	302
平面解析几何	2014—01	38.00	303
立体几何与组合	2014—01	28.00	304
极限与导数、数学归纳法	2014—01	38.00	305
趣味数学	2014—03	28.00	306
教材教法	2014—04	68.00	307
自主招生	2014—05	58.00	308
高考压轴题(上)	即将出版		309
高考压轴题(下)	即将出版		310
从费马到怀尔斯——费马大定理的历史	2013—10	198.00	Ⅰ
从庞加莱到佩雷尔曼——庞加莱猜想的历史	2013—10	298.00	Ⅱ
从切比雪夫到爱尔特希(上)——素数定理的初等证明	2013—07	48.00	Ⅲ
从切比雪夫到爱尔特希(下)——素数定理100年	2012—12	98.00	Ⅲ
从高斯到盖尔方特——虚二次域的高斯猜想	2013—10	198.00	Ⅳ
从库默尔到朗兰兹——朗兰兹猜想的历史	2014—01	98.00	Ⅴ
从比勃巴赫到德布朗斯——比勃巴赫猜想的历史	2014—02	298.00	Ⅵ
从麦比乌斯到陈省身——麦比乌斯变换与麦比乌斯带	2014—02	298.00	Ⅶ
从布尔到豪斯道夫——布尔方程与格论漫谈	2013—10	198.00	Ⅷ
从开普勒到阿诺德——三体问题的历史	2014—05	298.00	Ⅸ
从华林到华罗庚——华林问题的历史	2013—10	298.00	Ⅹ

哈尔滨工业大学出版社刘培杰数学工作室
已出版(即将出版)图书目录

书　　名	出版时间	定　价	编号
三角函数	2014－01	38.00	311
不等式	2014－01	28.00	312
方程	2014－01	28.00	314
数列	2014－01	38.00	313
排列和组合	2014－01	28.00	315
极限与导数	2014－01	28.00	316
向量	2014－01	38.00	317
复数及其应用	2014－08	28.00	318
函数	2014－01	38.00	319
集合	即将出版		320
直线与平面	2014－01	28.00	321
立体几何	2014－04	28.00	322
解三角形	即将出版		323
直线与圆	2014－01	28.00	324
圆锥曲线	2014－01	38.00	325
解题通法(一)	2014－07	38.00	326
解题通法(二)	2014－07	38.00	327
解题通法(三)	2014－05	38.00	328
概率与统计	2014－01	28.00	329
信息迁移与算法	即将出版		330
第19～23届“希望杯”全国数学邀请赛试题审题要津详细评注(初一版)	2014－03	28.00	333
第19～23届“希望杯”全国数学邀请赛试题审题要津详细评注(初二、初三版)	2014－03	38.00	334
第19～23届“希望杯”全国数学邀请赛试题审题要津详细评注(高一版)	2014－03	28.00	335
第19～23届“希望杯”全国数学邀请赛试题审题要津详细评注(高二版)	2014－03	38.00	336
物理奥林匹克竞赛大题典——力学卷	即将出版		
物理奥林匹克竞赛人题典——热学卷	2014－04	28.00	339
物理奥林匹克竞赛大题典——电磁学卷	即将出版		
物理奥林匹克竞赛大题典——光学与近代物理卷	2014－06	28.00	345

哈尔滨工业大学出版社刘培杰数学工作室已出版(即将出版)图书目录

书　　名	出版时间	定　价	编号
历届中国东南地区数学奥林匹克试题集(2004～2012)	2014－06	18.00	346
历届中国西部地区数学奥林匹克试题集(2001～2012)	2014－07	18.00	347
历届中国女子数学奥林匹克试题集(2002～2012)	2014－08	18.00	348
几何变换(Ⅰ)	2014－07	28.00	353
几何变换(Ⅱ)	即将出版		354
几何变换(Ⅲ)	即将出版		355
几何变换(Ⅳ)	即将出版		356
美国高中数学五十讲.第1卷	2014－08	28.00	357
美国高中数学五十讲.第2卷	2014－08	28.00	358
美国高中数学五十讲.第3卷	即将出版		359
美国高中数学五十讲.第4卷	即将出版		360
美国高中数学五十讲.第5卷	即将出版		361
美国高中数学五十讲.第6卷	即将出版		362
美国高中数学五十讲.第7卷	即将出版		363
美国高中数学五十讲.第8卷	即将出版		364
美国高中数学五十讲.第9卷	即将出版		365
美国高中数学五十讲.第10卷	即将出版		366
IMO 50年.第1卷(1959－1963)	即将出版		377
IMO 50年.第2卷(1964－1968)	即将出版		378
IMO 50年.第3卷(1969－1973)	2014－09	28.00	379
IMO 50年.第4卷(1974－1978)	即将出版		380
IMO 50年.第5卷(1979－1983)	即将出版		381
IMO 50年.第6卷(1984－1988)	即将出版		382
IMO 50年.第7卷(1989－1993)	即将出版		383
IMO 50年.第8卷(1994－1998)	即将出版		384
IMO 50年.第9卷(1999－2003)	即将出版		385
IMO 50年.第10卷(2004－2008)	即将出版		386

哈尔滨工业大学出版社刘培杰数学工作室
已出版(即将出版)图书目录

书　　名	出版时间	定　价	编号
新课标高考数学创新题解题诀窍:总论	2014—09	28.00	372
新课标高考数学创新题解题诀窍:必修 1～5 分册	2014—08	38.00	373
新课标高考数学创新题解题诀窍:选修 2—1,2—2,1—1,1—2分册	2014—09	38.00	374
新课标高考数学创新题解题诀窍:选修 2—3,4—4,4—5分册	2014—09	18.00	375

联系地址:哈尔滨市南岗区复华四道街 10 号　哈尔滨工业大学出版社刘培杰数学工作室
网　　址:http://lpj.hit.edu.cn/
邮　　编:150006
联系电话:0451—86281378　　13904613167
E-mail:lpj1378@163.com